高等学校教材

物理化学实验

王丽芳　康艳珍　编

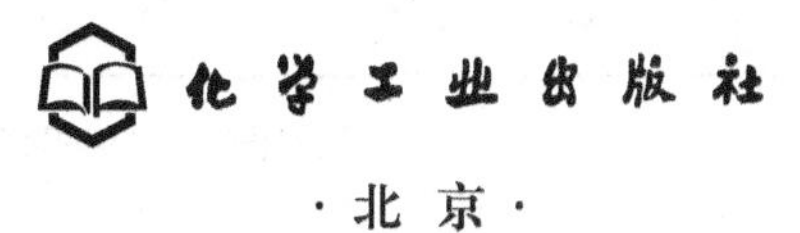

·北京·

全书共分三部分，第一部分为绪论，主要介绍了物理化学实验的目的和要求，误差和数据处理。第二部分为实验内容，共编入了22个实验，涉及热力学、电化学、动力学、表面现象和胶体化学、结构化学等内容。在实验内容的选题上尽量选取以培养训练学生基本实验技能技巧，进一步加深基本理论和基本概念为目的的经典实验，在仪器设备上，尽量采用较易购置的，且为国内较先进的仪器，使学生迅速了解和掌握先进的实验技术。第三部分对实验中涉及的仪器介绍了其构造原理和使用方法。最后的附录部分，内容丰富且注明资料来源，便于学生查阅。

全书内容丰富，叙述简练，既可作为高等师范类化学专业教材，也可供其他院校相关专业参考使用。

图书在版编目（CIP）数据

物理化学实验/王丽芳，康艳珍编．—北京：化学工业出版社，2007.8（2023.2 重印）

高等学校教材

ISBN 978-7-122-00883-1

Ⅰ．物…　Ⅱ．①王…②康…　Ⅲ．物理化学-化学实验-高等学校-教材　Ⅳ．O64-33

中国版本图书馆 CIP 数据核字（2007）第 114757 号

责任编辑：张双进　　装帧设计：韩　飞

责任校对：陶燕华

出版发行：化学工业出版社（北京市东城区青年湖南街 13 号　邮政编码 100011）

印　　装：北京虎彩文化传播有限公司

787mm×1092mm　1/16　印张 $12\frac{3}{4}$　字数 309 千字　　2023 年 2 月北京第 1 版第 7 次印刷

购书咨询：010-64518888　　售后服务：010-64518899

网　　址：http://www.cip.com.cn

凡购买本书，如有缺损质量问题，本社销售中心负责调换。

定　　价：26.00 元

前　言

物理化学实验是高等师范院校化学学科的一门必修基础实验课程。它与无机化学实验、分析化学实验和有机化学实验相互衔接，构成化学专业完整的实验教学体系。它可以培养学生初步掌握物理化学基本的研究方法，学会重要的物理化学实验技术和基本的实验仪器的使用，同时使学生掌握实验数据的处理及实验结果的分析和归纳方法，从而加强对物理化学基本理论和概念的理解，提高他们在化学教学和科研中运用这些基本理论和基本技能的能力，对培养学生的观察、思维、动手等方面的能力起着重要的作用。

本书是吕梁高等专科学校化学系物理化学教研室长期从事物理化学实验教学的教师们长期积累的成果，并吸收兄弟院校的一些有益经验。近年来，随着教学改革的深入，物理化学实验在教学内容、教学方法，特别在仪器设备上都有较大的发展和变化，故整理编写此书。在编写时，我们力求符合师范院校的培养目标，并注意到物理化学实验教材的发展趋势，因此，既可作为高等师范学院化学专业教材，也可供其他院校相关专业参考使用。

本书分为三部分。第一部分为绪论，主要介绍物理化学实验的目的和要求，误差和数据处理。第二部分为实验内容，共编入二十二个实验。其中热力学部分九个，电化学部分四个，动力学部分四个，表面现象和胶体化学部分三个，结构化学部分二个。在实验内容的选题上基本上是选取以培养训练学生基本实验技能技巧，进一步加深基本理论和基本概念为目的的经典实验，尽可能在实验中不使用毒性较大的化学试剂和药品；在仪器设备上，尽量采用较易购置的，且为国内较先进的仪器，使学生迅速了解与掌握先进的实验技术。对于基础性的实验技术，实验中涉及的仪器构造原理和使用方法，本书单独将其列为一部分，使技术部分的阐述更加系统。为了查阅方便，这些内容在目录中一并列出。

本书由王丽芳，康艳珍拟定整理编写大纲，并由王丽芳、康艳珍二人分工整理编写，最后由王丽芳，康艳珍统稿、定稿，由山西省吕梁高等专科学校化工系张子锋教授主审。具体分工如下。王丽芳：绪论；第二篇实验二、实验三、实验四、实验五、实验九、实验十、实验十一、实验十四、实验十八、实验二十、实验二十二；第三篇仪器及其使用第三节、第四节、第六节、第七节、第十节、第十三节；附表十二～附表二十二。康艳珍：第二篇实验一、实验六、实验七、实验八、实验十二、实验十三、实验十五、实验十六、实验十七、实验十九、实验二十一；第三篇仪器及其使用第一节、第二节、第五节、第八节、第九节、第十一节、第十二节；附表一～附表十一。

此外，本书在编写过程中，刘金、闫卫做了大量的准备工作，在此表示感谢。

由于作者水平有限，加之时间仓促，书中不妥之处在所难免，恳请专家和读者提出批评指正。

编者

2007 年 6 月

目　　录

第一篇　绪论 …… 1
　一、物理化学实验的目的、要求和注意事项 …… 1
　二、物理化学实验中的安全知识及意外事故处理 …… 2
　三、物理化学实验中的误差和数据处理 …… 6
第二篇　实验 …… 17
热力学部分 …… 17
　实验一　恒温槽的装配和性能测试 …… 17
　实验二　微机测定燃烧热 …… 23
　　附：BH-1S 型微机测定燃烧热实验系统 …… 28
　实验三　凝固点降低法测摩尔质量 …… 31
　　附：凝固点降低法测摩尔质量实验数据采集系统 …… 34
　实验四　微机测定溶解热 …… 39
　　附：NDRH-1S 型微机测定溶解热实验系统 …… 42
　实验五　双液系气、液平衡相图的绘制 …… 47
　实验六　液体饱和蒸气压的测定 …… 51
　实验七　微机测定金属相图 …… 56
　　附：JX-3D 型微机测定金属相图实验系统 …… 60
　实验八　差热分析 …… 64
　实验九　分光光度法测定弱电解质的电离常数 …… 67
电化学部分 …… 71
　实验十　离子迁移数的测定 …… 71
　实验十一　电导的测定及应用 …… 74
　实验十二　电极制备及电池电动势的测定 …… 75
　实验十三　电动势法测定化学反应的热力学函数变化值 …… 80
动力学部分 …… 82
　实验十四　蔗糖水解反应速率常数的测定 …… 82
　实验十五　电导法测定乙酸乙酯皂化反应的速率常数 …… 86
　实验十六　丙酮碘化反应 …… 90
　实验十七　微机测定 BZ 振荡反应 …… 94
表面现象和胶体化学部分 …… 98
　实验十八　最大气泡压力法测定溶液的表面张力 …… 98
　实验十九　电泳 …… 102
　实验二十　黏度法测定高聚物相对分子质量 …… 107
结构化学部分 …… 111
　实验二十一　磁化率的测定 …… 111

实验二十二　偶极矩的测定 …… 115
第三篇　仪器及其使用 …… 121
第一节　温度的测量 …… 121
一、温标 …… 121
二、水银温度计 …… 122
三、贝克曼温度计 …… 123
四、SWC-Ⅱ$_D$ 精密数字温度温差仪 …… 125
五、JDT-2A 型精密温度温差测量仪 …… 128
六、NTY-2A/5B 型数字式温度计 …… 130
七、JDW-3F 型精密电子温差测量仪 …… 130
第二节　恒温装置 …… 132
一、SYC-15B 超级恒温水浴 …… 132
二、HK-1D 型玻璃恒温水槽 …… 133
第三节　高压钢瓶 …… 134
一、气体钢瓶的颜色标记 …… 134
二、氧气钢瓶的使用 …… 134
三、钢瓶使用注意事项 …… 134
第四节　真空泵 …… 135
一、2XZ 型直联旋片式真空泵 …… 135
二、WX 型旋片式无油真空泵 …… 137
三、真空操作注意事项 …… 138
第五节　电位差计 …… 139
一、UJ-36 型携带式直流电位差计 …… 139
二、UJ-33a 型直流电位差计 …… 140
三、SDC-Ⅲ数字电位差综合测试仪 …… 141
第六节　电导率仪 …… 142
一、DDS-11D 型数字式电导率仪 …… 142
二、DDS-11A 型电导率仪 …… 145
三、DDS-307 型电导率仪 …… 146
第七节　旋光仪 …… 151
一、WXG-4 小型旋光仪 …… 151
二、WZZ-2S 数字自动式旋光仪 …… 153
第八节　阿贝折射仪 …… 156
一、2W 型（WZS-1 型）阿贝折射仪 …… 157
二、WYA-2S 数字阿贝折射仪 …… 160
第九节　722 型光栅分光光度计 …… 162
一、工作原理 …… 162
二、仪器结构 …… 162
三、仪器面板及开关、旋钮的作用 …… 163
四、使用方法 …… 164

五、注意事项 …… 165
第十节 PHS-3C型精密酸度计 …… 165
一、测量原理 …… 165
二、使用方法 …… 166
三、注意事项 …… 167
第十一节 DYY-12型电脑三恒多用电泳仪 …… 168
一、结构及特点 …… 168
二、技术指标及工作条件 …… 168
三、操作说明 …… 168
四、注意事项 …… 171
第十二节 CDR-1型差动热分析仪 …… 172
一、工作原理及结构 …… 172
二、实验操作条件的选择 …… 174
三、差热峰面积的测量 …… 175
第十三节 DTC-3A型可编程控温仪 …… 175
一、结构与原理 …… 175
二、技术指标 …… 176
三、使用方法 …… 177
四、通讯接口 …… 182
五、注意事项 …… 182
附录 物理化学实验常用数据表 …… 183
附表一 国际单位制的基本单位 …… 183
附表二 国际单位制的一些导出单位 …… 183
附表三 其他单位制单位与国际单位制单位互换表 …… 184
附表四 用于构成十进倍数和分数单位的SI词头 …… 185
附表五 物理化学常数 …… 185
附表六 压力单位换算 …… 185
附表七 纯水的蒸汽压 …… 186
附表八 几种物质的蒸气压 …… 186
附表九 水的密度 …… 187
附表十 水在不同温度下的黏度 …… 187
附表十一 液体的折射率（25℃） …… 188
附表十二 有机化合物的密度 …… 188
附表十三 一些离子在水溶液中的摩尔离子电导（无限稀释）（25℃） …… 188
附表十四 不同温度下KCl的电导率 …… 189
附表十五 水的电导率κ …… 189
附表十六 不同温度下水的表面张力σ($\times 10^3$ N·m^{-1}) …… 190
附表十七 某些有机物在水中的表面张力 …… 190
附表十八 水对空气的表面张力 …… 190
附表十九 不同温度下KCl的溶解热 …… 191

附表二十　298.15K 电极反应的标准电位 …… 191
附表二十一　某些参比电极电势与温度关系公式 …… 192
附表二十二　某些有机溶剂的介电常数及偶极矩 …… 192
参考文献 …… 193

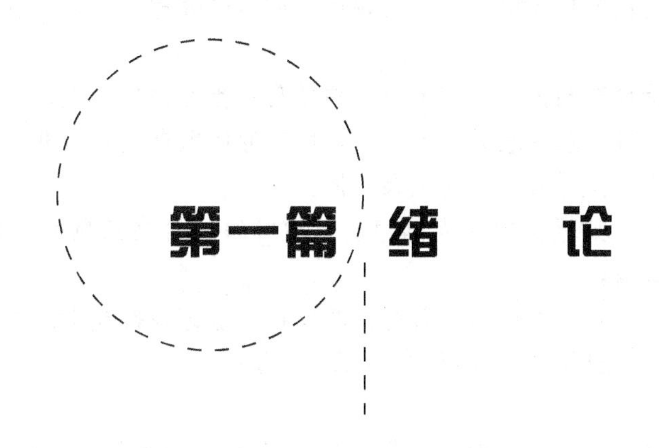

第一篇 绪 论

一、物理化学实验的目的、要求和注意事项

1. 实验目的

物理化学实验是继无机化学实验、分析化学实验之后的一门基础实验课，其主要目的如下。

(1) 巩固并加深对物理化学课程中基本概念和相关理论的理解。

(2) 初步了解物理化学的研究方法，掌握物理化学实验的基本实验技术和技能。

(3) 掌握常用仪器的构造、原理及使用方法，了解近代大型仪器的性能及在物理化学中的应用。

(4) 培养学生正确的观察实验现象，记录数据和处理数据以及分析实验结果的能力。

(5) 培养学生养成严肃认真，实事求是的科学态度和作风。

2. 实验前要求

(1) 准备实验预习报告本。

(2) 实验前必须充分预习，对实验教材以及有关的参考资料、附录仪器的使用说明书等进行仔细阅读，明确实验内容和目的，掌握实验的基本原理，了解所用仪器、仪表的构造和操作规程，熟悉实验步骤，明确实验要测量的数据。

(3) 写出预习报告，内容包括：实验目的、原理、简要操作步骤、实验注意事项、需测定的数据（列出空表格）等项。

(4) 实验前一天交实验指导老师批阅，学生达到预习要求后，才能进行实验。

3. 实验注意事项

(1) 进入实验室后不得大声喧哗和乱摸乱动，根据老师安排进入指定实验台，不经老师允许不得随意和同学交换实验顺序。

(2) 认真核对实验所用的仪器设备以及实验中所用的玻璃器皿、标准溶液等。对不熟悉的仪器设备必须在认真阅读使用说明书后再动手组装实验装置。装置完成后，需经老师检查同意后方可动手做实验。

(3) 特殊仪器需向老师领取，完成实验后归还。

(4) 实验中要严格控制实验条件，严格按照实验操作规程进行实验，特别是电器和高压气瓶的操作，防止发生意外。如对实验有更改建议，需与指导老师进行讨论，经指导老师同意后方可实行。

(5) 公用仪器及试剂瓶不要随意变更原有位置，用毕要立即放回原处。

(6) 对实验中遇到的问题要独立思考，及时解决，如自己处理不了，应及时报告老师帮助解决。

(7) 认真做好实验原始数据的记录，实事求是地填写在预习报告本上，记录数据要详细准确，且注意整洁清楚，不得任意涂改。如有记错，可在原始数据上划一杠，再在旁边记下正确值。尽量采用表格形式。要养成良好的记录习惯。

(8) 实验完毕，应将实验数据交指导老师审查，教师签注合格意见后，再拆除实验装置，如不合格，需补做或重做。

(9) 整理实验台面，洗净并核对仪器，若有损坏请自行登记并按规定赔偿。

(10) 关闭水、电、气，经指导老师同意才能离开实验室。

4. 实验报告

(1) 搞清数据处理的原理、方法、步骤及单位制，仔细进行计算。正确表达实验结果。处理实验数据应个人独立完成，不得马虎潦草，不得相互抄袭。

(2) 认真写好实验报告，内容包括：实验目的、实验原理、实验仪器及试剂、实验步骤、实验记录及数据处理、思考题与讨论等。

(3) 按老师规定的时间及时上交实验报告，批阅后的报告要妥善保存，以备考核时复习。

二、物理化学实验中的安全知识及意外事故处理

化学是一门实验科学，实验室的安全非常重要。在物理化学实验中，经常使用各种化学药品和仪器设备，以及水、电、煤气，还会经常遇到高温、低温、高压、真空、高电压、高频和带有辐射源的实验条件和仪器，若缺乏必要的安全防护知识，会造成生命和财产的巨大损失。

1. 化学实验室守则

(1) 实验室是教学和科研的重要基地，凡进入实验室的学生，须以严肃的科学态度进行实验，严格遵守实验室的各项规章制度。

(2) 按时进行实验，若无故迟到，指导老师有权取消本次实验资格。要求补做实验的学生，必须写出补做的申请报告，经老师同意后方可补做。

(3) 实验前必须认真写好预习报告，并经实验教师检查合格后才可进行实验。进入实验室后首先熟悉实验室环境、布置、各种设施的位置、清点仪器。

(4) 实验时要集中注意力，认真操作，仔细观察，积极思考，实验数据要及时、如实、详细地记录在报告本上，不得涂改和伪造。

(5) 保持实验室和实验桌面的清洁，火柴、纸屑、废品等丢入废物桶内，不能随地乱丢，更不得丢入水槽，以免水槽堵塞。

(6) 使用仪器要小心谨慎，未经老师允许不得乱动精密仪器，若有损坏应填写仪器损坏单。使用精密仪器时，必须严格按照操作规程进行操作。

(7) 实验时必须注意人身和设备安全，使用水、电和药品试剂都应本着节约的原则。遇到事故立即切断电源、火源，并向指导教师报告，以便采取紧急措施，不得自行处理。待查明原因，排除故障，经指导教师同意后，方可继续实验。

(8) 使用试剂时应注意以下几点。

① 按量取用，注意节约。

② 取用固体试剂时，注意勿使其落在实验容器外。

③ 公用试剂放在指定位置，不得擅自拿走。

④ 试剂瓶的滴管、瓶塞是配套使用的，用后立即放回原处，避免混淆，沾污试剂。

⑤ 使用试剂时要遵守正确的操作方法。

(9) 实验完毕，洗净仪器，放回原处，整理桌面，经指导老师同意方可离开，实验室内物品不得带出。

(10) 每次实验后由值日生负责整理药品，打扫卫生，并检查水、电和门窗，以保持实验室的整洁和安全。

2. 化学实验室安全规则

(1) 不要用湿手、湿物接触电源，水、电、气使用完毕立即关闭。

(2) 加热试管时，不要将试管口对着自己或别人，也不要俯视正在加热的液体，以防液体溅出伤害人体。

(3) 嗅闻气体时，应用手轻拂气体，把少量气体扇向自己再闻，能产生有刺激性或有毒气体（如 H_2S，Cl_2，CO，NO_2，SO_2 等）的实验必须在通风橱内进行或注意实验室通风。

(4) 具有易挥发和易燃物质的实验，应在远离火源的地方进行。操作易燃物质时，加热应在水浴中进行。

(5) 有毒试剂（如氰化物、汞盐、钡盐、铅盐、重铬酸钾、砷的化合物等）不得进入口内或接触伤口。剩余的废液应倒在废液桶内。

(6) 若使用带汞的仪器被损坏，汞液溢出仪器外时，应立即报告指导老师，指导处理。

(7) 洗液、浓酸、浓碱具有强腐蚀性，应避免溅落在皮肤、衣服、书本上，更应防止溅入眼睛内。

(8) 稀释浓硫酸时，应将浓硫酸慢慢注入水中，并不断搅动，切勿将水倒入硫酸中，以免迸溅，造成灼伤。

(9) 禁止任意混合各种试剂药品，以免发生意外事故。

(10) 废纸、玻璃等物应扔入废物桶中，不得扔入水槽，保持下水道畅通，以免发生水灾。

(11) 反应过程中可能生成有毒或有腐蚀性气体的实验应在通风橱内进行，使用后的器皿应及时洗净。

(12) 经常检查煤气开关和用气系统，如果有泄漏，应立即熄灭室内火源，打开门窗，用肥皂水查漏，若估计一时难以查出，应关闭煤气总阀，立即报告教师。

(13) 实验室内严禁吸烟、饮食，或把食具带进实验室。实验完毕，必须洗净双手。

(14) 禁止穿拖鞋、高跟鞋、背心、短裤（裙）进入实验室，应按规定穿工作服。

3. 化学药品的正确使用和安全防护

(1) 防毒

大多数化学药品都有不同程度的毒性。有毒化学药品可通过呼吸道、消化道和皮肤进入人体而发生中毒现象。

① 如 HF 侵入人体，将会损伤牙齿、骨骼、造血和神经系统；

② 烃、醇、醚等有机物对人体有不同程度的麻醉作用；

③ 三氧化二砷、氰化物、氯化高汞等是剧毒品，吸入少量会致死。

(2) 防毒注意事项

① 实验前应了解所用药品的毒性、性能和防护措施；

② 使用有毒气体（如 H_2S，Cl_2，Br_2，NO_2，HCl，HF）应在通风橱中进行操作；

③ 苯、四氯化碳、乙醚、硝基苯等蒸气经常久吸会使人嗅觉减弱，必须高度警惕；

④ 有机溶剂能穿过皮肤进入人体，应避免直接与皮肤接触；

⑤ 剧毒药品如汞盐、镉盐、铅盐等应妥善保管；

⑥ 实验操作要规范，离开实验室要洗手。

(3) 防火

① 防止煤气管、煤气灯漏气，使用煤气后一定要把阀门关好；

② 乙醚、酒精、丙酮、二硫化碳、苯等有机溶剂易燃，实验室不得存放过多，切不可倒入下水道，以免集聚引起火灾；

③ 金属钠、钾、铝粉、电石、黄磷以及金属氢化物要注意使用和存放，尤其不宜与水直接接触；

④ 万一着火，应冷静判断情况，采取适当措施灭火；可根据不同情况，选用水、砂子、泡沫、CO_2 或 CCl_4 灭火器灭火。

(4) 防爆

化学药品的爆炸分为支链爆炸和热爆炸。

① 氢、乙烯、乙炔、苯、乙醇、乙醚、丙酮、乙酸乙酯、一氧化碳、水煤气和氨气等可燃性气体与空气混合至爆炸极限，一旦有一热源诱发，极易发生支链爆炸；

② 过氧化物、高氯酸盐、叠氮铅、乙炔铜、三硝基甲苯等易爆物质，受震或受热可能发生热爆炸。

防爆措施。

① 对于防止支链爆炸，主要是防止可燃性气体或蒸气散失在室内空气中，保持室内通风良好。当大量使用可燃性气体时，应严禁使用明火和可能产生电火花的电器；

② 对于预防热爆炸，强氧化剂和强还原剂必须分开存放，使用时轻拿轻放，远离热源。

(5) 防灼伤

除了高温以外，液氮、强酸、强碱、强氧化剂、溴、磷、钠、钾、苯酚、醋酸等物质都会灼伤皮肤；应注意不要让皮肤与之接触，尤其防止溅入眼中。

(6) 汞的安全使用

汞是化学实验室的常用物质，毒性很大，且进入体内不易排出，形成积累性中毒；高汞盐（如 $HgCl_2$）0.1～0.3g 可致人死命；室温下汞的蒸气压为 0.0012mmHg（1mmHg＝133.322Pa）比安全浓度标准大 100 倍。

安全使用汞的操作规定。

① 汞不能直接露于空气中，其上应加水或其他液体覆盖；

② 任何剩余量的汞均不能倒入下水槽中；

③ 储汞容器必须是结实的厚壁器皿，且器皿应放在瓷盘上；

④ 装汞的容器应远离热源；

⑤ 万一汞掉在地上、台面或水槽中，应尽可能用吸管将汞珠收集起来，再用能形成汞齐的金属片（Zn，Cu，Sn 等）在汞溅处多次扫过，最后用硫黄粉覆盖；

⑥ 实验室要通风良好；

⑦ 手上有伤口，切勿接触汞。

4. 安全用电

(1) 人身安全防护

实验室常用电为频率50Hz，200V的交流电。人体通过1mA的电流，便有发麻或针刺的感觉，10mA以上人体肌肉会强烈收缩，25mA以上则呼吸困难，就有生命危险；直流电对人体也有类似的危险。

为防止触电，应做到：

① 修理或安装电器时，应先切断电源；

② 使用电器时，手要干燥；

③ 电源裸露部分应有绝缘装置，电器外壳应接地线；

④ 不能用试电笔去试高压电；

⑤ 不应用双手同时触及电器，防止接触时电流通过心脏；

⑥ 一旦有人触电，应首先切断电源，然后抢救。

(2) 仪器设备的安全用电

① 一切仪器应按说明书装接适当的电源，需要接地的一定要接地；

② 若是直流电器设备，应注意电源的正负极，不要接错；

③ 若电源为三相，则三相电源的中性点要接地，这样万一触电时可降低接触电压；接三相电动机时要注意正转方向是否符合，否则，要切断电源，对调相线；

④ 接线时应注意接头要牢，并根据电器的额定电流选用适当的连接导线；

⑤ 接好电路后应仔细检查无误后，方可通电使用；

⑥ 仪器发生故障时应及时切断电源。

5. 使用高压容器的安全防护

化学实验常用到高压储气钢瓶和一般受压的玻璃仪器，使用不当，会导致爆炸，需掌握有关常识和操作规程。

气体钢瓶的识别（颜色相同的要看气体名称）

氧气瓶　天蓝色；　　　　氢气瓶　深绿色；

氮气瓶　黑色；　　　　　纯氩气瓶　灰色；

氦气瓶　棕色；　　　　　压缩空气　黑色；

氨气瓶　黄色；　　　　　二氧化碳气瓶　黑色。

高压气瓶的安全使用：

① 气瓶应专瓶专用，不能随意改装；

② 气瓶应存放在阴凉、干燥、远离热源的地方，易燃气体气瓶与明火距离不小于5m；氢气瓶最好隔离；

③ 气瓶搬运要轻要稳，放置要牢靠；

④ 各种气压表一般不得混用；

⑤ 氧气瓶严禁油污，注意手、扳手或衣服上的油污；

⑥ 气瓶内气体不可用尽，以防倒灌；

⑦ 开启气门时应站在气压表的一侧，不准将头或身体对准气瓶总阀，以防万一阀门或气压表冲出伤人。

6. 化学实验室意外事故处理

(1) 化学灼烧处理

① 酸（或碱）灼伤皮肤立即用大量水冲洗，再用碳酸氢钠饱和溶液（或1%～2%乙酸溶液）冲洗，最后再用水冲洗，涂敷氧化锌软膏（或硼酸软膏）。

② 酸（或碱）灼伤眼睛不要揉搓眼睛，立即用大量水冲洗，再用3%的硫酸氢钠溶液（或用3%的硼酸溶液）淋洗，然后用蒸馏水冲洗。

③ 碱金属氰化物、氢氰酸灼伤皮肤用高锰酸钾溶液洗，再用硫化铵溶液漂洗，然后用水冲洗。

④ 溴灼伤皮肤立即用乙醇洗涤，然后用水冲净，涂上甘油或烫伤油膏。

⑤ 苯酚灼伤皮肤先用大量水冲洗，然后用4∶1的乙醇（70%）-氯化铁（1mol/L）的混合液洗涤。

（2）割伤和烫伤处理

① 割伤。若伤口内有异物，先取出异物后，用蒸馏水洗净伤口，然后涂上红药水并用消毒纱布包扎，或贴创可贴。

② 烫伤。立即涂上烫伤膏，切勿用水冲洗，更不能把烫起的水泡戳破。

（3）毒物与毒气误入口、鼻内感到不舒服时的处理

① 毒物误入口立即内服5～10mL稀$CuSO_4$温水溶液，再用手指伸入咽喉促使呕吐毒物。

② 刺激性、有毒气体吸入。误吸入煤气等有毒气体时，立即在室外呼吸新鲜空气；误吸入溴蒸气、氯气等有毒气体时，立即吸入少量酒精和乙醚的混合蒸气，以便解毒。

（4）触电处理

触电后，立即拉下电闸，必要时进行人工呼吸。当所发生的事故较严重时，做了上述急救后应速送医院治疗。

（5）起火处理

① 小火、大火。小火用湿布、石棉布或砂子覆盖燃物；大火应使用灭火器，而且需根据不同的着火情况，选用不同的灭火器，必要时应报火警（119）。

② 油类、有机溶剂着火。切勿用水灭火，小火用砂子或干粉覆盖灭火，大火用二氧化碳灭火器灭火，亦可用干粉灭火器或1211灭火器灭火。

③ 精密仪器、电器设备着火。切断电源、小火可用石棉布或湿布覆盖灭火，大火用四氯化碳灭火器灭火，亦可用干粉灭火器或1211灭火器灭火。

④ 活泼金属着火。可用干燥的细砂覆盖灭火。

⑤ 纤维材质着火。小火用水降温灭火，大火用泡沫灭火器灭火。

⑥ 衣服着火。应迅速脱下衣服或用石棉覆盖着火处或卧地打滚。

三、物理化学实验中的误差和数据处理

在物理化学实验中，由于测量时所用仪器、实验方法、条件控制和实验者观察局限等的限制，任何实验都不可能测得一个绝对准确的数值，测量值和真值之间必然存在着一个差值，称为“测量误差”。只有知道结果的误差，才能了解结果的可靠性，决定这个结果对科学研究和生产是否有价值，进而考虑如何改进实验方法、技术以及仪器的正确选用和搭配等问题。如在实验前能清楚该测量允许的误差大小，则可以正确地选择适当精度的仪器、实验方法和控制条件，不致过分提高或降低实验的要求，造成浪费和损失。此外，将数据列表、作图、建立数学关系等数据处理方法，也是实验的一个重要的方面。

1. 误差的分类

物理量的测定方法很多，从测量方式可分为直接测量和间接测量。直接表示所求结果的测量称为直接测量。如用天平称量物质的质量，用电位差计测定电池的电动势等。若所求的

结果由数个直接测量值以某种公式计算而得，则这种测量称为间接测量。如用电导法测定乙酸乙酯皂化反应的速率常数，即是测定不同时间溶液的电导，再由公式计算得出。物理化学实验中的测量大都属于间接测量。

任何一类测量中，都存在一定误差（即测量值与真实值之间的差值），根据误差的性质和来源，可将误差分为三类，即：系统误差、偶然误差和过失误差三类。

(1) 系统误差

系统误差是指在相同条件下多次测量同一物理量时，测量误差的绝对值和符号保持恒定，或条件改变时，按某一确定的规律而变化的测量误差称为系统误差。系统误差的来源如下。

① 仪器误差。仪器刻度不准确或零点发生变动，样品的纯度不符合要求等。

② 仪器使用时的环境因素。如：温度、湿度、气压等发生定向变化所引起的误差。

③ 测量方法本身的限制。如反应没有完全进行到底，指示剂选择不当，计算公式有某些假定及近似等。

④ 个人习惯性误差。实验者感官上最小分辨力和某些固有习惯引起的误差。如读数恒偏高或恒偏低；在光学测量中用视觉确定终点和电学测量中用听觉确定终点时，实验者本身所引起的系统误差。

系统误差总是以同一符号出现，在相同条件下重复实验无法消除，但可以通过测量前对仪器进行校正或更换，选择合适的实验方法，修正计算公式和用标准样品校正实验者本身所引起的系统误差来减少。只有不同实验者用不同的校正方法、不同的仪器所得数据相符合，才可认为系统误差基本消除。

(2) 偶然误差

偶然误差是指在相同条件下多次重复测量同一物理量，每次测量结果都有些不同（在末位数字或末两位数字上不同），它们围绕着某一数字上下无规则变动，其误差符号时正时负，其误差绝对值时大时小。这种测量误差称为偶然误差。造成偶然误差的原因大致如下。

① 实验者对仪器最小分度值以上的估读，很难每次严格相同。

② 测量仪器的某些活动部件所指示的测量结果，在重复测量时很难每次完全相同，这种现象在使用年久，质量较差的电子仪器时最为明显。

③ 暂时无法控制的某些实验条件的变化，也会引起测量结果的不规则变化。如许多物质的物理化学性质都与温度有关，实验测量过程中，温度必须控制，但温度恒定总是有一定限度的，在这个限度内温度仍然不规则变动，导致测量结果的不规则变化。

偶然误差在实验中总是存在的，无法完全避免，但它服从概率分布。如在同一条件下对同一物理量多次测量时，会发现数据的分布符合一般统计规律。这种规律可用图 1-1 曲线表示，此曲线称为误差的正态分布曲线，其函数形式为

$$y=\frac{1}{\sqrt{2\pi\sigma}}\exp\left(-\frac{x_i^2}{2\sigma^2}\right)$$

或

$$y=\frac{h}{\sqrt{\pi}}\exp(-h^2 x_i^2)$$

式中，h 为精确度指数；σ 为标准误差；h 与 σ 的关系为

$$h=\frac{1}{\sqrt{2\sigma}}$$

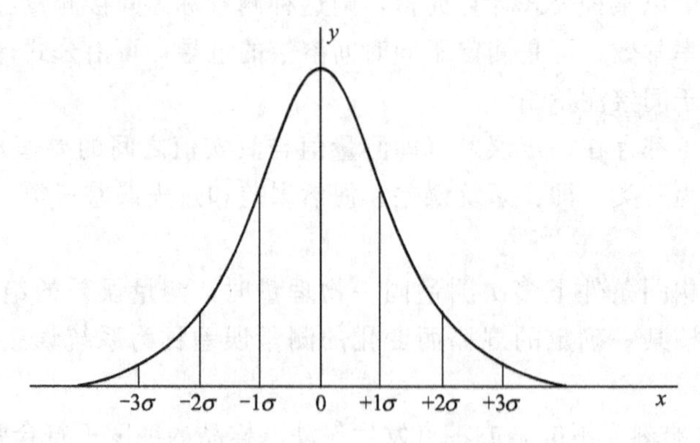

图 1-1 误差的正态分布曲线

由图 1-1 可以看出曲线具有以下特点。

① 对称性：绝对值相同的正负误差出现的机会相同。

② 单峰性：绝对值小的误差出现的机会多，而绝对值大的误差出现的机会则比较少。

③ 有界性：在一定测量条件下的有限次测量值中，误差的绝对值不会超过某一界限。

④ 以相同精度测量某一物理量时，其偶然误差的算术平均值，随着测量次数的无限增加而趋近于零。

因此，为减小偶然误差的影响，在实际测量中常常对被测的物理量进行多次重复的测量，以提高测量的精密度或再现性。

(3) 过失误差

由于实验者的粗心，如标度看错，记录写错，计算错误所引起的误差，称为过失误差。这类误差是无规则可寻的，必须要求实验者处处细心，才能避免。

2. 测量的精密度和准确度

在一定条件下对某一个量进行 n 次测量，所得的结果为 x_1，x_2，x_3，…，x_i，x_n。其算术平均值为

$$\bar{x}=\frac{1}{n}\sum_{i=1}^{n}x_i$$

那么，单次测量值 x_i 与算术平均值 $\bar{x}$ 的偏差程度就称为测量的精密度。它表示各测量值相互接近程度。精密度的表示方式一般有下列三种。

(1) 用平均误差 δ 表示

$$\delta=\frac{1}{n}\sum_{i=1}^{n}|x_i-\bar{x}|$$

(2) 用标准误差 σ 表示

$$\sigma=\sqrt{\frac{\sum_{i=1}^{n}(x_i-\bar{x})^2}{n-1}}$$

(3) 用或然误差 P 表示

$$P=0.6745\sigma$$

上述三种方式都可以用来表示测量的精密度，但在数值上略有不同，它们之间的关系是

$$P:\delta:\sigma=0.675:0.794:1.00$$

平均误差的优点是计算较简单，但不能肯定 x_i 离$\bar{x}$是偏高还是偏低，可能会将一些并不好的测量数据掩盖住。在近代科学中，多采用标准误差，其测量结果的精度常用（$\bar{x}\pm\sigma$）或（$\bar{x}\pm\sigma$）来表示，δ或σ 值越小，表示测量精密度越好。

（4）用相对误差 $\sigma_{相对}$ 表示

$$\sigma_{相对}=\frac{\sigma}{\bar{x}}\times 100\%$$

［例 1］ 对某种样品重复 10 次色谱分析实验，分别测得其峰高 x(mm) 列于表 1-1，试计算它的平均误差和标准误差，正确表示峰高的测量结果。

表 1-1　测量记录与计算

n	x_i/mm	$\lvert x_i-\bar{x}\rvert$	$\lvert x_i-\bar{x}\rvert^2$	n	x_i/mm	$\lvert x_i-\bar{x}\rvert$	$\lvert x_i-\bar{x}\rvert^2$
1	142.1	4.5	20.25	7	147.3	0.7	0.49
2	147.0	0.4	0.16	8	156.3	3.7	13.69
3	146.2	0.4	0.16	9	145.9	0.7	0.49
4	145.2	1.4	1.96	10	151.8	5.2	27.04
5	143.8	2.8	7.84		Σ1465.8	Σ20.2	Σ72.24
6	146.2	0.4	0.16				

算术平均值（可靠值）　$\bar{x}=\frac{1465.8}{10}=146.6\text{mm}$

平均误差　$\delta=\frac{20.2}{10}=2.02\text{mm}$

标准误差　$\sigma=\sqrt{\frac{72.24}{10-1}}=2.8\text{mm}$

则峰高测量结果为（146.6±2.8)mm

相对精密度　$\frac{\sigma}{\bar{x}}\times 100\%=1.9\%$

准确度与精密度不同，准确度是指测量值与真实值的接近程度，而精密度是指各次测量值之间的相互接近程度。它可以反应偶然误差的影响程度，偶然误差小，则精密度高。

测量的准确度定义为

$$b=\frac{1}{n}\sum_{i=1}^{n}\lvert x_i-x_{真}\rvert$$

式中，n 为测量次数；x_i 为第 i 次的测量值；$x_{真}$ 为真值。

由于在大多数物理化学实验中，真值 $x_{真}$ 是要求测定的结果，而 $x_{真}$ 难以得到，因此 b 值就很难算出。但一般可近似地用标准值 $x_{标}$ 来代替 $x_{真}$（$x_{标}$ 是用其他更可靠方法测出的值，也可用文献手册查得的公认值代替）。此时，测量的准确度可近似地表示为

$$b=\frac{1}{n}\sum_{i=1}^{n}\lvert x_i-x_{标}\rvert$$

在一组测量中，尽管精密度很高，但准确度不一定很好；相反，若准确度好，则精密度一定高。准确度与精密度的区别，可用图 1-2 加以说明。例如甲乙丙三人同时测定某一物理量，各分析四次，其测定结果图中以小圈表示。从图 1-2 上可见，甲的测定结果的精密度很

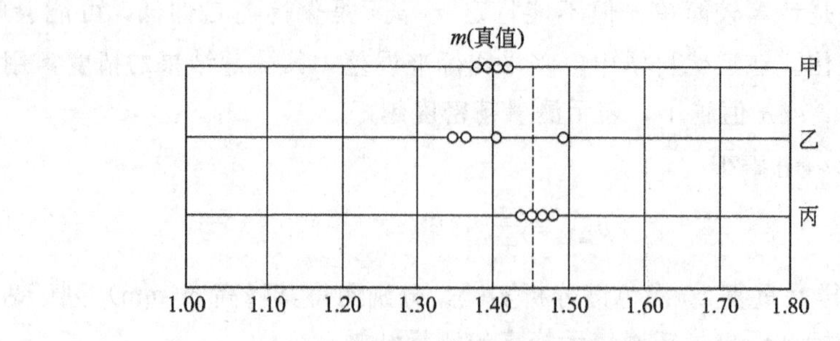

图 1-2 甲乙丙三人的观察结果示意

高，但平均值与真值相差较大，说明其准确度低。乙的测定结果的精密度不高，准确度也低。只有丙的测定结果的精密度和准确度均高。

3. 怎样使测量结果达到足够的精确度

测定某一物理量时，为使测量结果达到足够的精确度，应按下列次序进行。

(1) 正确选用仪器

按实验要求，确定所有仪器的规格，仪器的精密度不能低于实验结果要求的精密度，但也不必过优于实验结果的精密度。

(2) 校正实验仪器和药品的系统误差

即校正仪器、纯化药品、并选用标准样品测量。

(3) 减少测量过程中的偶然误差

测定某种物理量时，要进行多次连续重复测量（必须在相同的实验条件下），直至测量结果围绕某一数值上下不规则变动时，取这些测量数值的算术平均值。

(4) 进一步校正系统误差

当测量结果达不到要求的精密度，且确认测量误差为系统误差时，应进一步探索，反复实验，以至可以否定原来的标准值。

4. 间接测量中的误差传递

大多数物理化学实验的最后结果都是间接测量值，因此个别测量的误差都反映在最后的结果里。在间接测量误差的计算中，可以看出直接测量的误差对最后的结果产生多大的影响，并可了解哪一方面的直接测量是误差的主要来源。如果事先预定最后结果的误差限度，即各直接测量值可允许的最大误差是多少，则由此可决定如何选择适当精密度的测量仪器。仪器的精密程度会影响最后结果，但如果盲目地使用精密仪器，不考虑相对误差，不考虑仪器的相互配合，非但丝毫不能提高结果的准确度，反而枉费精力并造成仪器、药品的浪费。

(1) 平均误差和相对平均误差的传递

设有物理量 N，由直接测量值 u_1，u_2，…，u_n 决定。

$$N=f(u_{1,}u_{2,}\cdots,u_n) \tag{1-1}$$

现已知测定 u_1，u_2，…，u_n 时的平均误差分别为 Δu_1，Δu_2，…，Δu_n，那么 N 的平均误差 ΔN 如何求得。

将式(1-1) 全微分得

$$\mathrm{d}N=\left(\frac{\partial N}{\partial u_1}\right)_{u_2,u_3\cdots}\mathrm{d}u_1+\left(\frac{\partial N}{\partial u_2}\right)_{u_1,u_3\cdots}\mathrm{d}u_2+\cdots+\left(\frac{\partial N}{\partial u_n}\right)_{u_1,u_2\cdots}\mathrm{d}u_n \tag{1-2}$$

设各自变量的平均误差 Δu_1，Δu_2，…，Δu_n 等足够小时，可代替它们的微分 $\mathrm{d}u_1$，

du_2，…，du_n，并考虑到在最不利的情况下是直接测量的正负误差不能对消，从而引起误差的积累，故取其绝对值，则式(1-2) 可改写成

$$\Delta N=\left|\frac{\partial N}{\partial u_1}\right||\Delta u_1|+\left|\frac{\partial N}{\partial u_2}\right||\Delta u_2|+\cdots+\left|\frac{\partial N}{\partial u_n}\right||\Delta u_n| \tag{1-3}$$

如将式(1-1) 两边取对数，再求微分，然后将 du_1，du_2，…，du_n，dN 等分别换成 Δu_1，Δu_2，…，Δu_n，ΔN，则可直接得出相对平均误差表达式。

$$\frac{\Delta N}{N}=\frac{1}{f(u_1,u_2,\cdots,u_n)}\left[\left|\frac{\partial N}{\partial u_1}\right||\Delta u_1|+\left|\frac{\partial N}{\partial u_2}\right||\Delta u_2|+\cdots+\left|\frac{\partial N}{\partial u_n}\right||\Delta u_n|\right] \tag{1-4}$$

式(1-3)、式(1-4) 分别是计算最终结果的平均误差和相对平均误差的普遍公式。

[例 2] 以苯为溶剂，用凝固点降低法测定苯的摩尔质量，按下式计算。

$$M=K_f\frac{m}{\Delta T}=K_f\frac{W}{W_0(T_0-T)}$$

式中，K_f 是凝固点降低常数，其值为 5.12℃/(kg/mol)。直接测量 W、W_0、T、T_0 的值。其中溶质质量是用分析天平称得，$W=(0.2352\pm0.0002)$g，溶剂质量 W_0 为 $(25.0\pm0.1)\times0.879$g，用 25mL 移液管移苯液，其密度为 0.879g/cm。

若用贝克曼温度计测量凝固点，其精密度为 0.002℃，3 次测得纯苯的凝固点 T_0 读数为：3.569℃，3.570℃，3.571℃。溶液的凝固点 T 读数为：3.130℃，3.128℃，3.121℃。试计算实验测定的苯摩尔质量 M 及其相对误差，并说明实验是否存在系统误差。

首先对测得的纯苯凝固点 T_0 数值求平均

$$\bar{T}_0=\frac{3.569+3.570+3.571}{3}=3.570$$

其平均绝对误差为 $$\Delta T_0=\pm\frac{0.001+0.000+0.001}{3}=\pm0.001$$

同理求得 $$\bar{T}=3.126 \qquad \Delta\bar{T}=\pm0.004$$

对于 ΔW_0 和 ΔW 的确定，可由仪器的精密度计算

$$\Delta W_0=\pm0.1\times0.879=\pm0.09\text{g}$$

$$\Delta W=\pm0.0002\text{g}$$

将计算公式取对数，再微分，然后将 dW，dW_0，dT，dT_0 换成 ΔW，ΔW_0，ΔT_0 和 ΔT，可得摩尔质量 M 的相对误差

$$\begin{aligned}\frac{\Delta M}{M}&=\frac{\Delta W}{W}+\frac{\Delta W_0}{W_0}+\frac{\Delta\bar{T}_0+\Delta\bar{T}}{\bar{T}_0-\bar{T}}\\&=\pm\left(\frac{0.0002}{0.2352}+\frac{0.09}{25.0\times0.879}+\frac{0.001+0.004}{3.570-3.126}\right)\\&=\pm1.6\%\end{aligned}$$

$$M=\frac{1000\times0.2352\times5.12}{25.0\times0.879\times(3.570-3.126)}=123\text{g/mol}$$

$$\Delta M=\pm123\times1.6\%=\pm2$$

最终结果为：$M=(123\pm2)$g/mol，与文献值 128.11g/mol 比较，可认为该实验存在系统误差。

[例 3] 当运用惠斯顿电桥测量电阻时，电阻 R_x 可由下式求得

$$R_x=R_0\frac{l_1}{l_2}=R_0\frac{l-l_2}{l_2}$$

式中，R_0 为已知电阻；l 为滑线电阻的全长；l_1，l_2 为滑线电阻的两臂之长。间接测量 R_x 之绝对误差决定于直接测量 l_2 的误差。

$$\mathrm{d}R_x=\pm\left[\left(\frac{\partial R_x}{\partial l_2}\right)\mathrm{d}l_2\right]=\pm\left[\frac{\partial\left(R_0\dfrac{l-l_2}{l_2}\right)}{\partial l_2}\right]\mathrm{d}l_2=\pm\left(\frac{R_0 l}{l_2^2}\mathrm{d}l_2\right)$$

相对误差为

$$\frac{\mathrm{d}R_x}{R_x}=\pm\left[\frac{R_0 l}{l_2^2}\mathrm{d}l_2\Big/\left(R_0\frac{l-l_2}{l_2}\right)\right]=\pm\left[\frac{l}{(l-l_2)l_2}\mathrm{d}l_2\right]$$

因为 l 是常量，所以当 $(l-l_2)$ l_2 为最大时，相对误差最小，即

$$\frac{\mathrm{d}}{\mathrm{d}l_2}[(l-l_2)l_2]=0$$

当 $l_2=l/2$ 时，其分母为最大，所以在 $l_1=l_2$ 时，可得最小的相对误差，这一结论可帮助选择最有利的实验条件。当然在用电桥测电阻时，除读数本身引起的误差外仍有其他因素。

(2) 标准误差传递

设函数为

$$N=f(u_1,u_2,\cdots,u_n)$$

u_1，u_2，…，u_n 的标准误差分别为 σ_{u_1}、σ_{u_2}、…、σ_{u_n}，则 N 的标准误差为

$$\sigma_N=\left[\left(\frac{\partial N}{\partial u_1}\right)^2\sigma_{u_1}^2+\left(\frac{\partial N}{\partial u_2}\right)^2\sigma_{u_2}^2+\cdots+\left(\frac{\partial N}{\partial u_n}\right)^2\sigma_{u_n}^2\right]^{\frac{1}{2}} \tag{1-5}$$

式(1-5) 是计算最终结果的标准误差的普遍公式。

例如，$N=\dfrac{u_1}{u_2}$

$$\sigma_N=N\left(\frac{\sigma_{u_1}^2}{u_1^2}+\frac{\sigma_{u_2}^2}{u_2^2}\right)^{\frac{1}{2}} \tag{1-6}$$

关于平均值的标准误差的传递，只要用平均值的标准误差替代各分量的标准误差。

$$\bar{\sigma}_N=\left[\left(\frac{\partial N}{\partial \bar{u}_1}\right)^2\sigma_{\bar{u}_1}^2+\left(\frac{\partial N}{\partial \bar{u}_2}\right)^2\sigma_{\bar{u}_2}^2+\cdots+\left(\frac{\partial N}{\partial \bar{u}_n}\right)^2\sigma_{\bar{u}_n}^2\right]^{\frac{1}{2}} \tag{1-7}$$

[例 4] 测量某一电器功率时，得到电流 $I=(8.40\pm0.04)$ A，电压 $U=(9.5\pm0.1)$V，求该电器功率 P 及其标准误差。

电功率 $P=IU=8.40\times9.5=79.8$W

其标准误差

$$\sigma_{\mathrm{P}}=P\left(\frac{\sigma_{\mathrm{I}}^2}{I^2}+\frac{\sigma_{\mathrm{U}}^2}{U^2}\right)^{\frac{1}{2}}=79.8\times\left(\frac{0.04^2}{8.40^2}+\frac{0.1^2}{9.5^2}\right)^{\frac{1}{2}}=\pm0.8\mathrm{W}$$

最终结果为 $P=(79.8\pm0.8)$W

5. 实验数据的表示法

物理化学实验数据的表示主要有以下三种方法：列表法、图解法和数学方程式法。

(1) 列表法

实验后获得的大量数据，经初步处理后，应尽可能地列表，整齐而有规律地表达出来，使得全部数据一目了然；便于进一步处理运算与检查。利用列表法表达实验数据时，通常是

列出自变量 x 和因变量 y 间的相应数值。

作表格应注意以下几点。

① 每一个表开头都应写出表的序号及表的名称，表格名称应简明完备。

② 在表的每一行或每一列应正确写出栏头，由于在表中列出的通常是一些纯数（数值），因此在置于这些纯数之前或之首的表示也应该是一纯数。这就是说：应当是量的符号 A 除以其单位的符号［A］，即 A/［A］。例如 V/mL；或者应该是一个数的量，例如 K；或者是这些纯数的数学函数，例如 ln（p/MPa）。

③ 表中的数值应用最简单的形式表示，公共的乘方因子应放在栏头注明。

④ 在每一行的数字要排列整齐，小数点应对齐。

⑤ 直接测量的数值可与处理的结果并列在一张表上，必要时应在表的下面注明数据的处理方法和数据的来源。

⑥ 表中所有的数值的填写都必须遵守有效数字规则。

（2）图解法

利用图解法来表达物理化学实验数据具有许多优点，首先它能清楚地显示出所研究的变化规律与特点，如极大、极小、转折点、周期性、数量的变化速率等重要性质。其次，能够利用足够光滑的曲线，作图解微分和图解积分。有时还可通过作图外推以求得实验难于获得的量。

图解法被广泛应用，其中重要的有如下几种。

① 求内插值。根据实验所得数据，作出函数间相互作用的关系曲线，然后找出与某函数相应的物理量的数值。例如在溶解热的测定中，根据不同浓度时的积分溶解热曲线，可以直接找出某一种盐溶解在不同量的水中时所放出的热量。

② 求外推值。在某些情况下，当需要的数据不能或不易直接测定时，在适当的条件下，常用外推法求得。外推法是根据变量间的函数关系，将实验数据描述的图像延伸至测量范围以外，求得该函数的极限值。例如，无限稀释强电解质溶液的摩尔电导 Λ_0 的值不能由实验直接测定，因为无限稀释的溶液本身就是一种极限溶液，但可测得准确摩尔电导值为止，然后作图外推至浓度为零，即得无限稀释溶液的摩尔电导。

使用外推法必须满足以下条件。

a. 外推的那个区间离实际测量的那个区间不能太远；

b. 在外推的那段范围及其邻近测量数据间的函数关系是线性关系或可以认为是线性关系；

c. 外推所得结果与已有的正确经验不能有抵触。

③ 作切线求函数的微商。从切线的斜率求函数的微商，在物化实验数据处理中是经常应用的。例如利用积分溶解热的曲线作切线，由其斜率求出某一指定浓度下的微分冲淡热值，就是一个很好的例子。

④ 求经验方程式。如反应速率常数 k 与活化能 E 的关系式即阿仑尼乌斯公式。

$$k = A\mathrm{e}^{-E/RT}$$

若根据不同温度下的 k 值，作 $\lg k$ 和 $1/T$ 的图，则可得一条直线，由直线的斜率和截距分别可求得活化能 E 和碰撞频率 A 的值。

⑤ 由求面积计算相应的物理量。例如在求电量时，只要以电流和时间作图，求出相应一定时间的曲线下所包围的面积即得电量数值。

⑥ 求转折点和极值。函数的极大值、极小值或转折点，在图形上表现的很直观。例如电位滴定和电导滴定时等当点的求得，异丙醇-环已烷双液系相图中最低恒沸点的确定等都是应用图解法。

作图时应注意以下几点。

① 工具：作图工具主要有铅笔、直尺、曲线板、曲线尺、圆规（点圆规）等。

② 坐标纸：直角坐标纸（常用），半对数坐标纸，对数-对数坐标纸，三角形坐标纸（绘制三元相图用）。

③ 坐标轴：用直角坐标作图时，以主变量为横轴，应变量（函数）为纵轴。坐标轴比例尺的选择一般遵循下列原则。

a. 表示出全部的有效数字，使图上读出的各物理量的精密度与测量时的精密度一致。

b. 方便易读，一般用 1cm 表示数值 1、2、5 都是较为合适的。

c. 在前两个条件满足的前提下，还应考虑到充分利用图纸，即若无必要，不必把坐标原点作为变量的零点。具体要依图形大致趋向和图纸情况而定。比例尺选定后，画上坐标轴，并在轴旁注明该轴变量的名称和单位；在纵轴左边和横轴下边每隔一定距离写上该处变量应有的值。

④ 代表点。代表点是指测出的数据在图上的点。代表点除了要表示数据的正确数值外，还要表示它的精密度。若纵、横轴上两测量的精密度一致或相近，可用点圆符号“⊙”表示代表点，圆心小点表示测得数据的正确值，圆的半径表示精密度值。若同一图纸有数组不同的测量数据，则可用不同的符号（如：⊕、⊙、×等）来表示代表点。若纵、横两轴上变量的精密度相差较大时，则代表点需用矩形符号表示，此时矩形的心是数据的正确值。

⑤ 曲线。图纸上做好代表点后，按代表点的分布情况作一曲线，表示代表点的平均变动情况。因此，曲线不必全部通过各点，只要使各代表点均匀地分布在曲线两侧邻近即可，或者更确切地说是使所有代表点离开曲线的距离的平方和为最小，这就是“最小二乘法原理”。但是在作图过程中，如发现有个别点远离曲线，当没有根据判定两个变量在这一区间内有突变存在，则只能认为是过失误差。这样作图时就不必考虑这一点了。

曲线的具体画法：用淡铅笔轻轻地循各代表点的变动趋势，手描一条曲线，然后用曲线板逐段凑合于描线的曲率，作出光滑曲线。这里必须注意各段接合处应连续光滑，关键有二，一是不要将曲线板上的曲边与手描线所有的重合部分一次描完，一段每次只描半段或2/3 段；二是描线时用力要均匀，尤其在线段的起落点处，更应注意用力适当（也可以用计算机软件处理）。

⑥ 图名和说明。曲线做好后，最后还要在图上注上图名，说明坐标轴代表的物理量及比例尺，以及主要的测量条件（如温度、压力等）。最后写上实验者的姓名及实验日期。

(3) 数学方程式法

该方法是将实验数据用数学经验方程式表示，这不但表达方式简单、记录方便，而且也便于求微分、积分或内插值。

建立经验方程式的基本步骤如下。

① 将实验测定的数据加以整理与校正。

② 选出自变量和因变量并绘出曲线。

③ 由曲线的形状，根据解析几何的知识，判断曲线的类型。

④ 确定公式的形式，将曲线变换成直线关系，或者选择常数将数据表达成多项式。常

见例子见表 1-2。

表 1-2 曲线变换成直线关系的常例

方程式	变换	直线化后得到的方程式	方程式	变换	直线化后得到的方程式
$y=ae^{bx}$	$Y=\ln y$	$Y=\ln a+bx$	$y=1/(a+bx)$	$Y=1/y$	$Y=a+bx$
$y=ax^b$	$Y=\lg y, X=\lg x$	$Y=\lg a+bx$	$y=x/(a+bx)$	$Y=x/y$	$Y=a+bx$

⑤ 用下列方法之一来确定经验方程式中的常数。

a. 作图法。对于简单方程

$$y=mx+b$$

在 y-x 的直角坐标图上，用实验数据描点得一直线，可用两种方法求 m 和 b。

方法一：截距斜率方法。将直线延长交于 y 轴，在 y 轴上的截距即为 b，而直线与 x 轴的交角若为 θ，则斜率 m 就可求得。

方法二：端值方法。在直线两端选两个点（x_1，y_1）、（x_2，y_2），将它们代入下式即得

$$m=(y_1-y_2)/(x_1-x_2)$$

$$b=y_1-mx_1=y_2-mx_2$$

b. 计算法。设实验测得 n 组数据：（x_1，y_1）、（x_2，y_2）、…、（x_n，y_n），且都符合直线方程，则可建立如下方程组

$$\begin{aligned} y_1&=mx_1+b\\ y_2&=mx_2+b\\ &\vdots\\ y_n&=mx_n+b \end{aligned}$$

由于测定值都有偏差，若定义

$$\delta_i=mx_i+b-y_i \qquad i=1,2,3,\cdots\cdots,n$$

δ_i 为第 i 组数据的残差。通过残差处理，可求得 m 和 b。对残差处理有两种方法。

c. 平均法。平均法的基本思想是正、负残差的代数和为零。即

$$\sum_{i=1}^{n}\delta_i=0$$

将上列方程组分成数目相等或接近相等的两组，并叠加起来得

$$\sum_{i=1}^{k}\delta_i=m\sum_{i=1}^{k}x_i+kb-\sum_{i=1}^{k}y_i=0$$

$$\sum_{i=k+1}^{n}\delta_i=m\sum_{i=k+1}^{n}x_i+(n-k)b-\sum_{i=k+1}^{n}y_i=0$$

将上面两个方程联立解之，便可求得 m 和 b。平均法在有 6 个以上比较精密的数据时，结果比作图法好。

d. 最小二乘法。平均法的设想并不严密，因为在有限次测量中，残差之代数和并不一定为零。最小二乘法则认为有限次测量中，最佳结果应能使标准误差最小，所以残差的平方和也应为最小。

设 S 为残差的平方和，则

$$S=\sum_{i=1}^{n}\delta_i^2=\sum_{i=1}^{n}(mx_i+b-y_i)^2$$

设 S 为最小的必要条件为

$$\frac{\partial S}{\partial m}=2\sum_{i=1}^{n}x_i(mx_i+b-y_i)=0$$

$$\frac{\partial S}{\partial b}=2\sum_{i=1}^{n}(mx_i+b-y_i)=0$$

将上两式联立，便可解出 m 和 b

$$m=\left(n\sum_{i=1}^{n}x_iy_i-\sum_{i=1}^{n}x_i\sum_{i=1}^{n}y_i\right)\Big/\left[n\sum_{i=1}^{n}x_i^2-\left(\sum_{i=1}^{n}x_i\right)^2\right]$$

$$b=\left(\sum_{i=1}^{n}x_i^2\sum_{i=1}^{n}y_i-\sum_{i=1}^{n}x_i\sum_{i=1}^{n}x_iy_i\right)\Big/\left[n\sum_{i=1}^{n}x_i^2-\left(\sum_{i=1}^{n}x_i\right)^2\right]$$

最小二乘法需要 7 个以上的数据，处理虽较繁，但结果可靠，是最准确的处理方法。

[例 5] 现有下列数据

x	1	3	8	10	13	15	17	20
y	3.0	4.0	6.0	7.0	8.0	9.0	10.0	11.0

求经验方程式（已知该方程为线性方程 $y=mx+b$）

解 (1) 平均法 将实验数据代入 $y=mx+b$ 得

① $b+m=3.0$ ⑤ $b+13m=8.0$

② $b+3m=4.0$ ⑥ $b+15m=9.0$

③ $b+8m=6.0$ ⑦ $b+17m=10.0$

④ $b+10m=7.0$ ⑧ $b+20m=11.0$

将前四式作为一组，相加得一方程；后四式作为一组，相加得另一方程，即

$$\begin{cases}4b+22m=20.0\\4b+65m=38.0\end{cases}$$

解此联立方程组，得 $b=2.70$，$m=0.420$

所以，经验方程式为 $y=0.420x+2.70$

(2) 最小二乘法 将有关数据列于下表

x_i	y_i	x_i^2	x_iy_i
1	3.0	1	3.0
3	4.0	9	12.0
8	6.0	64	48.0
10	7.0	100	70.0
13	8.0	169	104.0
15	9.0	225	135.0
17	10.0	289	170.0
20	11.0	400	220.0

由表可知 $n=8$，$\sum x_i=87$，$\sum y_i=58.0$，$\sum x_i^2=1257$，$\sum x_iy_i=762.0$

将上述数据代入最小二乘法公式中得

$$m=(8\times762.0-87\times58.0)/(8\times1257-87^2)=0.422$$

$$b=(1257\times58.0-87\times762.0)/(8\times1257-87^2)=2.66$$

所以，经验方程为 $y=0.422x+2.66$

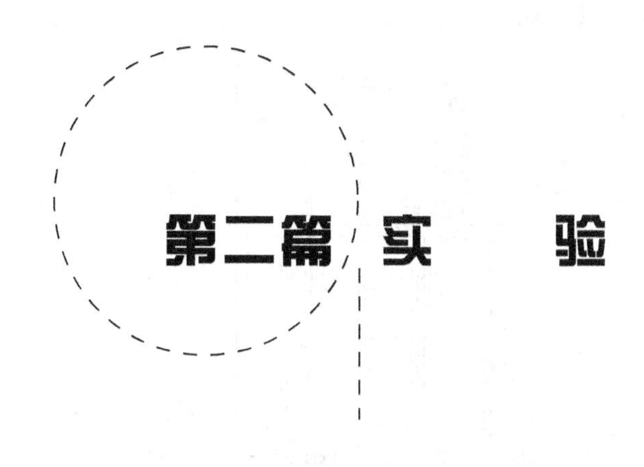

第二篇 实验

热力学部分

实验一 恒温槽的装配和性能测试

一、实验目的

1. 了解恒温槽的构造及恒温原理，初步掌握其装配和调试的基本技术。
2. 绘制恒温槽灵敏度曲线（温度-时间曲线），学会分析恒温槽的性能。
3. 掌握接触温度计和精密温度温差测量仪的调试与使用方法。

二、预习要求

1. 明确恒温槽的控温原理，恒温槽的主要部件及作用。
2. 了解本实验恒温槽的电路连接方式。
3. 了解接触温度计和精密温度温差测量仪的调试与使用方法。

三、实验原理

在许多物理化学实验中，由于待测的数据如折射率、黏度、电导、蒸气压、电动势、化学反应的速率常数、电离平衡常数等都与温度有关，因此，很多物理化学实验都必须在恒温的条件下进行。通常用恒温槽来控制温度，维持恒温。恒温槽是实验室中常用的一种以液体为介质的恒温装置，它之所以能够恒温，主要是依靠恒温控制器来控制恒温槽的热平衡。当恒温槽的热量由于对外散失而使其温度降低时，恒温控制器就驱使恒温槽中的电加热器工作，待加热到所需要的温度时，它又会使其停止加热，使恒温槽温度保持恒定。一般恒温槽的温度都相对的稳定，多少总有一定的波动，大约在±0.1℃，如果稍加改进也可达到±0.01℃，要使恒温设备维持在高于室温的某一温度，就必须不断补充一定的热量，使由于散热等原因引起的热损失得到补偿。

恒温槽的装置是多种多样的。它主要包括下面的几个部件：敏感元件，也称感温元件；控制元件；加热元件。感温元件将温度转化为电信号而输送给控制元件，然后由控制元件发出指令让电加热元件加热或停止加热。

本实验所用的恒温槽装置如图 2-1-1 所示。它由浴槽、加热器、搅拌器、温度计、感温元件、晶体管继电器等部件组成，现分别介绍如下。

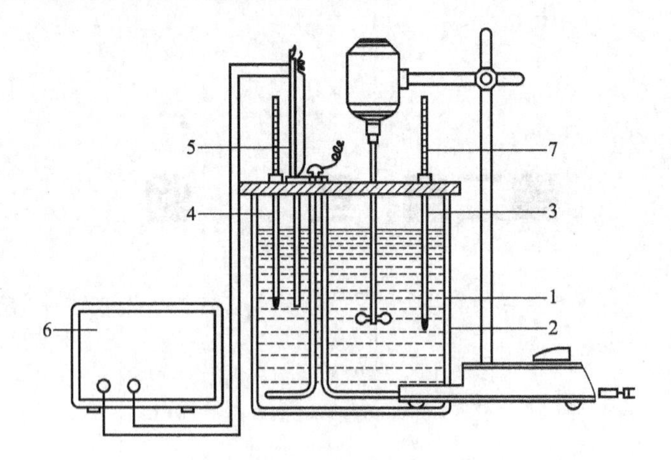

图 2-1-1 恒温槽装置

1—浴槽；2—加热器；3—搅拌器；4—温度计；5—感温元件（热敏电阻探头）；6—晶体管继电器；7—精密温度温差测量仪的温度探头

1. 浴槽

通常有玻璃槽和金属槽两种，其容量和形状视需要而定，实验室中一般采用 10mL 的圆柱形玻璃容器。槽内一般放蒸馏水，如恒温的温度超过了 100℃可采用液体石蜡和甘油。温度控制的范围不同，水浴槽中介质也不同，一般来说：－60～30℃时用乙醇或乙醇水溶液；0～90℃时用水；80～160℃时用甘油或甘油水溶液；70～200℃时用液体石蜡、硅油等。

2. 加热器

常用的是电热器。一般用的电加热器是把电阻丝放入环形的玻璃管中，根据浴槽的直径大小弯曲成圆环制成。它可以把加热丝放出的热量均匀地分布在圆形恒温槽的周围。电加热器由电子继电器进行自动调节，以实现恒温。电加热器的功率是可根据浴槽的容量、恒温温度以及与环境温度的差值大小来决定，若采用功率可调的加热器则效果更好。为了提高恒温的效果和精度，一般在恒温控制器和电加热器之间串接一只 1kV 的调压变压器，通过电压的调节可达到调节电加热器功率的目的。开始时，用功率较大加热器加热，以使槽温升温较快，当温度接近所需温度时，再用功率较小的加热器来维持恒温，其恒温槽的电路图设计如图 2-1-2 所示。

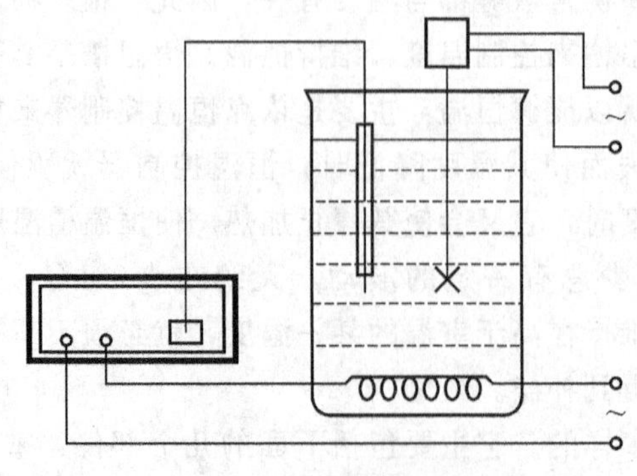

图 2-1-2 恒温槽电路

实验开始时，由于室温距恒定温度的温差较大，为了尽快升温达到恒定温度，把串接的输出电压调高一些，而待其温度逐渐接近恒温温度时，为了减少滞后现象，要把可调变压器的输出电压降低一些，这样能较好地提高恒温槽控温的精度。

3. 搅拌器

一般采用功率为40W的电动搅拌器，并将该电动搅拌器串联在一个可调变压器上用来调节搅拌的速度，以使恒温槽各处的温度尽可能保持相同。搅拌器安装的位置，桨叶的形状对搅拌效果都有很大的影响。为此搅拌桨叶应是螺旋桨式的或涡轮式的，且有适当的片数、直径和面积，以使液体在恒温槽中循环，保证恒温槽整体温度的均匀性。

4. 温度计

恒温槽中常以一支最小分度值为0.1℃的温度计来观察恒温槽中介质的实际温度。又用另一支最小分度值为0.01℃的精密温度温差测量仪来测量恒温槽的灵敏度。所用的温度计在使用前都必须进行校正和标化。

5. 感温元件

它是恒温槽的感觉中枢，是影响恒温槽灵敏度的关键所在。其种类很多，如接触温度计、热敏电阻感温元件等。接触温度计（又称为水银导电表）是常用的一种，这里以其为例来说明它的控温原理，其构造如图2-1-3所示。该温度计的上、下两段均有刻度板7，下段类似于一支水银温度计，由水银柱的高度来粗略的指示温度，上段由标铁粗略指示所需恒定的温度，温度计的毛细管内有一根焊接在标铁5上的金属丝6，它的顶部放置一磁铁3，当转动调节帽1时，嵌入帽内的磁铁随之旋转，使得螺丝杆8上的标铁即带动金属丝沿螺杆向上或向下移动，由此来调节触针的上下位置。金属丝下端所指示的温度与标铁上端面所指示的温度相同。在接触温度计中有两根导线4,4′，这两根导线的一端与金属丝和水银柱相连，另一端则与温度的控制部分相连。当加热器通电对介质加热后，水银柱上升，至与金属丝相接时，两根导线处于接通状态，该信号传至恒温控制器，使加热器电源被切断；由于停止加热，槽温下降，金属丝和水银柱不相连，两根导线处于不接通状态，该信号传至恒温控制器，使加热器又通电，对介质加热。这样交替地导通、断开、加热与停止加热，使恒温水浴达到恒定温度的效果。控温精度一般达±0.1℃，最高可达±0.05℃。

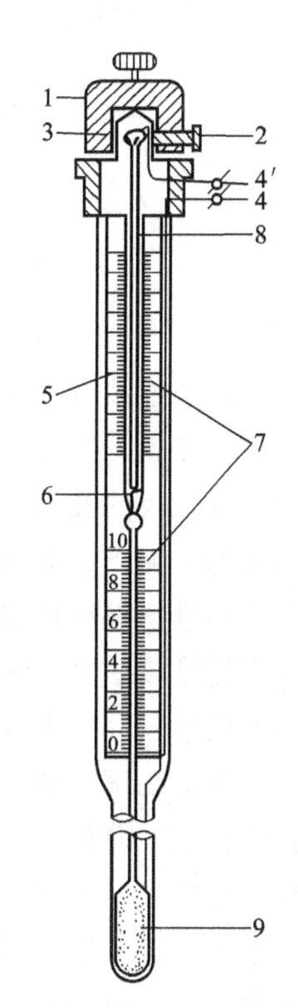

图2-1-3 接触温度计的构造

1—调节帽；2—调节帽固定螺丝；3—磁铁；4—螺杆引出线；4′—水银槽引出线；5—标铁；6—金属丝；7—刻度板；8—螺丝杆；9—水银槽

另外，接触温度计允许通过的电流很小，约为几个毫安以下，不能同加热器直接相连，接触温度计与加热器之间接有恒温控制器。

6. 晶体管继电器

利用晶体管继电器，将接触温度计的两根导线接入晶体三极管的基极与发射极之间，由于基极电流甚小，不会因接触温度计的“通”“断”而在水银面上引起电火花，使水银面氧化。并且通过晶体管的放大作用可在集电极与发射极之间流过较大的电流而启动继电器。晶体管继电器电路如图2-1-4所示。

图中右侧为电源部分：电源变压器T，四个二极管组成桥式全波整流器，C_1、C_2、R_5 为滤波回路。左侧为晶体管继电器部分：三极管基极电流被一只200kΩ的电阻限制在120μA左右，使集电极的电流略大于继电器J的工作电流（当电流放大倍数β为50时，集电极电流约为6mA）。当接触温度计中水银柱与触针未接触时，1、2断路，在回路中经电阻R_1和R_4的分流作用基极有一定的电流，三极管的集电极电流使继电器工作，电热器通电加热，恒温槽温度上升。当水银柱与触针接触时，1、2短路，这时基极电流为零，则集电极电流很小，继电器将衔铁放开，电热器停止加热，恒温槽温度下降。当水银柱与触针断开时，集电极电流增大，继电器将重新吸引衔铁，电热器重新加热。这样反复进行，就使水温恒定在某一温度下。

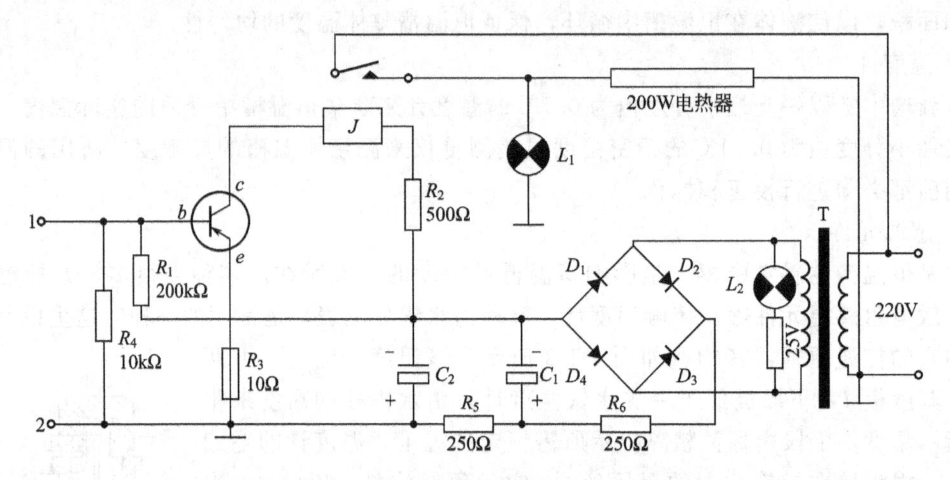

图 2-1-4 晶体管继电器电路

T—电源变压器；D_1、D_2、D_3、D_4—2AP3晶体二极管；J—121型灵敏继电器；C_1、C_2—滤波电容；L_1—工作指示氖泡；L_2—电源指示灯泡

这种恒温装置都属于“通”“断”二端式控温，因此不可避免地存在着一定的滞后现象，如温度的传递、感温元件继电器、电加热器等的滞后。所以恒温槽控制的温度存在有一定的波动范围［大约在（±0.1～±0.01)℃，如稍加改进可达±0.001℃］，而不是控制在某一固定不变的温度。其波动范围越小，槽内各处的温度越均匀，恒温槽的灵敏度越高。灵敏度的高低是衡量恒温槽恒温优劣的主要标志，它不仅与温控仪所选择的感温元件、继电器、接触式温度计等灵敏度有关，而且与搅拌器的效率、加热器的功率、恒温槽的大小等因素有关。搅拌的效率越高，温度越易达到均匀，恒温效果越好。加热器的功率用可调变压器进行调节，以保证在恒温槽达到所需的温度后减小电加热的余热，减小温度过高或过低地偏离恒定温度的程度。此外，恒温槽装置内的各个部件的布局对恒温槽的灵敏度也有一定的影响。一般布局原则是：加热器与搅拌器应放得近一些，这样利于热量的传递。一般用的电加热器是由环形的玻璃套管制成的，搅拌器装在环形中间，有利于整个恒温槽内热量的均匀分布。感温元件要放在电热器和搅拌器附近，以便即时地感受温度变化。用于测量介质温度的温度计不宜过分靠近浴槽边缘。

恒温槽灵敏度的测定是在指定温度下观察温度的波动情况。也可在同一温度下改变恒温槽内各部件的布局来测量，从而找出恒温槽的最佳和最差布局。也可选定某一布局，改变加热器电压和搅拌速度测定对恒温槽温度波动曲线的影响。该实验用较灵敏的精密温度温差测量仪在一定的温度下，记录温度随时间的变化。

如最高温度为t_1，最低温度为t_2，恒温槽的灵敏度为

$$t=\pm\frac{t_1-t_2}{2}$$

灵敏度常以温度为纵坐标，以时间为横坐标绘制成温度-时间曲线来表示，较典型的灵敏度曲线如图 2-1-5 所示。

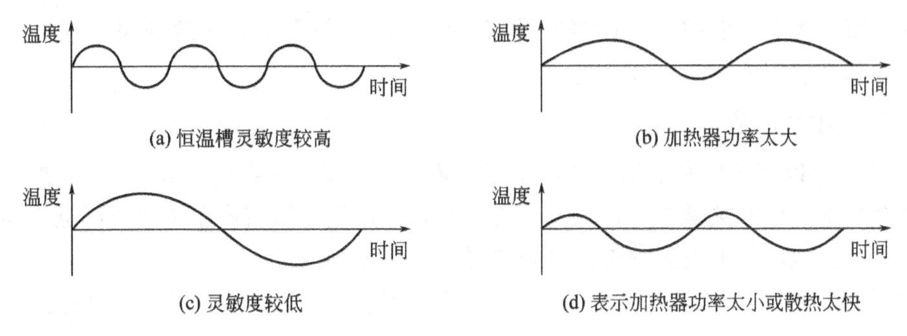

图 2-1-5 灵敏度的温度-时间曲线

四、仪器与试剂

玻璃缸（10L 或视需要而定）1 个；
JDT-2A 型精密温度温差测量仪 1 台；
搅拌器（功率为 40W 或视需要而定）1 台；
加热器（功率为 250W 的电热丝或视需要而定）1 台；
烧杯（250mL）1 个；
接触温度计（或感温元件）1 个；
0～50℃的 1/10 的温度计 1 支；
电子继电器 1 台；
停表 1 块；
调压变压器（1000VA 或视需要而定）1 台

五、实验步骤

1. 恒温槽的装配

将蒸馏水注入水浴槽至容器 2/3 处，根据恒温槽组装的原则，按图 2-1-1 分别将所需各部件按要求装备好，接好线路。

2. 恒温槽恒温温度的调试

① 观察接触温度计标铁上端面所指的温度和触针下端面所指的温度是否一致。旋开接触温度计上部的调节帽紧固螺丝，旋转调节帽一周观察触针（或标铁）移动的度数。然后，旋转调节帽使标铁上端面所指的温度稍低于 25℃处（通常低于 0.2～0.3℃），固定调节帽。

接通电源，调节搅拌器转速适当，开启电子继电器（温控仪）进行加热（红灯亮、继电器衔铁吸合），加热电压 160～220V。

② 继电器指示停止加热时（绿灯亮），注意观察 1/10℃温度计读数。例如，达到 24.2℃时，需重新调节接触温度计标铁，按标铁需要移动度数确定调节帽应扭转的角度，这样即可很快调节到 25℃。当 1/10℃温度计达 25℃时，使金属丝与水银处于刚刚接通与断开状态（这一状态可由继电器的衔铁与磁铁接通或断开判断，也可由电子继电器的红绿指示灯来判断，一般说来，红灯表示加热，绿灯表示加热停止），然后固定调节帽。

③ 再次调节加热电压，使每次的加热时间与停止加热时间近乎相等。然后从精密温度温差测量仪上读出开始加热和停止加热时水的温度（相对值）t_1、t_2，各记录 5 次。

3. 25℃恒温槽灵敏度的测定

待恒温槽在 25℃下恒温 5min 后，观察精密温度温差测量仪上的读数，利用停表，每隔

2min 记录一次精密温度温差测量仪的读数。测定约 60min，温度变化范围要求在±0.15℃之内。

4. 35℃恒温槽灵敏度的测定

按上述步骤将恒温槽调到 35℃，再测其灵敏度。

实验结束，先关掉温控仪、搅拌器及精密温度温差测量仪的电源开关，再拔下电源插头，拆下各部件之间的接线。

六、实验注意事项

1. 注意调节搅拌速度和电加热器功率（加热时大功率，恒温时小功率）。电加热器功率大小的选择是本实验的关键之一，最佳状态应是每次加热时间与停止加热时间近乎相等，这可由指示灯亮灭或电子继电器内衔铁的合离时间来帮助判断。

2. 为使恒温槽温度恒定，接触温度计调至某一位置时，应将调节帽上的固定螺钉拧紧，以免使之因振动而发生偏移。

3. 为避免实验时将恒温槽的温度误调到高于指定的恒温温度，应注意正确调节接触温度计，即先调至略低于指定的恒温温度 2～3℃，再观察恒温槽热滞后的程度，将接触温度计调节到合适的位置。

4. 恒温时不能以接触温度计的刻度为依据，必须以恒温槽中 1/10℃标准温度计为准。接触温度计所指的数，只能给一个粗略的估计。

七、数据记录及处理

将操作步骤 4,5 之数据以时间为横坐标，温度为纵坐标，绘制 25℃，35℃下的温差-时间曲线，求算恒温槽的灵敏度，并对恒温槽的性能进行评价。

八、思考题

1. 为什么开动恒温槽之前，要将接触温度计的标铁上端所指的温度调节到低于所需温度处，如果高了会产生什么后果?

2. 对于提高恒温槽的灵敏度可以从哪些方面进行改进?

3. 如果所需恒定的温度低于室温，如何装备恒温槽?

九、讨论

1. 接触温度计是恒温槽的感觉中枢，是影响恒温槽灵敏度和实验质量的关键所在。接触温度计实际上就是一个非常灵敏的“开关”。恒温槽之所以能维持恒温，就是利用它将恒温槽温度的微小变化传送到电子继电器，再传送到电加热器上，达到控温的目的。

2. 恒温槽中水的温度应与室温相差不宜过大，以减少对环境的散热速度；加热电压也不能太小和太大。否则会使得散热速度过大、加热速度也过大且加热惯性大，使得控温时灵敏度降低。加热电压太小时，会使得体系的温度偏低，时间相对较长，或达不到所设定的温度。

3. 目前高等院校物理化学实验课程中的燃烧热测定、溶解热测定以及电力、煤炭部门中的煤样发热量的测试，大多还使用贝克曼温度计作精密温差测量，不仅整个实验过程的操作、记录及最终数据处理的工作量大，而且贝克曼温度计调整麻烦，操作不慎易引起玻璃外壳破损造成实验室汞污染，故本实验用精密温度温差测量仪代替贝克曼温度计，不仅可避免上述问题，而且使用方便快捷、数据准确性高。

实验二　微机测定燃烧热

一、实验目的

1. 用氧弹式量热计测定萘的燃烧热。了解恒压燃烧热与恒容燃烧热的差别及相互关系。
2. 了解氧弹式量热计的原理、构造及使用方法。
3. 明确所测温差值为什么要进行雷诺图的校正。

二、预习要求

1. 了解氧弹量热计的原理、构造。
2. 了解氧气钢瓶和氧气减压器的使用方法。
3. 了解 SWC-II_D 精密数字温度温差仪的使用方法。

三、实验原理

燃烧热是指 1mol 物质完全氧化时的反应热。所谓“完全氧化”是指有机物中的碳氧化生成二氧化碳，氢氧化成液态水等。如在 25℃时苯甲酸的燃烧热为－3226.8kJ/mol。

燃烧热可在恒容或恒压情况下测定。在恒容条件下测得的燃烧热为恒容燃烧热 Q_V，恒容燃烧热等于这个过程的内能变化 ΔU。在恒压条件下测得的燃烧热称为恒压燃烧热 Q_p，恒压燃烧热等于这个过程的热焓变化 ΔH。若把参加反应的气体和反应生成的气体作为理想气体处理，则有下列关系式。

$$Q_p = Q_V + \Delta nRT \tag{2-2-1}$$

式中，Δn 为产物与反应物中气体物质的量之差；R 为摩尔气体常数；T 为反应的热力学温度。

本实验所用氧弹量热计为恒容量热计，如图 2-2-1 所示。测得的为恒容燃烧热 Q_V，而一般的热化学计算中常用的数据为恒压燃烧热 Q_p，所以需通过式(2-2-1) 由 Q_V 求得 Q_p。

氧弹式量热计的基本原理是能量守恒定律。样品完全燃烧所释放的能量使量热计本身及周围介质（本实验用水）温度升高。通过测定燃烧前后介质温度的变化值，就可求算该样品的恒容燃烧热（Q_V），其关系式如下。

$$-\frac{m}{M_r}Q_V - Q_{点火丝} l_{点火丝} = W_{卡} \Delta T \tag{2-2-2}$$

式中，m 为待测物质的质量；M_r 为待测物质的相对分子质量；Q_V 为待测物质的恒容燃烧热；$Q_{点火丝}$为点火丝的单位长度燃烧热；$l_{点火丝}$为点火丝的实际燃烧长度；ΔT 为样品燃烧前后量热计温度的变化值；$W_{卡}$ 为量热计（包括量热计中的水）的水当量，它表示量热计（包括介质）每升高 1℃所需要吸收的热量，量热计的水当量可以通过已知燃烧热的标准物（如苯甲酸，它的恒容燃烧热 Q_V＝－26.460kJ/g）来标定。已知量热计的水当量以后，就可以利用式（2-2-2）通过实验测定其他物质的燃烧热。

氧弹是一个特制的不锈钢容器如图 2-2-2 所示。为了保证样品在其中完全燃烧，氧弹中须充以高压氧气（或者其他氧化剂），因此要求氧弹密封、耐高压、抗腐蚀。

实际上，量热计和周围环境的热交换无法完全避免，它对温差测量值的影响可用雷诺温度校正图校正。校正方法如下：称适量待测物质，使燃烧后水温升高 1.5～2.0℃，预先调节水温低于环境 0.5～1.0℃。然后将燃烧前后历次观察的水温对时间作图，连成 $FHID$ 折

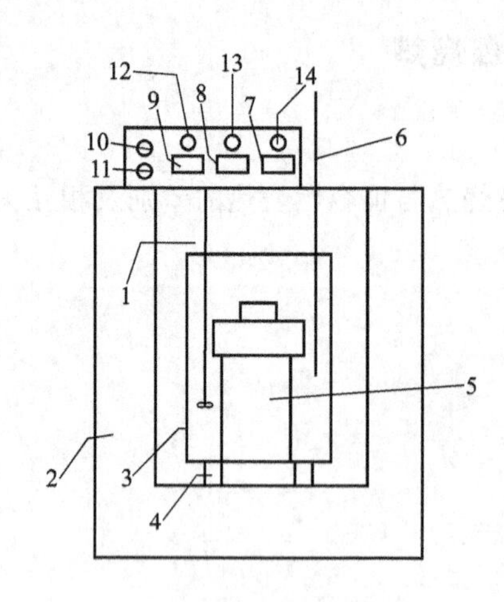

图 2-2-1 氧弹式量热计

1—搅动棒；2—外筒；3—内筒；4—垫脚；5—氧弹；6—传感器；7—点火按键；8—电源开关；9—搅拌开关；10—点火输出负极；11—点火输出正极；12—搅拌指示灯；13—电源指示灯；14—点火指示灯

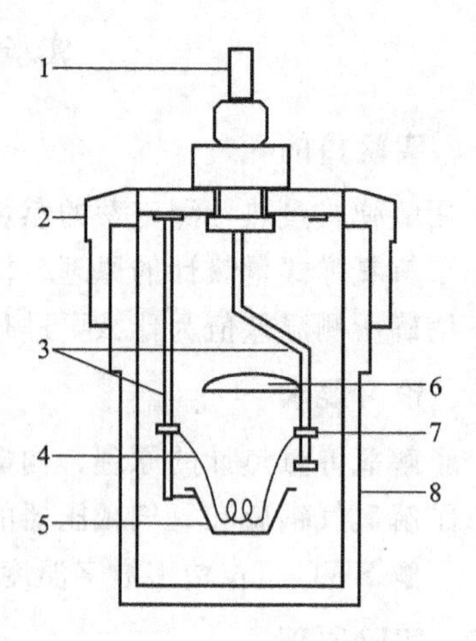

图 2-2-2 氧弹的构造

1—氧弹头，既是充气头，又是放气头；2—氧弹盖；3—电极；4—引火丝；5—燃烧杯；6—燃烧挡板；7—卡套；8—氧弹体

线，如图 2-2-3(a) 所示，图中 H 相当于开始燃烧之点，D 为观察到最高的温度读数点，在环境温度读数点，作一平行线 JI 交折线于 I，过 I 点作垂线 ab，然后将 FH 线和 GD 线外延交 ab 于 A、C 两点。A 点与 C 点所表示的温度差即为欲求温度的升高 ΔT。图中 AA' 为开始燃烧到温度上升至室温这一段时间 Δt_1 内，由环境辐射和搅拌引进的能量而造成量热计温度的升高，必须扣除之。CC' 为温度由室温升高到最高点 D 这一段时间 Δt_2 内，量热计向环境辐射出能量而造成卡计温度的降低，因此需要添加上。由此可见，AC 两点的温差较客观地表示了由于样品燃烧促使温度计升高的数值，有时量热计的绝热情况良好，热漏小，而搅拌器功率大，不断稍微引进能量使得燃烧后的最高点不出现，这种情况下 ΔT 仍然可以按照同法校正，如图 2-2-3(b) 所示。

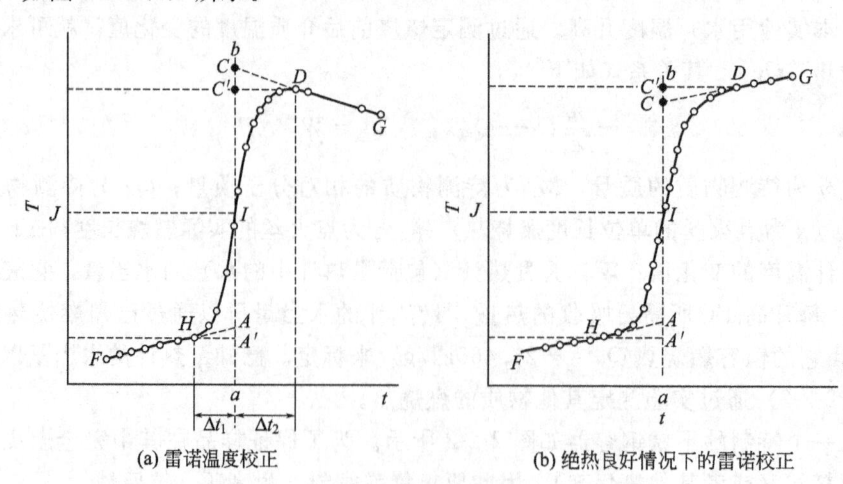

图 2-2-3 雷诺校正图

在测量燃烧热过程中，对量热计温度测量的准确性直接影响到燃烧热测定的结果，所以本实验采用精密温度温差仪来测量量热计的温度变化值。

四、仪器与试剂

SHR-15 氧弹量热计（附压片机）　1套；　　微机　1台；
SWC-Ⅱ$_D$ 精密数字温度温差仪　1台；　　打印机　1台；
氧气钢瓶 1 个；　　减压阀 1 只（公用）；
点火丝；　　万用电表 1 只（公用）；
容量瓶（1000mL）1 个；　　萘（A. R）；
苯甲酸（A. R）

五、实验步骤

实验装置如图 2-2-4 所示。了解 SWC-Ⅱ$_D$ 精密数字温度温差仪的使用方法（参阅本书Ⅲ仪器及其使用）。

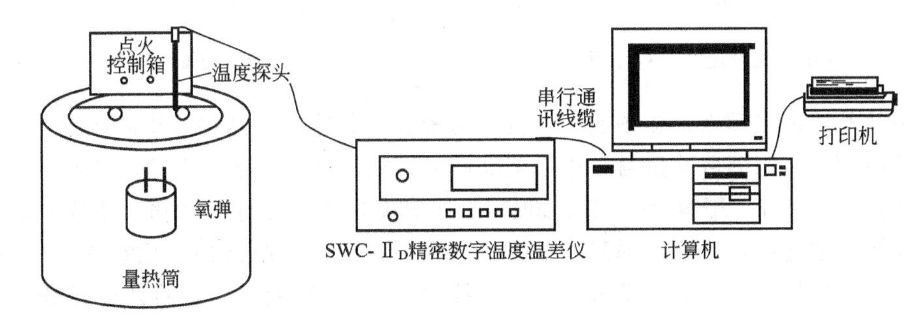

图 2-2-4　微机测定燃烧热实验装置

1. 将量热计及全部附件加以整理并洗净

2. 量热计水当量（$W_{卡}$）测定

（1）样品压片

用布擦净压片模，在台秤上称约 0.6g 苯甲酸，用分析天平准确称量一段点火丝（约 15cm）的质量。首先将点火丝置于钢模的底板内，然后将钢模底板装进模子中（图 2-2-5），从上面倒入已称好的苯甲酸样品，徐徐旋紧压片机的螺杆，直到将样品压成片状为止（压片太紧，会压断燃烧丝或点火后不能完全燃烧，压片太松，样品易脱落）。抽去模底的托板，再继续向下压，使模底和样品一起脱落。将样品表面的碎屑除去，在分析天平上准确称量即可供测定用。

（2）装置氧弹

拧开氧弹盖，把氧弹弹头放在弹头架上，将氧弹内壁擦干净，特别是电极下端的不锈钢接线柱更应擦干净。挂上燃烧杯，小心地将压好的片状试样的点火丝两端分别紧绕在氧弹头中的两根电极的下端，用万用电表测量两电极间的电阻值（注意，负电极、燃烧丝都不能和燃烧杯相接触）。把弹头放入弹杯中，旋紧氧弹盖，再用万用电表检查两电极是否通路。若通路，则旋紧氧弹出气口后就可以充氧气。

（3）充氧（见图 2-2-6）

使用高压钢瓶时必须严格遵守操作规则，开始先充入少量氧气（约 0.5MPa），然后开启出口，借以赶出弹中空气。然后充入氧气（约 1.5MPa）。氧弹结构如图 2-2-2 所示。充好氧气后，再用万用电表检查两电极检查两电极间电阻值，变化不大时，将氧弹放入内筒。

（4）调节水温

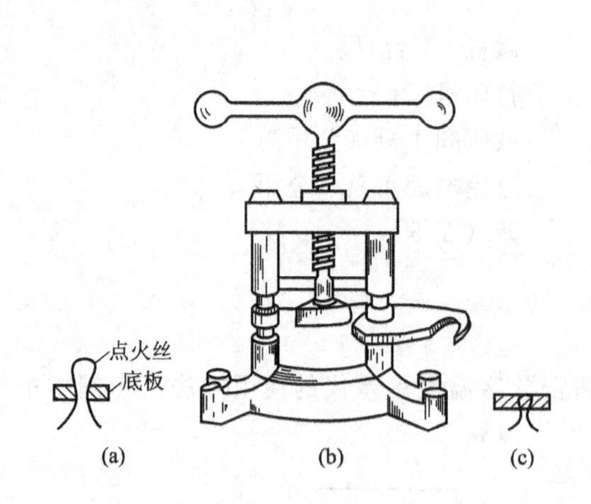

图 2-2-5 压片机及压片过程示意

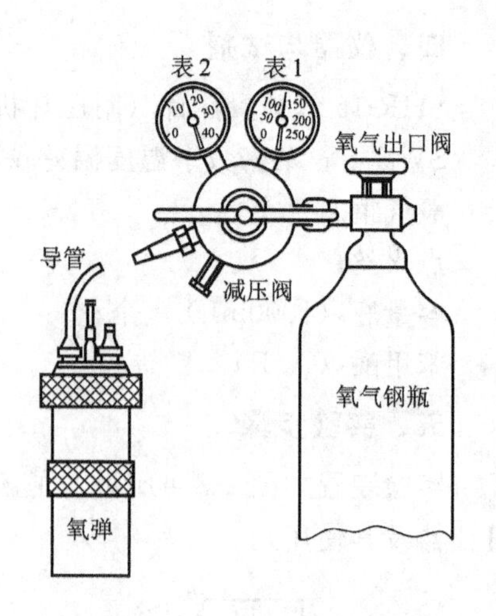

图 2-2-6 氧弹充气示意

将量热计外筒内注满水，缓慢搅动，打开精密温度温差仪的电源，并将其传感器插入外筒水中测其温度。再用筒取适量自来水，测其温度，如温度偏高或相平则加冰调节水温使其低于外筒水温 1℃左右。用容量瓶精取 3000mL 已调节的自来水注入内筒，水面刚好盖过氧弹。如氧弹有气泡逸出，说明氧弹漏气，寻找原因并排除。将电极插头插在氧弹两电极上，电极线嵌入桶盖的槽中，盖上盖子（注意：搅拌器不要与弹头相碰）。将两电极插入点火控制箱。同时将传感器插入内筒水中。

（5）点火

打开微机电源，进入 Windows 操作系统，点击电脑“开始”→“程序”→“工程”，进入微机测定燃烧热系统主界面，如图 2-2-7 所示。打开 SHR-15 氧弹式量热计的电源，开启搅拌开关，进行搅拌。水温基本稳定后，将温差仪“采零”并“锁定”。然后将传感器取出放入外筒水中，记录其温差值，再将传感器插入内筒水中。当仪器温差值基本稳定后，即每分钟记录的温差数据有规律的微小变化（一般每分钟不超过 0.002）时，点击菜单中“开始绘图”，则微机每隔 15s 从串口开始采集一次数据，并记入数据框。点火之前至少采集 40 个数据，然后开始点火。若采集不到 40 个数据，则计算会发生错误。设置蜂鸣 15s 一次，按下点火控制箱上“点火”钮，“点火灯”熄灭。杯内样品一经燃烧，水温很快上升，点火成功。点火结束后，每分钟记录的温差数据有规律的微小变化（一般每分钟不超过 0.002）时，再采集至少 40 个数据，然后点击菜单中“停止绘图”。

注意：水温没有上升，说明点火失败，应关闭电源，取出氧弹，放出氧气，仔细检查加热丝及连接线，找出原因并排除。

（6）校验

实验停止后，关闭电源，将传感器放入外筒。取出氧弹，放出氧弹内的余气。旋下氧弹盖，测量燃烧后残丝长度并检查样品燃烧情况。样品没完全燃烧，实验失败，需重做；反之，说明实验成功。

（7）计算水当量

计算水当量时，请先输入样品恒容燃烧热值、燃烧丝长度值（实际燃烧长度）、样品质量值、燃烧丝系数值，然后点击“水当量计算”。则弹出对话框，输入外桶水温值后，系统自动进行雷诺温度校正，并绘制出图形，同时在温度校正框和水当量框里显示相应的值（注：所

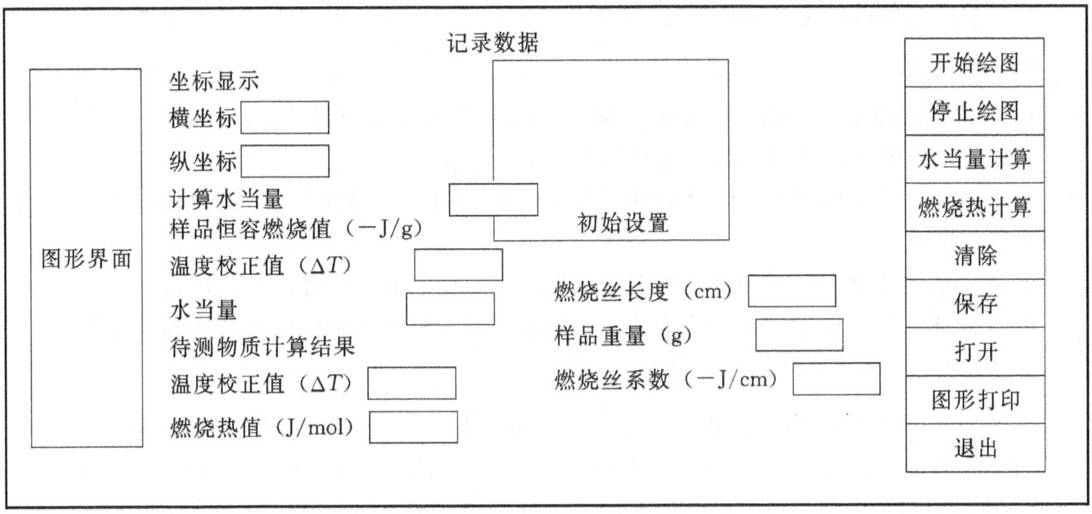

图形界面

坐标显示

横坐标

纵坐标

计算水当量

样品恒容燃烧值（$-$J/g）

温度校正值（ΔT）

水当量

待测物质计算结果

温度校正值（ΔT）

燃烧热值（J/mol）

记录数据

初始设置

燃烧丝长度（cm）

样品重量（g）

燃烧丝系数（$-$J/cm）

开始绘图

停止绘图

水当量计算

燃烧热计算

清除

保存

打开

图形打印

退出

图 2-2-7 微机测定燃烧热系统主界面

有输入的值均为正值）。

（8）数据保存

需对当时所绘制的图形和数据进行保存时，则点击“保存”。需打印此次实验图形和数据，点击“打印”。

3. 萘的燃烧热测定

① 称取 0.5g 左右的萘，按 2 中所述（1）～（6）方法进行测定。

② 燃烧热的计算。数据采集完后，请重新输入燃烧丝长度值、样品质量值、燃烧丝系数值，点击“燃烧热计算”。按所弹出的对话框输入外筒水温值、室温值、燃烧物质的相对分子质量及 Δn 值，则系统自动进行雷诺温度校正，并绘制出图形，同时在温度校正框和燃烧热里显示相应的值（注：所有输入的值均为正值）。

③ 数据保存：需对当时所绘制的图形和数据进行保存时，则点击“保存”。需打印此次实验图形和数据，点击“打印”。

实验完毕，洗净氧弹，倒出盛水桶中的水，并擦干待下次实验用。

六、实验注意事项

1. 待测样品需干燥，受潮样品不易燃烧且称量有误。

2. 保证样品的完全燃烧是本实验成功的关键。注意样品的紧实程度，太紧不易燃烧，太松容易裂碎。

3. 在燃烧第二个样品时，需再次调节水温。

4. 精密温度温差仪“采零”或正式测量后必须“锁定”。

七、数据记录及处理

1. 苯甲酸在 298.2K 时的燃烧热 $Q_V=-26.460$kJ/g，常见点火丝的燃烧热值如下：铁丝 6700J/g；镍铬丝 1400J/g；铜线 2500J/g；棉线 17500J/g。

2. 用图解法求出苯甲酸燃烧引起量热计温度变化的差值 ΔT_1，计算水当量 $W_{卡}$ 值。

3. 用图解法求出萘燃烧引量热计温度变化的差值恒容燃烧值 ΔT_2，计算萘的恒容燃烧热 Q_V。

4. 由 Q_V 计算萘的摩尔燃烧焓 $\Delta_c H_m$。

八、思考题

1. 说明恒容热效应（Q_V）和恒压热效应（Q_p）的差别和相互关系。

2. 为什么实验装置测量得到的温度温差值要经过作图法校正？

3. 在本实验中，哪些是体系，哪些是环境？实验过程中有无热损耗？这些热损耗对实验结果有何影响？

4. 加入内筒中水的水温为什么要选择比外筒水温低？低多少合适？为什么？

5. 实验中，哪些因素容易造成误差？如果要提高实验的准确度应从哪几方面考虑？

九、讨论

1. 萘的燃烧热 Q_p 文献值为－5153.9kJ/mol，供参考。（数据摘自 R. C. Weast（editor），“Handbook of Chemistry and Physics”，63rd ed. CRC Press inc.，（1982—1983））

2. 在精密的实验中，需对氧弹所含的氮气的燃烧值作校正。为此，可预先在氧弹中加入 5mL 蒸馏水。燃烧后，将所生成的 HNO_3 溶液倒出，再用少量蒸馏水洗涤氧弹内壁，一并收集到 150mL 锥形瓶中，煮沸片刻，用酚酞作指示剂，以 0.1mol/L NaOH 溶液滴定，每毫升 0.1mol/L NaOH 溶液相当于 5.983J（放热）。这部分热能应从总的燃烧热中扣除。

3. 该实验采用不同的微机测定实验系统时，实验过程稍有所差别，如南京大学应用物化研究所南京物化智能设备有限责任公司生产的 BH-1S 型微机测定燃烧热实验系统，也是用于该实验的测定。该系统的使用方法见附录。

附：BH-1S 型微机测定燃烧热实验系统

BH-1S 型微机测定燃烧热实验系统由南京大学应用物化研究所南京物化智能设备有限责任公司生产，该系统用于“燃烧热的测定”实验。主要有燃烧热测定系统软件和“燃烧热测量数据采集接口装置”两部分组成。它用专用软件完成燃烧热测定试验的全部测控过程，及数字，图形，打印。界面友好，集图形，文字显示于一屏，具有完善的提示功能，报警功能和实时监控功能，操作简单。该“燃烧热测量数据采集接口装置”线路采用全集成设计方案，具有重量轻，体积小，稳定性好等特点。

1. 原理

见本书“微机测定燃烧热”实验的原理部分。

2. 实验装置组成连接图

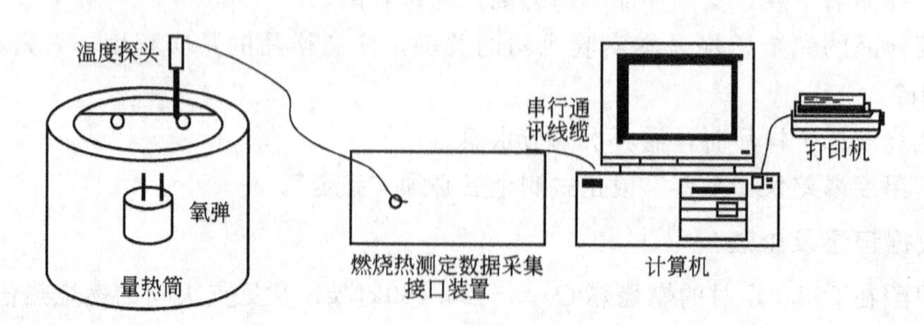

3. 主要技术指标

电源电压：220V±10%，50Hz

环境温度：－20～40℃

温度测量范围：－50～150℃

温度测量分辨率：0.01℃

温差测量分辨率：0.001℃

PC机与接口装置　串行通讯

应用软件平台：Win95及以上

4. 仪器使用方法

在本装置中，可以看到仪器的前面板上有1个输入通道（温度传感器），实验中计算机需要1个信号（温度传感器信号）。仪器的后面板上有电源开关、保险丝座和串行接口插座。另有一根串行通讯线缆。

具体接线方法如下。

将串行通讯线缆一端接仪器后面板的串行口接口插座，另一端接计算机的串行口一。（注意：一定要接计算机串行口一）此串行通讯电缆两端通用。

5. 软件使用方法

(1) 系统软件安装、组成及运行环境

系统软件安装步骤如下。

① 自动安装。

a. 打开计算机。

b. 在3.5寸软驱中插入标有“燃烧热的测定实验数据采集系统”的软盘。

c. 在win95以上环境的桌面上打开A盘，双击A盘中的install文件，系统软件即自动安装。或在MS-DOS命令提示符下（C：\下），键入A：\install，回车后即自动安装。

d. 在win95环境下将Bh*.EXE建快捷方式放在桌面上，双击桌面上的图标即可运行。

② 手动安装。

a. 在c：\建bhfwin子目录。

b. 把标有“燃烧热的测定实验数据采集系统”的软盘中的全部文件COPY入C：\bhfwin子目录，并在C：\bhfwin\目录下再建dat子目录。

c. 如果用户计算机中未安装VB6.0，则必须将A盘和光盘中的Mscomm32.ocx文件copy入c：\Windows\system目录，然后在dos方式下在此目录中运行如下命令：regsvr32 mscomm32.ocx。

d. 在win95环境下将Bh*.EXE建快捷方式放在桌面上，双击桌面上的图标即可运行。

系统软件包括以下文件。

Bh*.EXE—系统主程序文件

solve.txt—系统配置文件

此外，系统软件运行中还会产生由操作者命名的燃烧热的测定实验即时数据文件（在c：\bhfwin\dat目录下）。系统软件运行最低配置为Window95以上版本。

(2) 系统软件使用说明

Bh*.EXE是本系统的主程序文件，它能完成用燃烧热的测定实验的全部测控过程，及数据处理，画图，打印。界面友好，集图形，文字显示于一屏，并具有完善的提示功能，报警功能和实时监控功能，操作起来简单易行。

双击桌面上Bh*.EXE软件图标，即进入软件首页，如果要进入实验，按继续键进入主菜单。进入主菜单后，可见到如下菜单项参数矫正、参数设定、开始实验、数据处理、退出。

参数矫正	参数设定	开始实验	数据处理	退　出

① 参数矫正。参数矫正菜单用来“温度参数矫正”，完成温度传感器的定标工作。使用方法如下。

a. 检查串行通讯线缆是否接上，打开计算机电源。

b. 打开燃烧热的测定实验数据采集接口装置的电源传感器和水银温度计仪器插入“超级恒温器”中（或其他稳定的温度环境）。

c. 运行 Bh 程序。进入温度参数矫正，观察传感器送来的信号。

d. 观察传感器的信号稳定后，然后输入由水银温度计指示的当前温度值，按下“低点”部位的“确定”键。

e. 打开加热器，使水温上升 10℃以上，然后关闭加热功能。

f. 观察传感器的信号稳定后，然后输入由水银温度计指示的当前温度值，按下“高点”部位的“确定”键。

g. 再按下最下方的“确定”键。至此，定标工作完成。

② 参数设定。

a. 参数设定菜单中有“横坐标极值”、“纵坐标极值”、“纵坐标零点”、“温度采样周期”、四个子菜单项和“确定”、“退出”两个功能按钮。

b. “横坐标极值”，用于设置实验绘图区的横坐标，单位为 min。

c. “纵坐标极值”，用于设置实验绘图区的纵坐标的最大值（本次实验温度可能到达的最大值），单位为℃。

d. “纵坐标零点”用于设置实验绘图区的纵坐标零点（本次实验温度可能到达的最小值），单位为℃。设置纵坐标极值和零点这两项参数，需根据试验中的经验值来调整。

e. “数据采样周期”，用于设置实验中温度采样的时间间隔（以秒为单位），一般为 30s。

f. 修改完成上述参数后，按下“确定”键，使用者即可以看到修改参数后的效果。

g. 按退出按钮退出此菜单。

③ 开始实验。开始实验菜单中有“开始实验”、“停止实验”、“读入以前实验图形”、“打印”四个子菜单项和“退出”功能按钮。

开始实验	停止实验	读入以前实验图例	打　印	退　出

温度　温差　时钟　样品名称

外桶水温　记时　样品质量

温差

时间

a. “开始实验”键，用来完成一次实验。

以完成一次燃烧热的测定试验的标准为为例来说明。

完成接线及启动计算机、打开燃烧热测定实验数据采集接口装置电源。

运行燃烧热的测定实验软件，进入主菜单。

进入参数设置菜单，设置绘图区坐标和实验中温度采样的时间间隔。

进入“开始实验”菜单。

按下“开始实验”键，根据系统提示逐步进行实验（步骤参见“微机测定燃烧热”中的实验步骤）。

如果操作者认为实验已结束，可按“停止实验”键结束实验或等实验时间到达横坐标最右端即可。

b.“读入以前实验图形”按钮，操作者按下此按钮，输入需读出的实验图形的文件名，即可读出以前的实验图形，并且可通过参数设置菜单修改横、纵坐标来调整实验图形达到最好的效果。

c. 如果需要打印此次实验波形，按下“打印”键，选择打印比例，程序根据操作者选择的打印比例打印实验图形和数据。

d. 实验完成后按“退出”键退出。

系统在“开始实验”后自动在绘图区中描绘温度随时间的变化图形，如果时间到达横坐标极值后或操作者按下“停止实验”，系统将自动停止记录并把所得数据以操作者命名的文件名*.DAT 存盘在 c：\ bhfwin \ dat 目录下。

另外，当对图形形状不满意时，可以用“参数设置”中的各项功能对绘图区坐标进行调节。

④ 数据处理。数据处理菜单中有“从数据文件中读取数据”、“数据处理”“打印”、三个子菜单项和“退出”功能按钮。

a. 按“从数据文件中读取数据”钮后操作者再输入文件名可存到以前实验图形和数据。

b. 按“数据处理”按钮后，操作者根据提示输入必要的参数后，软件自动对实验数据进行处理，画出雷诺矫正图，并计算出恒容燃烧热和恒压燃烧热。

c. 按“打印”按钮后，计算机打印出实验结果和雷诺矫正图。

d. 按“退出”按钮后，系统退回主菜单。

6. 注意事项

① 将仪器放在无强磁场干扰的区域内。

② 不要将仪器放在通风的环境中，尽量保持仪器附近的气流稳定。

③ 请勿带电打开仪器面板。

实验三　凝固点降低法测摩尔质量

一、实验目的

1. 用凝固点降低法测定萘的摩尔质量。

2. 通过实验掌握溶液凝固点的测量技术，并加深对稀溶液依数性的理解。

二、预习要求

1. 理解稀溶液的依数性。

2. 了解 JDT-2A 型精密温度温差仪的使用。

3. 了解凝固点降低法测摩尔质量实验数据采集系统的使用方法。

三、实验原理

固体溶剂与溶液成平衡时的温度称为溶液的凝固点。含非挥发性溶质的双组分稀溶液的凝固点低于纯溶剂的凝固点。凝固点降低是稀溶液依数性质的一种表现。当确定了溶剂的种类和数量后，溶剂凝固点降低值仅取决于所含溶质分子的数目。稀溶液的凝固点降低与溶液组成的关系由凝固点降低公式给出。

$$\Delta T_f=\frac{R(T_f^*)^2}{\Delta H_{m,A}}\times\frac{n_B}{n_A+n_B} \tag{2-3-1}$$

式中，ΔT_f 为凝固点降低值；T_f^* 为纯溶剂的凝固点；$\Delta H_{m,A}$为溶剂的摩尔凝固热；n_A 和 n_B 分别为溶剂和溶质的物质的量。

当溶液很稀时，即 $n_B \ll n_A$ 时，则

$$\Delta T_f=\frac{R(T_f^*)^2}{\Delta H_{m,A}}\frac{n_B}{n_A}=\frac{R(T_f^*)^2}{\Delta H_{m,A}}M_A m_B=K_f m_B \tag{2-3-2}$$

式中，M_A 为溶剂的摩尔质量；m_B 为溶质的质量摩尔浓度；K_f 为质量摩尔凝固点降低常数，简称为凝固点降低常数。

如果已知溶剂的凝固点降低常数 K_f，并测得此溶液的凝固点降低值 ΔT_f，以及溶剂和溶质的质量 W_A、W_B，则溶质的摩尔质量由下式求得

$$M_B=K_f\frac{W_B}{\Delta T_f W_A} \tag{2-3-3}$$

需要注意的是，如果溶质在溶液中有解离、缔合、溶剂化和配合物形成等情况时，不能简单地运用式(2-3-3) 计算溶质的摩尔质量。

凝固点测定方法是将已知浓度的溶液逐渐冷却成过冷溶液，然后促使溶液结晶；当晶体生成时，放出的凝固热使体系温度回升，当放热与散热达成平衡时，温度不再改变，此固液两相达成平衡的温度，即为溶液的凝固点。本实验测定纯溶剂和溶液的凝固点之差。

纯溶剂的凝固点是指它的液相和固相平衡共存时的温度。若将纯溶剂逐步冷却，理论上其步冷曲线应如图 2-3-1(Ⅰ) 所示，但实际过程中往往发生过冷现象。当从过冷溶液中析出固体时，放出的凝固热使体系的温度回升到平衡温度，待液体全部凝固后温度再逐渐下降，其步冷曲线呈图 2-3-1(Ⅱ) 形状，过冷太甚会出现如图 2-3-1(Ⅲ) 的形状。

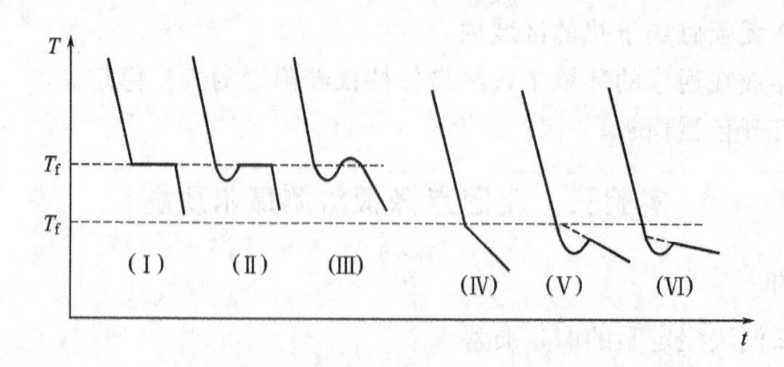

图 2-3-1 步冷曲线

若将溶液逐步冷却，其步冷曲线与纯溶剂不同。如图 2-3-1(Ⅳ)、(Ⅴ)、(Ⅵ)，由于随着固态纯溶剂从溶液中的不断析出，剩余溶液的浓度逐渐增大，因而剩余溶液与溶剂固相的平衡温度也在逐渐下降，在步冷曲线上得不到温度不变的水平线段，出现如图 2-3-1(Ⅳ) 的

形状。通常当发生稍过冷现象时，则出现如图 2-3-1(Ⅴ) 的形状，此时可将温度回升的最高值外推至与液相段相交点温度作为溶液的凝固点。若过冷太甚，凝固的溶剂过多，溶液浓度变化过大，则出现了图 2-3-1(Ⅵ) 的形状，测得的凝固点偏低。因此溶液凝固点的精确测量，难度较大。在测量过程中应设法控制适当的过冷程度，一般可通过调节寒剂的温度、控制搅拌速度等方法来达到。

四、仪器与试剂

FPD-2A 型凝固点测定仪　1套；　普通温度计　1支；
JDT-2A 型精密温度温差测量仪 1 台；　移液管（25mL）　1支；压片机　1台；
环己烷（A. R.）；　萘（A. R.）

五、实验步骤

1. 仪器的安装

将电源开关拨至断的位置。按图 2-3-2 所示安装凝固点测定仪，注意测定管，搅拌棒都须清洁、干燥。将装置相应接口接上（包括电源线、搅拌头线、串行通讯线等），按装置上的指示连接好。

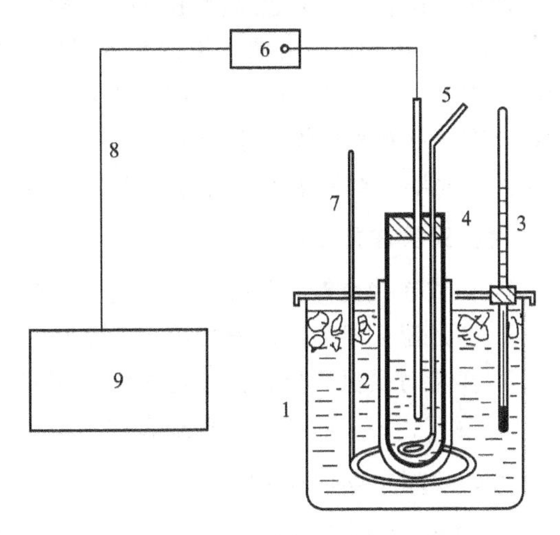

图 2-3-2　凝固点测定装置
1—大烧杯；2—空气套管；3—普通温度计；4—测定管；5，7—搅拌器；6—精密温度温差测量仪；8—串行通讯线缆；9—计算机

2. 调节寒剂的温度

从加水口加入冰水混合物，拉动搅拌杆，调节水浴温度，使其低于环己烷凝固点温度 2～3℃（约 2.5℃左右）。实验时寒剂应经常搅拌，并间断加入碎冰使冰浴温度基本保持不变。

3. 系统参数设置

启动计算机，打开温度温差测量仪电源。运行凝固点的测定实验软件，进入主菜单。进入“参数设置”菜单，设置绘图区坐标和实验中温度采样的时间间隔（参数一般也不需设置，系统有默认参数）。

4. 温度温差测量仪置零

将测量管放入空气套管中（空气套管放入冰浴里），将温度温差测量仪的温度探头经导向孔插座测量管中，待读数趋于稳定后，按下“置零”按键对温度温差测量仪置零。

5. 环己烷凝固点参考温度的测定

① 移取 25mL 环己烷，注入测量管中，记下环己烷的温度值。连同搅拌头和温度探头一起取出测量管，直接放在冰浴中，将调速开关放在慢的位置，打开电源开关，搅拌头转动，且箱内灯亮。

② 进入开始实验菜单。按下“开始实验”键（因为此次测定的仅是环己烷凝固点的参考温度，实验数据不需保存），系统在“开始实验”后自动采集并记录数据，并在绘图区中描绘温度随时间的变化图形。

③ 使环己烷逐步冷却（如观察窗壁上有冰雾可打开观察窗玻璃进行擦除），当刚有固体析出时，迅速取出测量管，擦干管外冰水后插入空气套管中（空气套管可根据环境温度决定

是否放在冰浴里)。观察温度温差测量仪数字显示值，趋于稳定时，即可单击“停止实验”按钮，实验停止。读数即为环己烷的凝固点参考温度。

6. 环己烷凝固点的测定

取出测量管，待管中固体完全融化（可用手焐热），再将测量管插入冰浴中。重新按下“开始实验”键，根据系统提示输入保存实验数据的文件名后点击“OK”键，系统将开始记录数据并画图。温度降至略高于凝固点参考值0.5℃时，迅速取出测量管，擦干后放入空气套管中，使环己烷的温度均匀下降，当温度低于凝固点参考值时，将调速开关拨到快挡（防止过冷使固体析出），当温差有微小上升或下降减缓，调速开关拨到慢档，注意观察读数直到稳定，即为环己烷的凝固点。按下“停止实验”，系统将自动停止记录并把所得数据以操作者命名的文件名存盘。重复测定三次，要求环己烷凝固点的绝对平均误差小于±0.003℃。

7. 溶液凝固点的测量

取出测量管，使环己烷融化（用手焐热），加入压成片的0.2～0.3g的萘，待其溶解后，重复5、6的步骤，先测凝固点的参考温度，再精确测之。测出溶液的凝固点（理论值萘溶液的凝固点下降了0.5℃)。溶液凝固点是取过冷后温度回升所达的最后温度。重复测定三次，要求其绝对平均误差小于±0.003℃。

实验完毕，切断电源，排净冰水混合物，倒出溶液样品，清洗测量管。

六、实验注意事项

1. 插拔连接搅拌器的插头，一定要切断电源开关。
2. 冰浴温度不低于溶液凝固点3℃为宜。
3. 实验时要保持搅拌头不与试管壁摩擦。
4. 溶剂、溶质的纯度都直接影响实验的结果。

七、数据记录及处理

1. 用 $\rho(\mathrm{kg/m^3})=0.7971\times10^3-0.8879t$ 计算室温时环己烷密度，然后算出所取环己烷的质量 W_A。

2. 由测定的纯溶剂，溶液的凝固点 T_f^*，T_f 计算萘的摩尔质量。已知环己烷的凝固点 $T_f^*=279.7\mathrm{K}$；$K_f=20.1\mathrm{kg/(K\cdot mol)}$。

八、思考题

1. 在冷却过程中，凝固点测定管内液体有哪些热交换存在？它们对凝固点的测定有何影响？
2. 根据什么原则考虑加入溶质的量？太多太少影响如何？
3. 估算实验测量结果的误差，说明影响测量结果的主要因素。

九、讨论

1. 溶液的凝固点随着溶剂的析出而不断下降，冷却曲线上得不到温度不变的水平线段，因此在测定一定浓度的溶液凝固点时，析出固体越少，测得凝固点才越准确。

2. 高温高湿季节不宜做此实验，因为水蒸气易进入测量体系，造成测量结果偏低。

附：凝固点降低法测摩尔质量实验数据采集系统

微机测定凝固点实验系统是南京大学应用物理研究所研制的一套物理化学实验教学辅助

设备，它能够自动完成用凝固点降低法测定萘的摩尔质量的测量、记录及数据处理全过程。该系统主要由系统软件和南京大学应用物理研究所研制的JDW-3F型数字式精密温差测量仪或JDT-2A型数字式精密温度温差测量仪和凝固点测定装置三部分组成。详细说明如下。

1. 系统软件安装、组成及运行环境

系统软件安装步骤如下。

(1) 自动安装

① 开机。

② 在3.5寸软驱中插入标有“凝固点测量数据采集系统”的软盘。

③ 在win95以上环境的桌面上打开A：盘，双击A：盘中的install文件，系统软件即自动安装。或在MS-DOS命令提示符下（C：\），键入A：\install，回车后即自动安装。

④ 在win95环境下将ngdjd*.EXE文件做成快捷方式放在桌面上，双击即可运行。

(2) 手动安装。

① 在c：\建ngdfwin子目录。

② 把标有“凝固点测量数据采集系统”的软盘中的全部文件COPY入C：\ngdfwin子目录，并在C：\ngdfwin\目录下再建dat子目录。

③ 如果用户计算机中未安装VB6.0，则必须将A盘中的Mscomm32.ocx文件copy入c：\windows\system目录，然后在dos方式下在此目录中运行如下命令：regsvr32 mscomm32.ocx。

④ 在win95环境下将ngdjd*.EXE文件做成快捷方式放在桌面上，双击即可运行。

系统软件包括以下文件：

ngdjd*.EXE-系统主程序文件；

此外，系统软件运行中还会产生由操作者命名的反应热实验即时数据文件（在c：\ngdfwin\dat目录下）。系统软件运行最低配置为win95以上版本。

2. 系统连接

具体接线方法如下。

将串行通讯线缆一端接仪器后面板上的串行口接口插座，另一端接计算机的串行口一（注意：一定要接计算机串行口一）。此串行通讯线缆两端通用。

3. 系统软件使用说明

ngdjd*.EXE是本系统的主程序文件，它能完成用凝固点降低法测定萘的摩尔质量的全部测控过程，及数据处理，画图，打印。界面友好，集图形、文字显示于一屏，并具有完善的提示功能，报警功能和实时监控功能，操作起来简单易行。以下列出其热键。

双击win95桌面上凝固点测定系统软件图标，即进入软件首页，如果要进入实验，按“继续”键进入主菜单。进入主菜单后，可见到如下菜单项：参数设置、开始实验、数据处理、退出

凝固点降低法测摩尔质量实验数据采集系统

凝固点降低法测摩尔质量

版本2.0

继续　　退出

燃烧热测定实验数据采集系统……主菜单			
参数设置(W)	开始实验(X)	数据处理(Y)	退出(Z)

(1) 参数设定

参数设定菜单中有“横坐标极值”、“纵坐标极值”、“纵坐标零点”、“温度采样周期”、“确定”、“退出”六个子菜单项，参数一般也不需设置（系统有默认参数）。

横坐标极值	纵坐标极值	纵坐标零点	温度采样周期	确定	退出
纵坐标温差/℃	坐标图				
0	横坐标:时间/min				

① 横坐标极值。运行 ngdjd*.EXE 程序。进入参数矫正菜单中的“横坐标极值”项，弹出窗口“请输入横坐标极值”，用户可在窗口中输入工作窗口中时间坐标的最大值（以分为单位），再按“OK”按钮完成横坐标设置。

请输入横坐标极值!	☒
以分钟为单位,如:	
30.0	
OK	Cancel

② 纵坐标极值。运行 ngdjd*.EXE 程序。进入参数矫正菜单中的“纵坐标极值”项，弹出窗口“请输入纵坐标极值”，用户可在窗口中输入工作窗口中温差显示的最高值，再按“OK”按钮完成纵坐标设置。

请输入纵坐标极值!	☒
以度为单位,如:	
3.0	
OK	Cancel

③ 纵坐标零点。运行 ngdjd*.EXE 程序。进入参数矫正菜单中的“纵坐标零点”项，弹出窗口“请输入纵坐标零点”，用户可在窗口中输入工作窗口中温差显示的最低值，再按“OK”按钮完成纵坐标设置。

请输入纵坐标极值!

以度为单位,如:

-3.0

OK Cancel

④ 数据采样周期设置。运行 ngdjd*.EXE 程序。进入参数矫正菜单中的“温度采样周期设置”项,弹出窗口“请输入温度采样周期”,用户可在窗口中输入数据采样周期(即每隔一个采样周期记录一个点,以秒为单位,系统默认为 10s),再按“OK”按钮完成设置。

请输入温度记录时间间隔!

以秒为单位,如:

10.0

OK Cancel

⑤ 确定。调整完参数后按“确定”键可显示参数调整效果。

(2) 开始实验

运行 ngdjd*.EXE 程序。进入主菜单,按“开始实验”菜单开始实验。

“开始实验”菜单中有“开始实验”、“停止实验”、“读入以前实验图形”、“打印”四个子菜单项和“退出”功能按钮。

凝固点降低法测摩尔质量实验数据采集系统……实验

开始实验　停止实验　读入以前实验图形　打印　退出

时钟:11:22:38　温差:0.000℃

温差/度　坐标图　时间/分　对应每个采样点地温度数据

①“开始实验”键,用来完成一次实验。

以完成实验的标准流程为例来说明。

a. 完成接线及启动计算机、打开温差或温度温差电源。

b. 运行凝固点的测定实验软件,进入主菜单。

c. 进入“参数设置”菜单,设置绘图区坐标和实验中温度采样的时间间隔。

d. 进入开始实验菜单。

e. 按下“开始实验”键,根据提示逐步进行实验(步骤参见凝固点测定实验中的实验步骤),如:输入保存实验数据的文件名等。

单击“开始实验”按钮,屏幕上显示如下。

Information
ⓘ是否需要保存实验数据？

Yes　　No

单击“Yes”显示如下。

请输入文件名！
请输入需保存实验波形的文件名！如：

sl. txt

OK　　Cancel

单击“OK”显示如下。

凝固点降？
请按实验讲义要求的实验步骤进行实验，完成后按OK键继续！

OK

单击“OK”显示如下。

凝固点降？
按OK键后记录数据并画图！

OK

f. 如果操作者认为实验已结束，可按“停止实验”键结束实验或等实验时间到达横坐标最右端即可。

②“读入以前实验图形”按钮，操作者按下此按钮，选择需读出的实验图形的文件名，即可读出以前的实验图形，并且可通过参数设置菜单修改横、纵坐标来调整实验图形达到最好的效果。

③ 如果需要打印此次实验波形，按下“打印”键，选择打印比例，程序根据操作者选择的打印比例打印实验图形和数据。

④ 实验完成后按“退出”键退出。

系统在“开始实验”后自动在绘图区中描绘温度随时间的变化图形，如果时间到达横坐标极值后或操作者按下“停止实验”，系统将自动停止记录并把所得数据以操作者命名的文件名*.DAT 存盘在 c：\ ngdfwin \ dat 目录下。

另外，当对图形形状不满意时，可以用“参数设置”中的各项功能对绘图区坐标进行调节。

(3) 数据处理

数据处理菜单中有“数据处理”、“数据打印”、两个子菜单项和“退出”功能按钮。

凝固点降低法测摩尔质量实验数据采集系统……数据处理

[数据处理] [数据打印] [退出]

1. 原始数据(请在如下数据框中输入实验原始数据)

环己烷的凝固点：[279.7] K　　室温：[25]℃

环己烷的凝固点降低常数：[20.1] kg·K/mol　　萘的质量：[0.20] g

环己烷的体积：[25] mL　　溶液的凝固点降低值：[0.50]℃

2. 实验数据处理

环己烷的密度：________ kg/m^3

环己烷的质量：________ g

萘的摩尔质量：________ g

① 操作者输入必要的实验原始参数。

② 按“数据处理”按钮后，软件自动对实验数据进行处理。

③ 按“数据打印”按钮后，计算机打印出实验结果。

④ 按“退出”按钮后，系统退回主菜单。

实验四 微机测定溶解热

一、实验目的

1. 掌握用电热补偿法测定硝酸钾在水中的积分溶解热。

2. 了解微机控制化学实验的方法和途径，利用微机的运算和控制准确、可靠的进行参数的测量。

二、预习要求

1. 了解电热补偿法测定热效应的基本原理。

2. 了解微机测定溶解热系统。

三、实验原理

① 物质溶解于溶剂过程的热效应称为溶解热。它有积分溶解热和微分溶解热两种。前者指在定温定压下把 1mol 溶质溶解在 n_0 mol 的溶剂中时所产生的热效应，由于过程中溶液的浓度逐渐改变，因此也称为变浓溶解热以 Q_s 表示。后者指在定温定压下把 1mol 溶质溶解在无限量的某一定浓度的溶液中所产生的热效应。由于在溶解过程中溶液浓度可实际上视为不变，因此也称为定浓溶解热，以 $\left(\frac{\partial Q_s}{\partial n}\right)_{T,p,n_0}$ 表示。

把溶剂加到溶液中使之稀释，其热效应称为冲淡热。它有积分（或变浓）冲淡热和微分

（或定浓）冲淡热两种。通常都以对含有 1mol 溶质的溶液的冲淡情况而言。前者是指在定温定压下把原为含 1mol 溶质和 n_{01} mol 溶剂的溶液冲淡到含溶剂为 n_{02} 时的热效应，亦即为某两浓度的积分溶解热之差，以 Q_d 表示。后者是 1mol 溶剂加到某一浓度的无限量溶液中所产生的热效应，以 $\left(\frac{\partial Q_s}{\partial n_0}\right)_{T,p,n}$ 表示。

② 积分溶解热由实验直接测定，其他三种热效应则可通过 Q_s-n_0 曲线求得。

设纯溶剂、纯溶质的摩尔焓分别为 H_1 和 H_2，溶液中溶剂和溶质的偏摩尔焓分别为 H_3 和 H_4，对于 n_1 mol 溶剂和 n_2 mol 溶质所组成的体系而言，在溶剂和溶质未混合前

$$H=n_1H_1+n_2H_2 \tag{2-4-1}$$

当混合成溶液后

$$H'=n_1H_3+n_2H_4 \tag{2-4-2}$$

因此溶解过程的热效应为

$$\Delta H=H'-H=n_1(H_3-H_1)+n_2(H_4-H_2)=n_1\Delta H_1+n_2\Delta H_2 \tag{2-4-3}$$

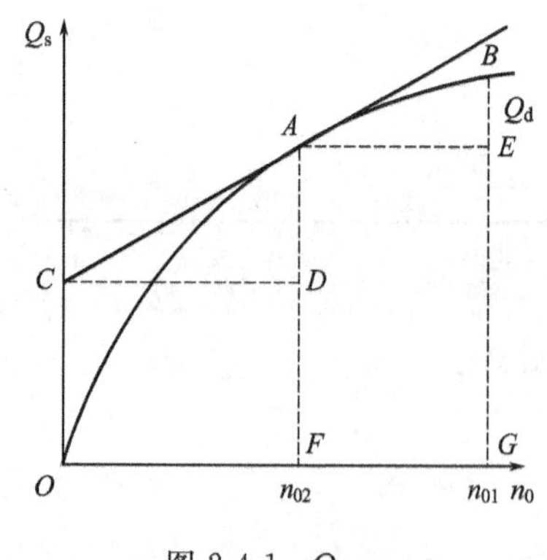

图 2-4-1 Q_s-n_0

式中，ΔH_1 为溶剂在指定浓度溶液中溶质与纯溶质摩尔焓的差。即为微分溶解热。根据积分溶解热的定义

$$Q_s=\frac{\Delta H}{n_2}=\frac{n_1}{n_2}\Delta H_1+\Delta H_2=n_{01}\Delta H_1+\Delta H_2 \tag{2-4-4}$$

所以在 Q_s-n_{01} 图上，不同 Q_s 点的切线斜率为对应于该浓度溶液的微分冲淡热，即 $\left(\frac{\partial Q_s}{\partial n_0}\right)_{T,p,n}=\frac{AD}{CD}$，该切线在纵坐标上的截距 OC，即为相应于该浓度溶液的微分溶解热，如图 2-4-1 所示。而在含有 1mol 溶质的溶液中加入溶剂使溶剂量由 n_{02} mol 增至 n_{01} mol 过程的积分冲淡热

$$Q_d=(Q_s)_{n01}-(Q_s)_{n02}=BG-EG$$

③ 本实验测硝酸钾溶解在水中的溶解热，是一个溶解过程中温度随反应的进行而降低的吸热反应。故采用电热补偿法测定。

先测定体系的起始温度 T，当反应进行后温度不断降低时，由电加热法使体系复原至起始温度，根据所耗电能求出其热效应 Q。

$$Q=I^2Rt=IVt \tag{2-4-5}$$

式中，I 为通过电阻为 R 的电阻丝加热器的电流强度，A；V 为电阻丝两端所加的电压，V；t 为通电时间，s。

四、仪器与试剂

微机测定溶解热实验系统 NDRH-1S 型　1 套；打印机　1 台；

称量瓶（20mm×40mm）1 只，（35mm×70mm）7 只；

硝酸钾（A. R.）

五、实验步骤

（1）硝酸钾 26g。（已进行研磨和烘干处理），放入干燥器中。

(2) 将 8 个称量瓶编号。在台秤上称量，依次加入约 2.5g、1.5g、2.5g、3.0g、3.5g、4.0g、4.0g、4.5g 的硝酸钾，再至分析天平称出准确数据，把称量瓶依次放入干燥器中待用。

(3) 实验装置如图 2-4-2 所示。打开反应热测量数据采集接口装置电源，将温度传感器擦干置于空气中，预热 3min。同时将加热器放入装有自来水的杯中，但不要打开恒流源及搅拌器电源。在台天平上称取 216.2g 蒸馏水放入量热器中。

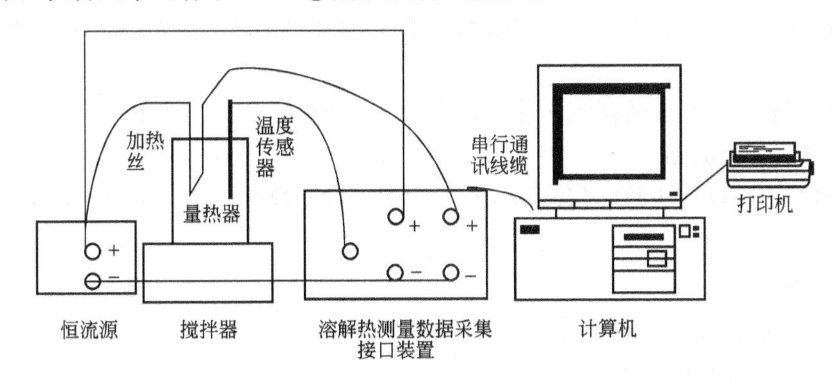

图 2-4-2 微机测定溶解热实验装置

(4) 打开微机电源，运行 sv*.EXE，进入系统初始界面，选择“继续”按钮，进入主界面，按下“开始实验”按钮，根据提示开始测量当前室温。这时可打开恒流源及搅拌器电源。(具体详见附录“微机测定溶解热实验系统”)

(5) 室温测好后，测量加热器功率并调节恒流源，使加热器功率在 2.25～2.3W 之间。调节好后将加热器置于量热器的蒸馏水中同时将温度传感器也放入其内按下“回车”键，测量水温。(注意：温度传感器探头不要与搅拌磁子和加热电阻丝相接触)。这时不要再调动功率。

(6) 当采样到水温高于室温 0.5℃时，由电脑提示加入第一份 KNO_3，同时电脑会实时记下此时水温和时间。

(7) 加入 KNO_3 后溶解，水温下降。由于加热器在工作，水温又会上升，当系统探测到水温上升至起始温度时，根据电脑提示加入第二份 KNO_3，同时电脑记下时间。统计出每份 KNO_3 溶解电热补偿通电时间。

(8) 重复上一步骤直至第八份 KNO_3 也加完。

(9) 根据电脑提示关闭加热器和搅拌器。(系统已将本次实验的加热功率和 8 份样品的通电累计时间值自动保存在 c:\svfwin\dat 目录下的文件中)。

六、实验注意事项

1. 将仪器放置在无强电磁场干扰的区域内。

2. 不要将仪器放置在通风的环境中，尽量保持仪器附近的气流稳定。

3. 本实验应确保样品充分溶解，因此实验前加以研磨，实验时需有合适的搅拌速度，加入样品时速度要加以注意，防止样品进入量热器过快，致使磁子陷住不能正常搅拌，但样品如加入得太慢也会引起实验的故障。

4. 实验结束后，量热器中不应存在硝酸钾的固体，否则需重做实验。

七、数据记录及处理

数据处理菜单中有“以当前数据处理”、“保存数据到文件”、“读取数据文件”、“打印”

四个子菜单项和“退出”功能按钮。

(1) 回到系统主界面按下数据处理菜单并从键盘输入水的质量和各份样品的质量。检查无误后再按下“以当前数据处理”钮，则软件自动计算出每份样品的 Q_s、n_0 和 n_0 为 80、100、200、300、400 时 KNO_3 的积分溶解热、微分溶解热、微分冲淡热，n_0 从 80～100、100～200、200～300、300～400 时 KNO_3 的积分冲淡热。在显示器的右上角有一“下一页”按钮，按此按钮出现计算机自动画的“Q_s-n_0”图，再按“打印”按钮即可打印处理的数据和图表。

(2) 如果需要保存当前数据到文件，则按“保存数据到文件”按钮，然后根据提示输入文件名按“OK”保存数据。

(3) 如果需要调以前实验的数据来处理，则按“读取数据文件”按钮并根据提示输入文件名来读取数据。

八、思考题

1. 如果反应是放热的，则应如何进行实验?

2. 设计由测定溶解热的方法求

$$CaCl_2(s)+6H_2O(l) \rightleftharpoons CaCl_2 \cdot 6H_2O(s)$$的反应热

九、讨论

1. 实验开始时体系的设定温度比环境温度高 0.5℃是为了体系在实验过程中能更接近绝热条件，减小热损耗。

2. 本实验装置除测定溶解热外，还可用来测定液体的比热，水化热，生成热及液态有机物的混合热等热效应。

附：NDRH-1S 型微机测定溶解热实验系统

NDRH-1S 型微机测定溶解热实验系统由南京大学应用物化研究所南京物化智能设备有限责任公司生产，该系统主要用于“溶解热的测定”实验。主要由系统溶解热测定专用软件和“反应热测量数据采集接口装置”两部分组成。

系统专用软件完成 KNO_3 溶解热实验的全部测控过程，及数据处理，画图，打印。界面友好，集图形，文字显示于一屏，并具有完善的提示功能，报警功能和实时监控功能，操作简单。

“反应热测量数据采集接口装置”线路采用全集成设计方案，具有重量轻、体积小、耗电省、稳定性好等特点。

1. 原理

详见本书微机测定溶解热实验的原理部分。

2. 实验装置组成连接图

3. 主要技术指标

电源电压：	220V±10%，50Hz
环境温度：	－20～＋40℃
温度测量范围：	－50～150℃
温度测量分辨率：	0.01℃
温差测量分辨率：	0.001℃
电压测量范围：	0～20V

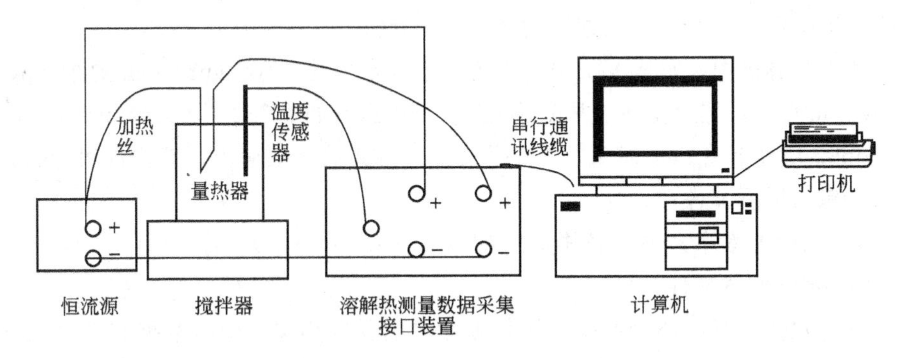

图 2-4-3　微机测定溶解热实验系统连接图（NDRH-1S）

电压测量分辨率：　　0.01V

电流测量范围：　　0～2A

电流测量分辨率：　　0.01A

PC 机与接口装置：　　串行通讯

应用软件平台：　　win95 及以上

4. 仪器使用方法

在本装置中，可以看到仪器的前面板上有 3 个输入通道温度传感器、电压输入、电流输入，实验中计算机需要的三个信号（加热器上的电流信号，电压信号和温度传感器信号）。仪器的后面板上有电源开关、保险丝座和串行口接口插座。另有一根串行通讯线缆。

具体接线方法如下（见图 2-4-3）。

① 将恒流源输出正端与加热器相接，加热器另一端接入电流输入通道上端（＋）。电流输入通道下端（－）接恒流源输入负端。

② 将恒流源输出正端与电压输入通道上端（＋）相接，将恒流源输出负端与电压输入通道下端（－）相接。

③ 温度传感器用于测温。

④ 将串行通讯线缆一端接仪器后面板上的串行口接口插座，另一端接计算机的串行口一（注意：一定要接计算机串行口一）。此串行通讯线缆两端通用。

5. 软件使用方法

(1) 系统软件安装、组成及运行环境

系统软件安装步骤如下。

① 自动安装。

a. 开机。

b. 在 3.5 寸软驱中插入标有“反应热测量数据采集系统”的软盘。

c. 在 win95 以上环境的桌面上打开 A 盘，双击 A 盘中的 install 文件，系统软件即自动安装。或在 MS-DOS 命令提示符下（C\ 下），键入 A：\install，回车后即自动安装。或者在 windows 下双击 install 即可自动安装。

d. 在 win95 环境下将 sv*.EXE 文件做成快捷方式放在桌面上，双击即可运行。

② 手动安装。

a. 在 C：\ 建 svfwin 子目录。

b. 把标有“反应热测量数据采集系统”的软盘或光盘中的全部文件 COPY 入 C：\svfwin 子目录，并在 C：\ svfwin \ 目录下再建 dat 子目录。

c. 如果用户计算机中未安装 VB6.0，则必须将 A 盘中的 Mscomm32.ocx 文件 copy 入 c：\ windows \ system 目录，然后在 dos 方式下在此目录中运行如下命令：regsvr32mscomm32.ocx。

d. 在 win95 环境下将 sv*.EXE 文件做成快捷方式放在桌面上，双击即可运行。

系统软件包括以下文件：

sv*.EXE-系统主程序文件（必须安装在 c：\ svfwin 目录）

solve.Txt-系统配置文件

此外，系统软件运行中还会产生由操作者命名的反应热实验即时数据文件（在 c：\ svfwin \ dat 目录下）。系统软件运行最低配置为 win95 以上版本。

（2）系统软件使用说明

sv*.EXE 是本系统的主程序文件，它完成 KNO_3 溶解热的全部测控过程，及数据处理、画图、打印。界面友好，集图形、文字显示于一屏，并具有完善的提示功能，报警功能和实时监控功能，操作起来简单易行。以下列出其热键。

双击 win95 桌面上 sv 软件图标，即进入软件首页，如果要进入实验，按“继续”键进入主菜单。

反应热测量数据采集系统	
版本 2	
继续	退出

单击“继续”按钮进人进入主菜单后，可见到如下菜单项：参数矫正；开始实验；数据处理；退出。

反应热测量数据采集系统			
参数矫正(W)	开始实验(X)	数据处理(Y)	退出(Z)

① 参数矫正。参数矫正菜单中有“电压参数矫正”和“电流参数矫正”两个子菜单项，电压参数和电流参数一般情况下不需矫正，下面以“电压参数矫正”为例，完成电压参数定标工作。使用方法如下。

a. 检查串行通讯线缆是否接上，打开计算机电源。并按图示连接加热丝和恒流源，并将万用表并联在加热丝两端。将恒流源调为零。

b. 打开反应热测量数据采集接口装置的电源。把加热丝插入盛水的容器中。

c. 运行 sv*.EXE 程序。进入参数矫正菜单中的“电压参数矫正”项，观察送来的信号。打开“电压参数矫正”子菜单，屏幕显示如下。

电压矫正参数	
低点	高点
采样值	采样值
电压值	电压值
确定	确定
矫正后电压值	
确定	退出

d. 观察传感器的信号稳定后，在低点部位的输入框然后输入万用表显示的电压值，按下低点部位的“确定”键。

e. 调节恒流源，使万用表显示约 10V。

f. 观察传感器的信号稳定后，然后在高点部位输入框输入万用表显示的电压值，按下高点部位的“确定”键。

g. 再按下最下方的“确定”键。至此，定标工作完成。

电流参数的矫正和电压参数的矫正相同。打开“电流参数矫正”子菜单，屏幕显示如下。

电流矫正参数	
低点	高点
采样值	采样值
电流值	电流值
确定	确定
矫正后电流值	
确定	退出

② 开始实验。开始实验菜单中有“开始实验”和“退出”功能按钮。

点击“开始实验”子菜单，屏幕显示如下。

反应热测量数据采集系统			
请按 开始 按钮开始实验			
室温/℃		系统当前时间	
系统温度/℃		系统加入最近一次样品时间	
加热器的电流/A		系统起始温度	
加热器的电压/V		系统当前温度	
加热器的功率/W			

系统在整个实验过程中提供友好提示功能、报警功能和实时监控功能。在屏幕提示栏内按实验流程出现如下提示。

a. 请按下“开始实验”按钮开始实验。

b. 将温度传感器置于空气中以测室温，室温稳定后将温差置零。

c. 将温度传感器和加热器置于烧杯中用于调节加热功率。

d. 请调节恒流源电流大小，使加热功率为 2.25～2.3W 之间。

e. 正在测水温，等水温高于室温 0.5℃以上。

f. 当采样到水温高于室温 0.5℃时，电脑将提示加入第一份 KNO_3，同时电脑会实时记下此时水温和时间。

g. 加入 KNO_3 后溶解，水温下降由于加热器在工作水温又会上升，当系统探测到水温上升至起始温度时，根据电脑提示加入第二份 KNO_3，同时电脑记下时间。统计出每份 KNO_3 溶解电热补偿通电时间。

h. 重复上一步骤直至第八份 KNO_3 也加完。

i. 最后，电脑提示关闭加热器和搅拌器。系统已将本次实验的加热功率和 8 份样品的通电累计时间值自动保存在 c：\ svfwin \ dat 目录下的文件中。

③ 数据处理。数据处理菜单中有“当前数据处理”、“保存数据到文件”、“读取数据文件”、“打印”四个子菜单项和“退出”功能按钮。

反应热测量数据采集系统——数据处理				
当前数据处理	保存数据到文件	读取数据文件	打印	退出

请输入水的质量和八份 KNO_3 的质量；　水的质量/g　加热功率/W

	第一份	第二份	第三份	第四份	第五份	第六份	第七份	第八份
样品质量								
通电时间								

a. 回到系统主界面，按下数据处理菜单并从键盘输入水的质量和各份的样品质量。检查无误后再按下“以当前数据处理”按钮，则软件自动计算出每份样品的 Q_s，n_0 和 n_0 为 80、100、200、300、400 时 KNO_3 的积分溶解热、微分溶解热、微分冲淡热，n_0 从 80～100、100～200、200～300、300～400 时 KNO_3 的积分冲淡热。在显示器的右上角有一“下一页”按钮，按此按钮出现计算机自动画的“$Q_s \sim n_0$”图，再按“打印”按钮即可打印处理的数据和图表。

数据处理结果显示如下。

每份样品的 Q_s，n_0。

样品编号	第一份	第二份	第三份	第四份	第五份	第六份	第七份	第八份
Q_s/(J/mol)								
n_0								

n_0 为 80、100、200、300、400 时 KNO_3 的积分溶解热，微分溶解热，微分冲淡热。

n_0	积分溶解热 Q_s/(J/mol)	微分溶解热 Q_s/(J/mol)	微分冲淡热 Q_s/(J/mol)
80	0.00	0.0000	0.00
100	0.00	0.0000	0.00
200	0.00	0.0000	0.00
300	0.00	0.0000	0.00
400	0.00	0.0000	0.00

n_0 从 80～100，100～200，200～300，300～400 时 KNO_3 积分溶解热

n_0	80～100	100～200	200～300	300～400
Q_s/(J/mol)	0.00	0.00	0.00	0.00

b. 如果需要保存当前数据到文件，则按‘保存数据到文件’按钮，然后根据提示输入文件名按“OK”保存数据。

c. 如果需要调以前实验的数据来处理，则按“读取数据文件”按钮并根据提示输入文件名来读取数据。

6. 注意事项

① 将仪器放置在无强电磁场干扰的区域内。

② 不要将仪器放置在通风的环境中，尽量保持仪器附近的气流稳定。

③ 请勿带电打开仪器面板。

实验五　双液系气、液平衡相图的绘制

一、实验目的

1. 绘制异丙醇-环己烷双液系的沸点-组成图，确定其恒沸温度及恒沸组成。
2. 掌握回流冷凝法测定溶液沸点的方法。通过实验进一步理解分馏原理。
3. 了解阿贝折射仪的构造原理。熟练掌握阿贝折射仪的使用方法。

二、预习要求

1. 理解绘制双液系相图的基本原理。
2. 了解阿贝折射仪的使用方法。
3. 了解本实验中的注意事项和判断气、液两相是否已达平衡的方法。

三、实验原理

在常温下，两种液态物质相互混合而成的体系称为双液系。若两种液体能以任意比例相互溶解，则称为完全互溶双液系。在恒定压力下表示溶液沸点与平衡时气、液两相组成关系的相图称为沸点-组成图。完全互溶双液系沸点-组成图可分为三类。

① 液体与拉乌尔定律的偏差不大，在 t-x 图上，溶液的沸点介于 A、B 两纯组分沸点之间，如图 2-5-1(a) 所示。如苯-甲苯体系。

② A、B 两组分混合后与拉乌尔定律有较大的正偏差，在 t-x 图上出现最低点，如图 2-5-1(b) 所示。如正丙醇-水、苯-乙醇等体系。

③ A、B 两组分混合后与拉乌尔定律有较大的负偏差，在 t-x 图上出现最高点，如图 2-5-1(c) 所示。如盐酸-水体系。

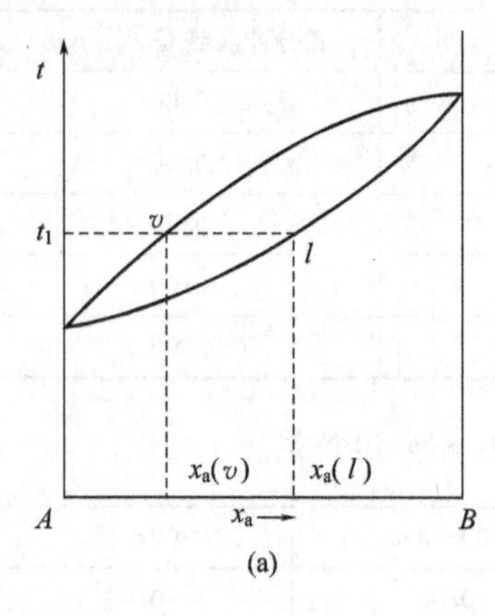

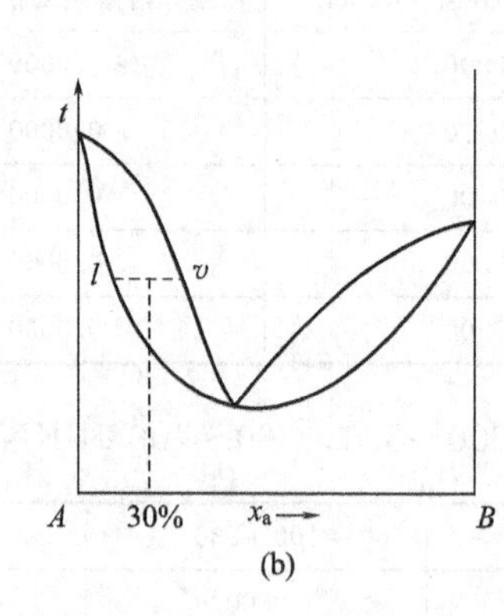

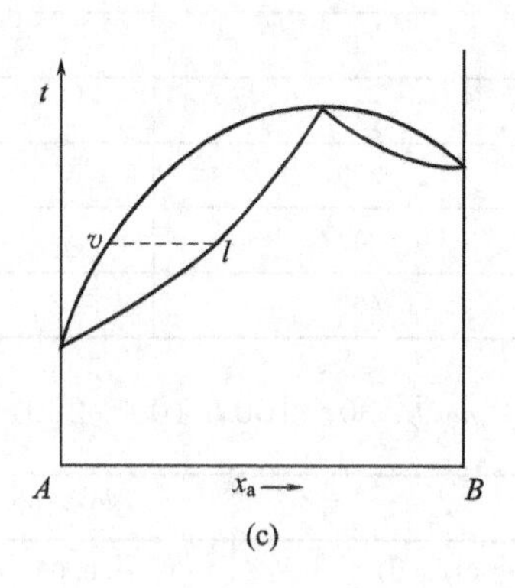

图 2-5-1 完全互溶双液系的沸点-组成

②③类溶液在最高点或最低点时的气、液两相组成相同，此时将系统蒸馏，只能使气相总量增加，而气、液两相的组成和沸点都保持不变。因此这些点称为恒沸点，其相应的溶液称为恒沸点混合物。本实验所测异丙醇-环己烷双液系属于具有最低恒沸点一类的体系。

图 2-5-2 沸点仪结构

1—温度计；2—加料口；3—加热丝；4—蒸出液取样口；5—半球形小室

本实验是利用回流及分析的方法来绘制相图。取不同组成的溶液在沸点仪中回流，测定其沸点及气、液组成。沸点数据可直接由温度计读取；气液相组成可通过测其折射率，然后由组成-折射率曲线中最后确定。

实验所用沸点仪如图 2-5-2 所示，这是一只带回流冷凝管的长颈圆底烧瓶。冷凝管底部有一半球形小室 5，用以收集冷凝下来的气相样品；支管 2 用于加样，气、液平衡后液相样品也通过其进行吸取；电热丝 3 直接浸入溶液中加热，通过调压变压器控制通过其电流的大小，这样可减少溶液沸腾时的过热现象，还能防止暴沸。

平衡时气、液两相组成的分析，采用折射率法。折射率是物质的一个特征数值，它与物质的浓度、温度及入射光的波长有关。大多数液态有机化合物的折射率的温度系数为－0.0004，因此在测量物质的折射率时要求温度恒定。一般温度控制在±0.2℃时，能从阿贝折射仪上准确测到小数点后 4 位有效数字。

四、仪器与试剂

沸点仪 1套；	阿贝折射仪 1台；
精密稳流电源 1台；	超级恒温水槽 1台；
温度计（50～100℃，分度为 0.1℃）1支；	吸液管 2支；
移液管（1mL，10mL，25mL）各 1 支；	擦镜纸；
异丙醇（A. R.）；	环己烷（A. R.）

五、实验步骤

1. 温度计校正

将沸点仪洗净烘干后，按图 2-5-2 装置好。注意带有温度计和加热丝的橡皮塞要塞紧，不要触及烧瓶底部，温度计和加热丝之间要有一定的距离。用漏斗从加料口加入异丙醇约25mL，使温度计水银球的位置一半浸入溶液中，一半露在蒸气中。接通冷凝水，通电并缓慢调节电流（电流不超过2A）使溶液加热至沸腾，待温度恒定后，记录所得温度和室内大气压力。然后将加热电流调至零，停止加热。

2. 溶液沸点及气、液相组成的测定

（1）在盛有25mL异丙醇的沸点仪中加入1mL环己烷，同步骤1加热液体，当液体沸腾后，调节电流和冷凝水流量，使蒸气在冷凝管中回流的高度保持在2cm左右。因为最初在冷凝管下端半球形小室内冷凝的液体不能代表平衡时气相的组成（为什么?），为加速达到平衡可将半球形小室内液体倾回蒸馏器底部，并反复2～3次，待温度计读数保持稳定3～5min后记下沸点并停止加热。充分冷却后，在冷凝管上口插入长吸液管吸取半球形小室内的气相冷凝液，测其折射率。再用另一支短吸液管从蒸馏器的加料口吸取液体测其折射率。测定时动作应迅速，以防止由于蒸发而改变组成。每份样品需读数三次（即转动折射仪读数手柄，重复读数三次），取其平均值。

按上述操作步骤分别测定加入环己烷为2mL、3mL、4mL、5mL、10mL时各溶液的沸点及气相冷凝液和液相的折射率。

（2）将蒸馏瓶内的溶液倒入回收瓶中，并用环己烷清洗蒸馏瓶。然后取25mL环己烷、0.2mL异丙醇加入沸点仪中（为何不需洗净烘干沸点仪?），按（1）的步骤测定溶液的沸点及气相冷凝液和液相的折射率。

再分别测定加入异丙醇为0.3mL、0.5mL、1mL、4mL、5mL时溶液的沸点及气相冷凝液和液相的折射率。

实验结束后，将沸点仪内的溶液倒入回收瓶中。

六、实验注意事项

1. 加热丝不能露出液面，一定要被欲测液体浸没，否则通电加热会引起有机液体燃烧。加热电流不能太大，只要能使欲测液体沸腾即可，过大会引起欲测液体（有机化合物）的燃烧或烧断电阻丝或烧坏变压器。

2. 一定要使体系达到气液平衡，即温度读数恒定不变，然后再取样。只能在停止通电加热后才能取样分析。

3. 阿贝折射仪使用时，棱镜上不能触及硬物（如滴管等），拭擦棱镜需用擦镜纸。每测完一个样品后应用洗耳球将棱镜表面吹干。

4. 实验过程中，必须始终在冷凝管中通入冷却水，一则可使气相冷凝充分，二则避免有机蒸气对实验室内空气的污染。

七、数据记录及处理

1. 将实验数据填入表2-5-1

室温__________ 大气压__________

异丙醇沸点（温度计示值）__________温度计校正值__________

2. 温度计的校正

溶液的沸点与大气压有关。在标准大气压（p_0=101325Pa）下测得的沸点为正常沸点。通常外界压力并不恰好等于标准大气压，因此应对实验测定值作压力校正。应用特鲁顿（Trouton）规则及克劳修斯-克拉贝龙（Clausius-Clapeyron）方程可得溶液沸点随大气压变

表 2-5-1

溶液组成/mL		沸点温度/℃	气相分析		液相分析	
异丙醇	环己烷		折射率	$w_{(异丙醇)}$/%	折射率	$w_{(异丙醇)}$/%
25	1					
25	2					
25	3					
25	4					
25	5					
25	10					
0.2	25					
0.3	25					
0.5	25					
1	25					
4	25					
5	25					

化的近似公式：

$$T_b = T_{0b} + \frac{T_{0b}(p - p_0)}{10 \times 101325}$$

式中，T_{0b}为在标准大气压（p_0＝101325Pa）下的正常沸点，异丙醇为 355.5K；T_b 为在实验大气压 p 时的沸点。

计算纯异丙醇在实验时的大气压下的沸点，与实验时温度计上读得的沸点相比较，求出温度计本身误差的校正值，并逐一校正不同浓度溶液的沸点。

3. 作异丙醇-环己烷的折射率-组成工作曲线

已知 293.2K 时环己烷与异丙醇混合溶液的浓度与折射系数 n_D 的数据见表 2-5-2。

表 2-5-2

异丙醇的摩尔分数	n_D^{20}	异丙醇的质量分数/%	异丙醇的摩尔分数	n_D^{20}	异丙醇的质量分数/%
0.0000	1.4263	0	0.4040	1.4077	32.61
0.1066	1.4210	7.85	0.4604	1.4050	37.85
0.1704	1.4181	12.79	0.5000	1.4029	41.65
0.2000	1.4168	15.54	0.6000	1.3983	51.72
0.2834	1.4130	22.02	0.8000	1.3882	74.05
0.3203	1.4113	25.17	1.0000	1.3773	100.00
0.3714	1.4090	29.67			

注：若温度不是 20℃，则按温度每升高 1℃，折光率降低 4×10^{-4}进行换算。

用坐标纸绘出 n_D^{20} 与质量分数的关系曲线，根据实验测定的结果，从图上查出气相冷凝液和液相的组成填入表 2-5-1。

4. 沸点

按表 2-5-1 数据绘出实验大气压下异丙醇-环己烷双液系的沸点-组成图（t-x 图），从图上求出异丙醇-环己烷体系的最低恒沸点及其组成。环己烷的正常沸点为 353.4K。

5. 文献值

在 101.325kPa 下环己烷-异丙醇的恒沸点温度与组成分别为 341.8K[(68.6±1)℃] 和 33%（异丙醇的质量分数）或 40.82%（异丙醇物质的量分数）。

八、思考题

1. 操作步骤中，在加入不同数量的各组分时，如发生了微小的偏差，对相图的绘制有无影响？为什么？

2. 蒸馏器中收集气相冷凝液的半球形小室的大小对结果有何影响？

3. 如何判断气液两相是否处于平衡？

4. 试估计哪些因素是本实验误差的主要来源？

九、讨论

1. 本实验是通过控制气相回流的高度来获得稳定温度的，因而回流高度控制的如何直接影响到实验的效果。实验时要注意加热电流不能太大，能维持液体处于微沸状态即可，若液体剧烈沸腾易造成气相冷凝不完全。同时应调节好冷凝水流量，使回流高度能稳定在某一高度上，以保证沸腾温度保持恒定，使测定值更准确。沸腾温度是否稳定是回流好坏的标志。

2. 本实验所用的蒸馏器是较简单的一种，它利用电阻丝在溶液内部加热，这样比较均匀，可减少暴沸。所用的电阻丝是 26 号镍铬丝，长度约为 14cm，绕成约 3mm 直径的螺旋圈，再焊接于 14 号铜丝上，然后把铜丝穿过包有锡纸的木塞（铜丝勿与锡纸接触，用锡纸包木塞可防止蒸馏时木塞中的杂质进入溶液）。

3. 蒸馏气体到冷凝管前，常会有部分沸点较高的组分被冷凝，因而所测得气相组成可能并不代表真正的气相组成，为减少由此引入的误差，蒸馏器中的支管位置不宜太高，沸腾液体的液面与支管上袋状部的距离不应过远，最好在仪器外再加棉套之类的保温层，以减少蒸汽先行冷凝。

4. 本实验中，水银温度计大部分是在蒸馏器内部，露出器外的部分较少，故对于温度计的露点校正可忽略。

5. 本实验也可用数字式温度计代替水银温度计，数字式温度计采用铂电阻传感器，使用方便快捷，测量精确。具体使用方法参阅本书第三篇仪器及其使用。

实验六　液体饱和蒸气压的测定

一、实验目的

1. 了解用静态法测定 C_2H_5OH 在不同温度下的蒸气压，通过实验研究，进一步理解纯液体饱和蒸气压与温度的关系。

2. 掌握真空泵、HK-1D 型玻璃恒温水槽的使用方法及稳压包活塞的调试技巧。

3. 学会用图解法求 C_2H_5OH 的平均摩尔汽化热和正常沸点。

二、预习要求

1. 明确蒸气压、正常沸点、沸腾温度的含义；理解用静态法测定一定温度下液体蒸气压的基本原理。

2. 理解一定温度区间内液体的平均摩尔汽化热的计算方法。

3. 了解本实验的仪器连接方式。

4. 了解等位计、稳压包的调节及使用方法。

5. 了解如何检漏及实验操作时抽气、放气的控制。

6. 了解本实验的注意事项。

三、实验原理

一定温度下，在一真空的密闭容器中的液体，有动能较大的分子从液相跑到气相；也有动能较小的分子从气相碰回液相。当二者的速率相等时，就达到了动态平衡。此时液面上的蒸气压力就是液体在该温度时的饱和蒸气压，液体的蒸气压与液体的种类及温度有关，温度升高时，有更多的高动能的分子能够从液面逸出，因而蒸气压增大；反之，温度降低时，则蒸气压减小。当蒸气压与外界压力相等时，液体便沸腾，外压不同时，液体的沸点也不同。把外压为 101325Pa 时沸腾温度定义为液体的正常沸点。

液体的饱和蒸气压与温度的关系可用克拉贝龙-克劳修斯方程表示：

$$\frac{d\ln p}{dT}=\frac{\Delta H_m}{RT^2} \tag{2-6-1}$$

式中，ΔH_m 为液体的摩尔汽化热，J/mol；R 为摩尔气体常数，8.314J/(mol·K)；p 为液体在温度 T 时饱和蒸气压，Pa；T 为热力学温度，K。若温度改变的区间不大，ΔH_m 可视为常数（实际上 ΔH_m 与温度有关），当作平均摩尔汽化热，积分上式得

$$\lg p=-\frac{\Delta H_m}{2.303RT}+A \tag{2-6-2}$$

式中，A 为积分常数，与压力 p 的单位有关。由式（2-6-2）可知，在一定温度范围内，测定不同温度下的饱和蒸气压，以 $\lg p$ 对 $1/T$ 作图，可得一直线，斜率为 $-\frac{\Delta H_m}{2.303R}$。因此由直线的斜率可求出实验温度范围内液体的平均摩尔汽化热 ΔH_m。

液体饱和蒸气压的测量方法主要有三种：静态法、动态法、饱和气流法。本实验采用静态法，静态法测蒸气压的方法是调节外压以平衡液体的蒸气压，求出外压就能直接得到该温度下的饱和蒸气压，其实验装置如图 2-6-1 所示。所有接口必须严密封闭。

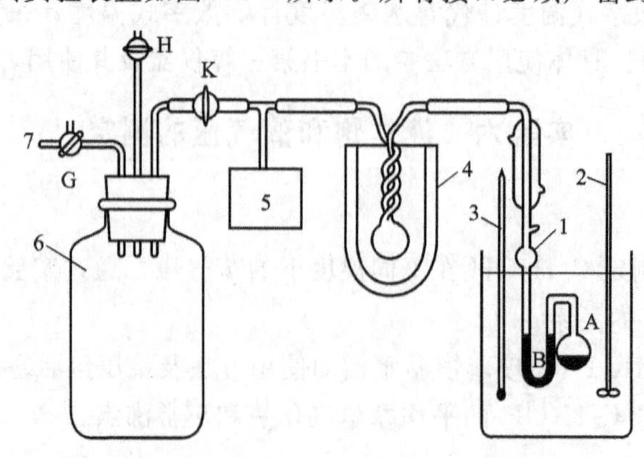

图 2-6-1 测定液体饱和蒸气压的装置

1—等位计；2—搅拌器；3—温度计；4—冷阱；5—压力传感器；6—稳压包；7—接真空泵

实验时，等位计1的A球中盛有被测样品C_2H_5OH，U形部分B中也盛有C_2H_5OH液体，作为封闭液。实验开始时，A球液面上方充满混合气体（空气与C_2H_5OH蒸气），当对系统抽气时，A球液面上方的混合气体通过封闭液被不断抽走，而A球内液态C_2H_5OH不断蒸发补充，使得液面上方混合气体中空气的相对含量越来越少，直至其中的空气被全部驱尽，A球液面上的气体压力就是C_2H_5OH的蒸气压力。当B管中的液面处于同一水平面时，则B管左侧液面上的压力等于该温度下C_2H_5OH的蒸气压。

调节等位计的水浴温度及减压系统的压力，可以测得不同温度时C_2H_5OH的蒸气压。

四、仪器与试剂

饱和蒸气压测定仪1套；真空泵及附件1套；

HK-1D型玻璃恒温水槽1套；等位计1支；无水乙醇（A. R.）

五、实验步骤

1. 准备

熟悉实验装置，掌握真空泵的正确使用，了解系统各部分及活塞的作用，读当日大气压。

2. 装样

先将C_2H_5OH放入等位计B管间的U形管中，用热水浴加热等位计的小球A，使A球内的空气受热膨胀被赶出。然后使其在冰水中迅速冷却（注意：要使受热部分均匀冷却），此时因A球内的气体冷却收缩而使C_2H_5OH被吸入A球。重复此操作，使A球内装有2/3体积的液体。并使适量的C_2H_5OH在U形B的双臂间形成封闭液。

3. 系统检漏

将等位计装置好，按图2-6-1装置连接好，真空泵、稳压包、等位计、冷阱用橡皮胶真空管连接好，插入深度大于15mm。在冷阱中加入适量冰水，接通冷凝水，再关闭活塞H，G，将饱和蒸气压测定仪置零。打开真空泵抽气系统，调节活塞K、G，使低真空测压仪上显示压差为4000～5300Pa（300～400mmHg）。关闭活塞K、G，注意观察压力测压仪显示数字的变化。如果系统漏气，则压力测压仪的显示数值逐渐变小。这时应仔细逐段检查，设法消除，直至不漏气为止。

4. 测定不同温度下C_2H_5OH的蒸气压

调节恒温槽的温度为(20 ± 0.05)℃，开动真空泵，调节活塞K、G，使真空泵与系统相通，缓缓抽气，使A球中液体内溶解的空气和A、B空间内的空气呈气泡状一个一个地通过B管中的液体排出（切忌抽气太快，否则B管中的液体将急剧蒸发而使实验无法进行）。随着系统真空度越来越高，A球内及B管中的液体蒸发速率越来越快，故抽气若干分钟后，关闭活塞G，调节K、H，使空气缓慢进入测量系统，直至B管中双臂液面等高（谨防空气倒灌入A球），从压力测量仪上读出压力差。同法再抽气，再调节B管中双臂液面等高，重读压力差，直至两次的压力差读数相差无几。则表示A球液面上的空间已被乙醇充满，记下饱和蒸气压测定仪上的读数。

不需抽气，调节恒温槽的温度为(25 ± 0.05)℃，A球液面上方的C_2H_5OH蒸气因温度升高而体积增大，不断有气泡通过B管中的双臂液面溢出，由于A球内液体不断蒸发成气体溢出，A球内液体逐渐减少；溢出的C_2H_5OH蒸气又被冷凝回流，B管中的双臂液面逐渐升高。此时，可以微微调节稳压包进气活塞H，使部分双臂液重新进入A球内，以保证实验顺利进行。调节系统压力使B管中的双臂液面等高，从饱和蒸气压测定仪上读出25℃的压力差。

用上述方法沿温度升高方向测定30℃，35℃，40℃，45℃，50℃，55℃时C_2H_5OH的蒸气压。实验完毕，再读取室内大气压。

六、实验注意事项

1. 测定系统不漏气是本实验成功的前提条件之一，实验装置所有玻璃活塞均要用真空脂密封旋紧，用于连接的橡胶管都完好不漏气，无老化现象。

2. 等位计装C_2H_5OH液体时，A球必须装至其容积的2/3，否则可能不够实验过程中的蒸发需要；等位计U形管B间的封闭液要尽量多装些，否则液体太少极有可能因迅速蒸发不够需要而导致实验难以进行。

3. 整个实验过程中，应保持等位计A球液面上空的空气必须赶净。

4. 抽气和放气的速度不能太快，否则会使等位计内液体沸腾过剧，致使B管内液体被抽尽或B管内液体倒灌入A球内，造成实验难以进行。

5. 开动真空泵前必须先接通冷凝水，以保证已蒸发的C_2H_5OH冷凝回流至封闭液处。

6. 实验前在冷阱内放足冰水，以防止和减少C_2H_5OH蒸气被抽入真空泵和排放到空气中。

7. 蒸气压与温度有关，故测定过程中恒温槽的温度波动需控制在±0.1K。

8. 注意抽气时先开启真空泵后打开体系与稳压包间的活塞；停止抽气时先关体系并使大气与真空泵相通，再关真空泵。

9. 使用真空泵时，特别是关真空泵时，一定要防止真空泵中的真空油被吸入大真空瓶中去，要保证稳压包上的活塞处于打开状态时才能切断真空泵的电源。

10. 实验结束后，将等位计缓缓平放，并用洗耳球吸出其中的气体，使C_2H_5OH缓缓流出，重复多次C_2H_5OH即全部流出。

11. 清理实验台，关掉冷凝水，拔掉电源插头。

七、数据记录及处理

1. 自行设计实验数据记录表格，正确记录全套原始数据并填入演算结果。

2. 计算蒸气压p时：$p=p'-E$。式中p'为室内大气压（由气压计读出后，加以校之值），E为压力测量仪上的读数。

3. 以测得的蒸气压p对温度T作图。在图上均匀读取8个点，列出相应的数据表，然后给出$\lg p$对$\frac{1}{T}$的图。

4. 从直线斜率计算出被测液体在实验温度范围内的平均摩尔汽化热及待测液体的正常沸点，并与文献值比较。

八、思考题

1. 在试验过程中，为什么要防止空气倒灌？如果在等位计A与B管之间有空气对测定沸点有何影响？

2. 怎样判断空气已被赶净？能否在加热情况下检查是否漏气？

3. 体系的平衡蒸气压是由什么决定的？与液体的量和容器的大小是否有关？

4. 等位计上配置的冷凝管其作用是什么？

九、讨论

1. 测定蒸气压的方法除本实验介绍的静态法外还有动态法，气体饱和法等。但以静态法准确性较高。

2. 若要把体系中的空气排出到环境中去，使得体系的气体部分几乎全部是由被测液体的蒸气所组成，可以通过对体系加热或减小环境的压力，把体系中的空气等惰性气体排出到环境中去。刚开始时，空气比较多，通过B管液体冒泡排出的速度较快，后来逐步减慢。当体系温度达到液体的沸点并且空气很少时，冒泡排出气体的速度比较慢并且均匀，此时冒泡排出的气体主要是饱和蒸气（这样就可以判断空气已被赶净）。

3. B管两侧的U形状液体所起到的作用如下。

① 起到一个液体活塞（或液封）的作用，用于分隔体系与环境。（同时通过该液体活塞，可将体系中的空气排除到环境中去）

② 起到检测压力的作用。（当B管两侧的液面等高时，说明体系的压力等于环境的压力，可以通过测量环境的压力来代表体系的压力）

③ 当B管两侧的液面等高时测定温度和压力的数据，也可保持多次测量数据时体系的体积几乎相等。

4. 影响实验成败的几个关键因素如下。

(1) 实验装置密封性的好坏。可以观察饱和蒸气压测定仪LED显示值是否变化，或者观察等位计封闭液两臂的高度差是否变化来判断实验装置的密封性。实验仪器之间若用新的厚臂橡胶管连接，接头处用真空脂密封旋紧，则很少发生漏气现象。若橡胶管产生老化现象则影响气密性，应予更新。

(2) 是否能适时调节真空泵的抽气速度。实验开始，启动真空泵对系统抽气时，必须使A—B间气体呈气泡状一个一个地通过封闭液。由于系统压力迅速降低，通过封闭液的气泡速度加快，此时必须及时旋转三通活塞G以调减抽气速度。

(3) 是否能掌握稳压包进气活塞H的使用技巧。当调节进气活塞H使B管两侧的液面等高时，往往因进气量太多使空气倒灌入A球，造成前功尽弃。最好的办法是对进气活塞H进行快速开、关的办法以控制每次的进气量。把进气活塞H进气玻璃管末端做成细长毛细管可以降低进气速度以控制每次进气量。

(4) 实验过程中冷凝水的作用是使被抽出的C_2H_5OH蒸气不断冷却回流补充封闭液。如果实验时气温太高，以自来水作为冷凝水则可能因水温较高而失去冷凝作用，导致封闭液迅速减少，这时必须采用低温冷凝水方可。

5. 为使环境的空气不会进入到体系中去，则需读测完温度和压差的数据以后，赶快给体系加热，或减小环境的压力。

6. 影响实验精确度，作图时线性不佳的主要因素如下。

(1) 温度波动误差的影响。液体蒸气压随温度的变化而变化，如果恒温槽温度波动超过±0.05℃的范围，将使测得的液体蒸气压数值产生较大误差。

(2) 初始测量时，若A、B管间空气未能驱尽。随着实验继续进行，恒温槽的温度逐步升高，A、B间的气体不断膨胀溢出封闭液，同时带走残存的空气，测得的蒸气压数值便接近真实值。所以，最先测得的1～2个数据往往偏差较大。

(3) 若等位计固定位置不垂直，读数时会产生误差；实验时大气压的波动也会带来一些误差。

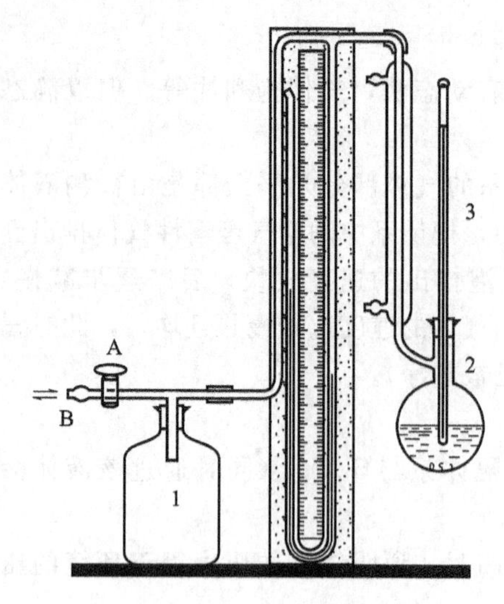

图 2-6-2　动态法蒸气压装置
1—缓冲瓶；2—圆底烧瓶；3—温度计

7. 动态法是利用测定液体沸点求出蒸气压与温度的关系，即利用改变外压测得不同的沸腾温度，从而得到不同温度下的蒸气压，对于沸点较低的液体，用该法测定蒸气压与温度的关系是比较好的，实验装置如图 2-6-2 所示。

(1) 实验步骤

测定时将待测液体倒入蒸馏瓶，并加入沸石少许。接通冷却水，打开活塞 A 用真空泵抽气，使体系压力减到大约 5.33×10^4 Pa，关闭活塞 A，停止抽气。加热液体至沸腾，直至温度恒定不变。记录沸点，室温大气压 p' 和 U 形压力计两臂水银面高度差 Δh（也可用低真空测压仪代替）。该温度下液体蒸气压为 $p=p'-\Delta h$。停止加热，慢慢打开活塞 A，增大体系压力约为 4.0×10^3 Pa，再用上述方法测定沸点。以后体系每增加 4.0×10^3 Pa 压力，就测定一次沸点，直至体系内压力与大气相等为止。

(2) 实验注意事项

① 温度计的水银球浸在液体中，对温度计读数须作露丝校正。

② U 形压力计读数需作温度校正，校正至 0℃时的读数。

8. 气体饱和法是利用一定体积的空气（或惰性气体）以缓慢的速率通过一个欲挥发的欲测液体，空气被该液体蒸气饱和。分析混合气体中各组分的量以及总压，再按道尔顿分压定律求算混合气体中蒸气的分压，即是该液体的蒸气压。此法也可测定固态易挥发物质如碘的蒸气压。它的缺点是通常不易达到真正的饱和状态，因此实验值偏低。故这种方法通常只用来求溶液蒸气压的相对降低。

实验七　微机测定金属相图

一、实验目的

1. 学会用步冷曲线法测绘 Pb-Sn 二组分金属相图。
2. 学会用金属相图测量装置测量温度的方法。
3. 学会使用微机采集并处理数据。

二、预习要求

1. 理解步冷曲线和二组分金属相图的绘制原理。
2. 理解产生过冷现象的原因及避免产生过冷现象的方法。
3. 了解本实验的电路连接方式。
4. 了解金属相图测量装置的使用方法。
5. 了解本实验的注意事项。

三、基本原理

相图是用几何图形来表示多相平衡体系中有哪些相、各相的成分如何，不同相的相对量是多少，以及它们随浓度、温度、压力等变量变化的关系图。对蒸气压较小的二组分凝聚体系，常以温度-组成图来描述。

热分析法是绘制相图常用的基本方法之一。其方法是通过观察体系在冷却（或加热）时温度随时间的变化情况来判断有无相变化发生。通常的做法是先将样品全部熔化，然后让其在一定的环境中自行冷却，并每隔一定的时间（例如 0.5min 或 1min）记录一次温度，以温度 T 为纵坐标，时间 t 为横坐标，做出温度-时间（T-t）曲线，即为步冷曲线。若体系均匀冷却时，冷却过程中不发生相变化，则体系的温度随时间的变化将是均匀的，则步冷曲线不出现转折或平台，冷却也较快。若冷却过程中发生了相变化，由于相变过程中伴随有热效应，所以体系温度随时间的变化速度将发生改变，体系的冷却速度减慢，步冷曲线就出现转折或平台。因而，从步冷曲线有无转折或平台，就可知道系统在冷却过程中有无相变化发生。测定一系列组成不同的样品的步冷曲线，从步冷曲线上找出各相对应体系发生相变的温度，就可绘制出被测系统的相图，如图 2-7-1 所示。

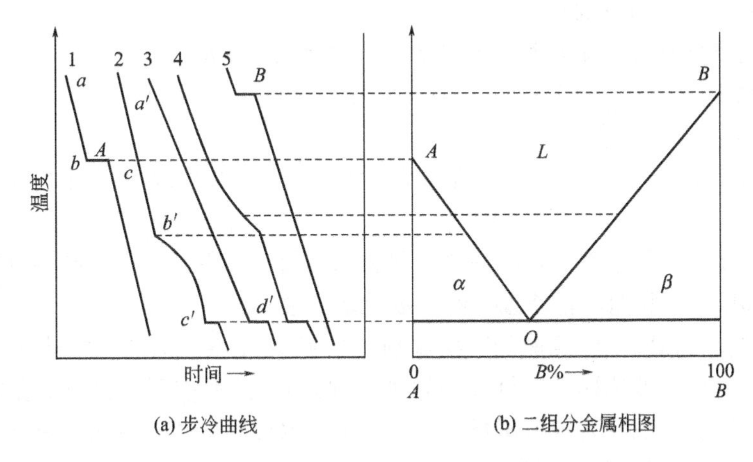

图 2-7-1 根据步冷曲线绘制相图

曲线 1、5 是纯物质的步冷曲线。当系统从高温冷却时，起始没有发生相变化，温度下降较快，步冷曲线较陡；冷到 A 的熔点时，固体 A 开始析出，系统出现两相平衡（固体 A 和溶液平衡共存），根据相律，$f^{*}=c-\Phi+1=1-2+1=0$，温度维持不变，步冷曲线出现 bc 的水平段；直到溶液完全凝固后，温度又继续下降。

曲线 2、4 是 A 与 B 组成的混合物的步冷曲线。与纯物质的步冷曲线不同。系统从高温冷却到温度 b'时，开始有固体 A 不断析出，这时体系呈两相，溶液中含 A 的量随之减小，由于不断放出凝固热，所以温度下降速度变慢，曲线的斜率变小（$b'c'$段）。当到了低共熔温度 c'时，固体 A、B 与组成为 B%的溶液三相平衡共存，根据相律，$f^{*}=c-\Phi+1=2-3+1=0$，系统温度不再改变，步冷曲线出现水平段 $c'd'$，直到液相完全凝固后，温度又继续下降。

曲线 3 是表示其组成恰为最低共熔混合物的步冷曲线，其图形与纯物质的步冷曲线 1、5 相似，但在水平段对应的温度时，系统是三相平衡共存。

用步冷曲线绘制相图是以横轴表示混合物的成分，在对应的纵轴标出开始出现相变（即步冷曲线上的转折点）的温度，把这些点连接起来即得相图。

图 2-7-1(b) 是一种形成简单低共熔混合物的二组分体系相图，图中 L 为液相区；β 为纯 B 和液相共存的二相区；α 为纯 A 和液相共存的二相区；水平段表示 A、B 和液相共存的三相共存线；水平线段以下表示纯 A 和纯 B 共存的二相区；O 为低共熔点。

四、仪器与试剂

微机测定金属相图装置［JX-3D金属相图测量装置，金属相图（步冷曲线）实验加热装置，微机］1套；石蜡油；铅（C·P）；锡（C·P）。

五、实验步骤

（1）配制样品

用感量为0.1g的天平配制不同质量分数的Pb-Sn混合物各100g（含量分别为0%、20%、40%、60%、80%、100%），分别装入1～6号硬质试管中，再加入少许石蜡油（约5mL），以防止金属在加热过程中接触空气而氧化。

（2）将仪器连接好，插上电源，将仪器预热2min。

（3）按下“设置”键，设定“JX-3D金属相图测量装置”的参数。一般情况下

C_1（加热到达的最高温度）设为400；

P_1（加热过程的加热功率）加热允许的最大功率设为500；

P_2（保温功率）设为40；

t_1（报警时间间隔）设为30；

n（设为“1”表示要求报警，蜂鸣器定时鸣响；设为“0”表示不要求报警，蜂鸣器不鸣响）。

（4）打开“金属相图”软件，找到“金属相图测绘”文件，点击“参数设定”按钮，使设定值与“JX-3D金属相图测量装置”的参数设定一致。

（5）调节“金属相图（步冷曲线）实验加热装置10A型”上的“加热选择”旋钮，使其白色箭头指向“1”（即选择了一号样品炉进行加热），然后按下“JX-3D金属相图测量装置”上的“加热”键，观察装置前面板上左显示屏上温度的变化，特别注意拐点和平台的出现，等到平台出现后一段时间，即按“停止”键，此时停止加热。

（6）再按下“保温”键，并且打开风扇1，让样品管中的样品开始缓慢冷却。与此同时，还要点击“金属相图测绘”中的“开始实验”按钮，此时“步冷曲线”按钮同时变灰，计算机就会随着二组分体系的自然冷却，绘制出相应的步冷曲线。等到出现平台后一段时间，点击“结束实验”按钮。

（7）用鼠标点击图中的拐点和平台位置，记录下“位置温度”。然后点击“图形清空”按钮。

（8）按照上述操作过程依次完成剩下的五个样品管中的样品测量实验，并记录数据。

（9）点击“相图绘制”按钮，依次输入记录的相应拐点和平台温度，点击“绘制相图”按钮，即可得到实验结果。

（10）点击“打印”按钮，将实验结果打印出来。

（11）最后点击“退出”按钮，试验结束。

六、实验注意事项

1. 电炉加热时注意温度不能升得过高，以防止石蜡油炭化和欲测金属样品氧化，否则体系的组成发生变化，故所加电压不宜过大，且待金属熔化后即需切断加热电流。

2. 体系的冷却速度不能太快，一般控制在5～7℃/min，才能得到较好的效果。

3. 不能在一个步冷曲线的测试中不断改变冷却速度（即环境的温度），否则达不到均匀冷却而直接影响实验结果。

4. 合金有两个转折点，必须待第二个转折点测完后方可停止实验，否则需重新测定。

七、数据记录和处理

1. 记录每个样品的拐点温度。
2. 按程序提示输入要采集的数据，点击“绘制相图”键绘制相图。

八、思考题

1. 何谓热分析法？用热分析法测绘相图时，应该注意些什么？
2. 用相律分析在各条步冷曲线上出现平台的原因？
3. 对于不同成分混合物的步冷曲线，其水平段有什么不同？
4. 为什么要控制冷却速度，不能使其迅速冷却？
5. 为什么在不同组成融熔液的步冷曲线上，最低共熔点的水平线段长度不同？
6. 样品融熔后为什么要保温一段时间再冷却？
7. 分析本实验的误差来源。

九、讨论

1. 对样品加热温度过高会产生不良后果

过高的温度会使覆盖样品的石蜡油沸腾、蒸发、分解炭化，污染空气和样品，使样品管壁变黑；会使石蜡油失去对样品的保护作用而导致样品氧化，对样品纯度和组成产生影响；会使热电偶玻璃套管内石蜡油汽化减失、分解炭化，影响热电偶的导热性，多次重复实验时应当在通电加热前查看玻璃套管内石蜡油的状况。

2. 对步冷曲线平台长短的分析

（1）单组分样品步冷曲线平台的长度取决于多种因素

① 样品熔点温度与环境温度的相对高低；

② 样品相变热的相对多少；

③ 保温加热炉的保温性能；

④ 样品的数量。

如果样品的熔点温度相对较高，散热快，相变热相对较少，保温加热炉的保温性能相对较差，样品的数量相对较少，则步冷曲线的平台相对较短；反之，则步冷曲线的平台相对较长。

（2）二组分样品步冷曲线平台的长度也取决于多种因素

① 样品相对组成；

② 样品的数量；

③ 低共熔混合物的熔点与环境的温差。

若二组分样品的组成越接近三相共熔体的组成，其步冷曲线的平台越长，若二组分样品的组成恰好等于低共熔混合物的组成，则其步冷曲线的平台最长；若二组分样品的组成越是远离低共熔混合物的组成，则其步冷曲线的平台越短。

3. 过冷现象

冷却过程中常出现过冷现象，使步冷曲线在转折处出现起伏，这种起伏为确定正常转折点带来麻烦和误差，如图 2-7-2 所示。

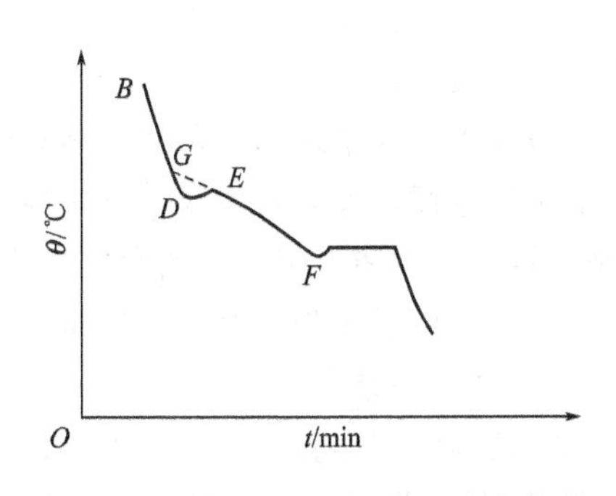

图 2-7-2 有过冷现象出现的步冷曲线

遇此情况可延长 FE 交曲线 BD 于 G 点，G 点即为正常转折点。为此，应当设法避免过冷现象的发生，在冷却过程中注意经常轻微转动样品管。

4. 步冷曲线

步冷曲线除了平台和转折处的起伏以外，还有凹凸之分。单组分无相变的冷却过程是纯粹的散热过程，由于样品的热量逐渐散发，与外界的相对温差逐渐变小，样品在单位时间内所降低的温度值越来越少。所以，步冷曲线随着时间的延长显得逐渐平缓，表现为向下凹进。如果二组分样品的组成正好等于三相共熔体的组成，其冷却过程中，除了在最低共熔点处产生平台和因出现过冷现象而出现起伏外，其他部分步冷曲线因为没有发生相变化，没有相变热产生，属于纯粹的散热过程，也表现向下凹进，而且随着时间的延长愈显平缓。其他二组分样品的冷却过程的步冷曲线，在出现第一次转折之前和在最低共熔点之后，都属于纯粹的散热过程，这部分步冷曲线均表现为向下凹进。在步冷曲线出现第一次转折之后，由于冷却过程中伴随固体不断析出，不断放出相变热而使样品散发的热量得到了部分补偿，样品冷却速度变慢，单位时间内降低了的温度值相对更少，使其步冷曲线上相应点的位置上移，从而使这段步冷曲线表现为向上凸出。

5. 其他

测定一系列成分不同样品的步冷曲线就可绘制相图。但在很多情况下随物相变化而产生的热效应很小，步冷曲线上转折点不明显，在这种情况下，需采用较灵敏的方法进行，另一方面目前实验所用的简单体系为 Cd-Bi，Bi-Sn，Pb-Zn 等，它们挥发的蒸气对人体健康有危害性，而且样品用量大，危害性更大。时间久了这些混合物难以处理。故实验改为热分析的另一种差热分析（DTA）法或差示扫描法（DSC）法。

十、文献值

Pb-Sn 体系中 Sn 的含量/%	0	20	40	60	80	100
熔点/℃	327	276	240	190	200	232
最低共熔点/℃	181（含锡量 63%）					

附：JX-3D 型微机测定金属相图实验系统

1. 程序按钮的含义说明

（1）“坐标设定”

X 轴表示时间坐标，Y 轴表示温度坐标，单位为度；设定 X 的宽度，坐标为 min；程序默认值分别为 50min；温度为 0～400℃。实验开始前可以设定坐标范围。

（2）“开始实验”

在实验前，初步估计实验所需时间，实验所需最高温度，点击开始按键，程序弹出菜单，请输入实验结果的保存文件名；做实验时，可将温度及时间坐标范围选宽一点，以完整记录实验过程，如需具体观察某一段温度曲线，可在实验结束后，用以下方法实现：首先用“坐标设定”按钮设定图形的参数，用“添加数据文件”按钮将实验结果显示出来。

提示：如果实验时温度超过所设定的最高温度，实验数据仍然保存在结果文件中。

（3）“实验结束”

观察到所需实验现象后，可点击实验结束按键，计算机自动保存实验结果，实验结果为一个“*.dat”的文件，其中的数据的数值为实际温度值乘以 10。

(4)“打印”

点击“打印”，将打印程序所显示的图形。需要指出的是：虽然图像可以缩放，但打印时仍然在一张纸上打印。

(5)“退出实验”

点击退出实验，退出实验。

(6)“串口选择”

根据计算机和仪器连接所用的串口，选择串口1或2或3或4，当所选无效时，系统将给出如下提示。

(7)点击画图区，则在左边的“位置温度”右侧的方框内显示鼠标所点击位置处的温度坐标。

(8)“图像放大”

点击可将图像逐渐放大，便于观看曲线。

(9)“图像缩小”

点击可将图像逐渐缩小，直到将曲线恢复到默认大小。

(10)“图像清空”

点击可将所绘图形清空。

2. 系统界面

金属相图

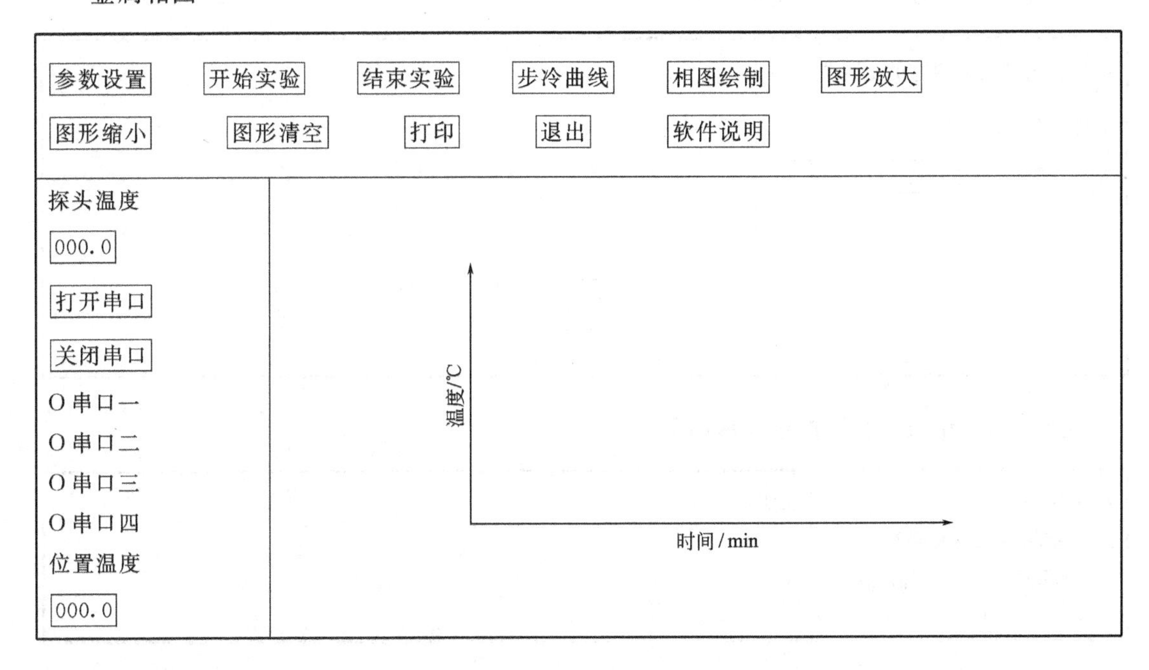

① 单击“参数设置”按钮，显示如下。

时间参数设置

请输入温度曲线的时间长度范围(≥40min)

[40]

[确定]

[取消]

单击“确定”显示如下。

温度参数设置

请输入温度曲线的温度最大值(＜1000)

[400]

[确定]

[取消]

单击“确定”显示如下：

温度参数设置

请输入温度曲线的温度最小值(＞0)

[0]

[确定]

[取消]

② 点击“开始实验”按钮显示如下。

选择实验结果要保存的文件夹 [?] [×]

文件名(N)：[0]

保存类型(T)：[数据文件(*.dat)]

[保存]

[取消]

③ 单击“结束实验”按钮显示如下。

操作提示 [×]

ⓘ要结束本次实验吗？

[确定] [取消]

④ 单击“相图绘制”按钮显示如下。

拐点温度输入

	温度	百分数
样品 1		
样品 2		
样品 3		
样品 4		
样品 5		
样品 6		
样品 7		
样品 8		

保存当前数据

打开数据文件

绘制相图

退出

点击“绘制相图”按钮系统自动绘制相图显示如下。

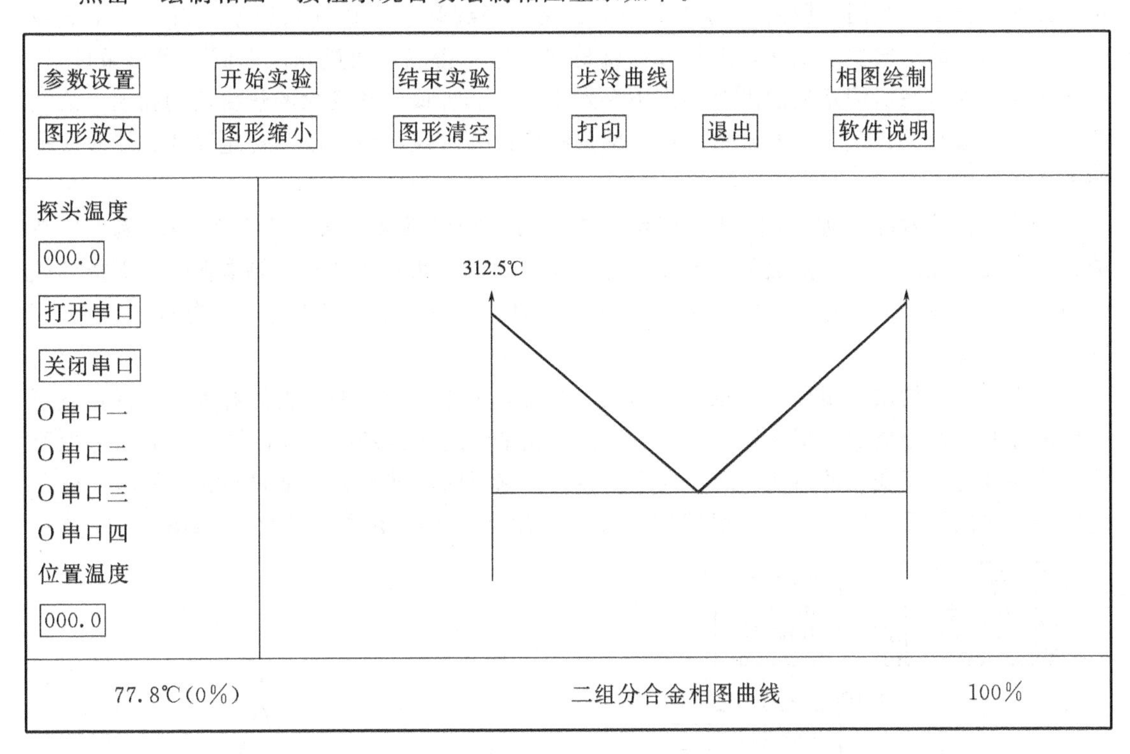

点击“打印”按钮，系统自动打印。

点击“退出”按钮，系统显示如下。

操作提示 ×

ⓘ你要退出本程序吗?

确定 取消

实验八 差热分析

一、实验目的

1. 掌握差热分析的基本原理。

2. 掌握差热分析仪的使用方法。

3. 学会用差热分析仪测定 $CuSO_4 \cdot 5H_2O$ 的差热图，并掌握定性解释差热图谱的基本方法。

二、预习要求

1. 了解差热分析的基本原理及定性处理的基本方法。

2. 掌握差热分析仪的使用方法；了解影响差热分析的因素。

三、实验原理

1. 差热分析的基本原理

许多物质在加热或冷却过程中，当达到某一温度时，往往会发生熔化、凝固、晶型转化、分解、化合、吸附、脱附等物理或化学变化，伴随有吸热和放热现象，因而产生热效应，反映物系的焓发生了变化。差热分析就是利用这一特点，通过测定在同一受热条件下，试样与参比物（在所测定的温度范围内不会发生任何物理或化学变化的热稳定的物质）之间温差 ΔT 对温度 T 或时间 t 的函数关系来鉴别物质或确定组成结构以及转化温度、热效应等物理化学性质。

差热分析装置的原理如图 2-8-1 所示。该仪器结构包括放试样和参比物的坩埚、加热炉、温度程序控制单元、差热放大单元、记录仪单元以及两对相同材料热电偶并联而成的热电偶组。热电偶组分别置于试样 S 和参比物 R 的中心；用于测量试样与参比物间的温差 ΔT 以及试样的温度 T。

试样与参比物放入坩埚后，按一定的速率升温，如果试样与参比物热容大致相同，就能得到理想的差热分析图如图 2-8-2 所示，图中 T 线是温度线，是由插在试样中心的热电偶所反映的温度随时间变化的曲线。AH 线是差热线，它反映试样与参比物间的温差随时间变化的曲线。如试样无热效应发生，那试样与参比物间 $\Delta T=0$，在曲线上 AB、DE、GH 是平

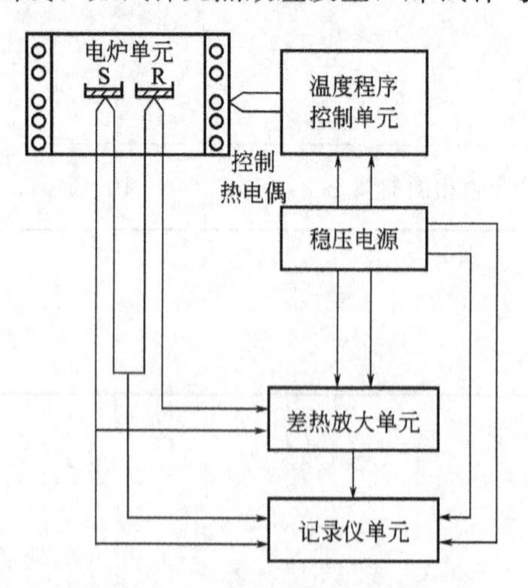

图 2-8-1 差热分析装置简单原理

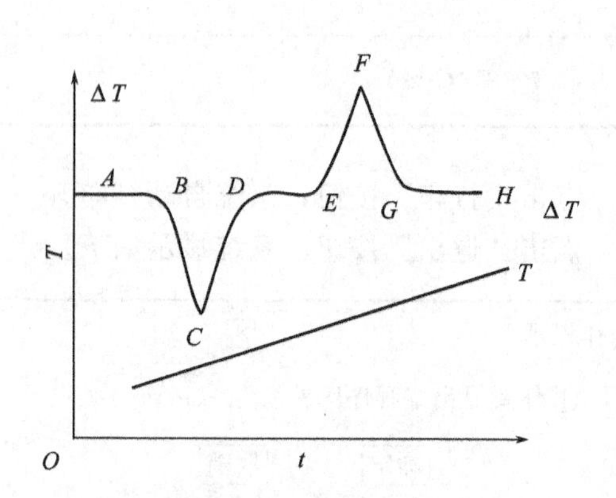

图 2-8-2 理想差热分析

滑的基线。当有热效应发生而使试样的温度将高于参比物，则出现如 BCD 峰顶向下的放热峰。反之，则出现峰顶向上的 EFG 为吸热峰。正确判断吸热峰还是放热峰与使用的仪器有关。

差热峰的数目、位置、方向、高度、宽度、对称性和峰面积是进行分析的依据。峰的数目代表在测定温度范围内，试样发生物理或化学变化的次数；峰的位置标志着试样发生变化的温度范围；峰的方向指示了过程是吸热还是放热；峰面积的大小反映了热效应的大小（在相同测定条件下）。峰高、峰宽及对称性除与测试条件有关外，往往还与样品变化过程的动力学因素有关。这样从差热图谱中峰的方向和面积可以测得变化过程的热效应（吸热或放热以及热量的数值）。实验中实际所测得的差热图比理想的差热图要复杂得多。

差热峰有三个转折点：B 为峰的起点，C 为峰的顶点，D 为峰的终点。可以在温度线上找到这三个点的相应温度 T_B、T_C 和 T_D。T_B 大体上代表了开始起变化的温度，因此常用 T_B 表征峰的位置。对于很尖锐的峰也常用 T_C 表示峰的位置。

2. 影响差热分析的因素

影响差热分析的因素有两个方面。一是仪器因素，如炉子的大小与形状、样品支架的材料与形状、热电偶尺寸与位置、炉气氛及加热速度等。二是样品因素，如参比物的选择，试样粒度、用量及充填的密度等。对于实验来说，影响差热结果的主要因素有以下几条。

（1）升温速率

升温速率对测定结果影响较大。一般来说低的升温速率使差热曲线有较小的基线移漂，所得峰形显得矮而宽，可以分辨出靠得很近的差热峰，因而分辨力高，但每次测定需要较长时间。升温速率高时，峰形比较尖锐，测定时间较短，但基线漂移明显，与平衡条件相距较远，出峰温度误差较大，分辨能力也下降。在实际测定时，要恰当选择加热速率（一般选择每分钟 2～20℃）。

（2）参比物的选择

选作参比物的物质要求在整个测温范围内保持良好的热稳定性，不会出现能产生热效应的任何变化，并应尽可能选用与样品的比热，导热系数相近的材料作参比物。常用的参比物有煅烧过的 α-Al_2O_3，MgO，石英砂等。

（3）样品处理

样品用量与热效应大小及峰间距有关（一般为几毫克），有时为使试样与参比物热性质相似，可在试样中掺入参比物（为试样量的 1～2 倍），这样不仅可以节省样品，更重要的是可以得到比较尖锐的峰，并能分辨靠得很近的相邻的峰。样品过多，往往会使峰形成“大包”，并使相邻的峰相互重叠而无法分辨。另外，样品的粒度大约为 200 目左右，颗粒小可以改善导热条件，但太细可能破坏晶格或分解。

（4）走纸速度

走纸速度大则峰的面积大、面积误差可小些，但峰的形状平坦且浪费纸张。走纸速度太小，对原来峰面积小的差热峰不易看清楚。因此要根据不同样品选择适当的走纸速度。如本实验中选择 600nm/h。

从理论上讲，差热曲线中峰面积 S 的大小与试样所产生的热效应 ΔH 大小成正比，即 $\Delta H=KS$，K 为比例常数，将未知试样与已知热效应物质的差热峰面积相比，就可求出未知试样的热效应。实际上，由于样品和参比物间往往存在着比热、导热系数、粒度、装填紧密程度等方面的不同，在测定过程中又由于熔化、分解、转晶等物理或化学性质的改变，未知物试样和参比物的比例常数 K 并不相同，故用它来进行定量计算误差极大。但差热分析可用于鉴别物质，与 X 射线衍射、质谱、色谱、热重分析等方法配合可确立物质的组成，结构以及反应动力学等方面的研究。

四、仪器与试剂

CDR-1 型差动热分析仪 1 台；交流稳压电源 1 台；镊子 2 把；

洗耳球 1 个；$CuSO_4 \cdot 5H_2O$（A. R.，粒度约为 200 目）；

α-Al_2O_3（A. R.，粒度约为 200 目）

五、实验步骤

1. 零位调整

转动电炉上的手柄把炉体向前方转出。取两个空的铂坩埚。分别放在样品杆上部的两个托盘上，将炉底转回原处（检查是否确实回到原处，否则样品杆会折断）。再轻轻地向下摇到底，开启水源使水流畅通，把升温方式选择在升温位置。开启电源开关（差动单元开关不开）并接通电源后，如发现温度程序控制单元上的偏差指示的指针在满标处，则转动“手动”旋钮使偏差指示在零位附近。“手动”旋钮转动时必须先把速度选择开关放在二档速度之间，否则无法转动。

仪器预热 20min 后将差热放大器单元的量程选择开关置于“短路”位置。“差动/差热”选择开关置于“差热”位置。转动“调零”旋钮，使差热指示仪表指在“0”位。

2. 差热（DTA）测量步骤

（1）在两个铂坩埚中分别称取样品 $CuSO_4 \cdot 5H_2O$ 和参比物 α-Al_2O_3（约 6～7mg）。打开电炉，将样品坩埚放在样品杆上的左侧托盘上，参比物坩埚放在右侧的托盘上。转动手柄，轻轻地放下加热炉体。

（2）开冷却水，并保持畅通（流量约为 200～300mL/min）。

（3）在空气气氛下，把升温速率选择在 10℃/min 一挡，接通电源，按下“工作”旋钮，让电炉温度按给定要求升温。

（4）开启记录仪，选择走纸速度为 600nm/h。

（5）待相变峰出完后，停止工作，抬起记录笔，关闭记录仪、差热放大单元、温度程序控制单元并切断总电源，最后关闭冷却水源。

测定差热曲线二次。

六、实验注意事项

1. 试样需研磨成与参比物粒度相仿（约 200 目），两者装填在坩埚中的紧密程度应尽量相同。研磨 $CuSO_4 \cdot 5H_2O$ 时不可用力过猛，以免因摩擦放热而造成样品失水。

2. 在欲放下炉体时，务必先把炉体转回原处（即样品杆要位于炉体的中心）才能摇动手柄，否则会弄断样品杆。

3. 通电加热电炉前，需先打开冷却水源。

七、数据记录及处理

1. 指出样品差热图中各峰的起始温度和峰温。

2. 讨论各峰所对应的可能变化。

八、思考题

1. 差热分析与简单热分析（步冷曲线法）有何异同？

2. 为什么用慢的升温速度所得的结果比较准确?

3. 在实验中为什么要选择适当的样品量和适当的升温速率?

4. 测温热电偶插在试样中和插在参比物中，其升温曲线是否相同?

九、讨论

本实验的测试样品为 $CuSO_4 \cdot 5H_2O$，其失水过程为

$$CuSO_4 \cdot 5H_2O \longrightarrow CuSO_4 \cdot 3H_2O \longrightarrow CuSO_4 \cdot H_2O \longrightarrow CuSO_4$$

从失水过程看失去最后一个水分子显得比较困难，$CuSO_4 \cdot 5H_2O$ 中各水分子的结合力不完全一样，如果与 X 射线仪配合测定，就可测出其结构为 $[Cu(H_2O)_4]SO_4 \cdot H_2O$。最后失去一个水分子是以氢键键合在 SO_4^{2-} 上的，所以失去困难。

实验九 分光光度法测定弱电解质的电离常数

一、实验目的

1. 测定甲基红的电离常数，掌握一种测定弱电解质电离常数的方法。

2. 掌握 722 型分光光度计的测试原理和使用方法。

3. 掌握 PHS-3C 型酸度计的工作原理和使用方法。

二、预习要求

1. 了解分光光度法的原理。

2. 了解 722 型分光光度计的使用方法。

3. 了解 PHS-3C 酸度计的使用方法。

三、实验原理

弱电解质的电离常数测定方法很多，如电导法、电位法、分光光度法等。本实验是用分光光度法测定弱电解质（甲基红）的电离常数。由于甲基红本身带颜色，而且在有机溶剂中电离度很小，所以用一般的化学分析方法或其他物理化学方法进行测定都有困难。但用分光光度法可不必将其分离，且能同时测定两组分的浓度。甲基红在溶液中的电离可表示为

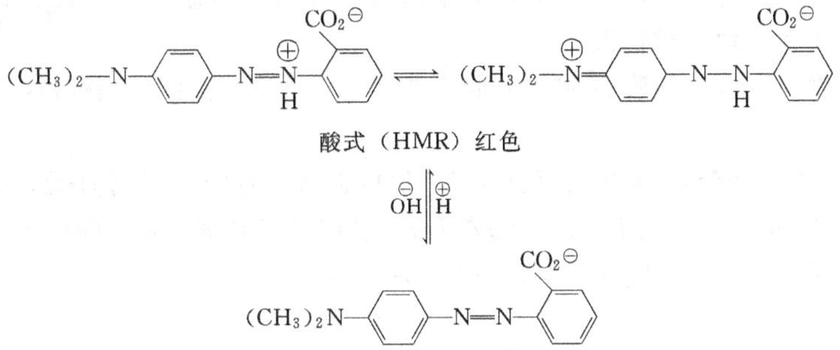

酸式（HMR）红色

$\overset{\ominus}{OH}$ ⇅ $\overset{\oplus}{H}$

碱式（MR^-）黄色

简写为

$$\underset{酸式}{HMR} \rightleftharpoons H^+ + \underset{碱式}{MR^-}$$

则其电离平衡常数 K_c 表示为

$$K_c = \frac{[H^+][MR]}{[HMR]} \tag{2-9-1}$$

或

$$pK = pH - \log\frac{[MR]}{[HMR]} \tag{2-9-2}$$

由式(2-9-2) 可知，通过测定甲基红溶液的 pH，再根据分光光度法（多组分测定方法）测得［MR^-］和［HMR］值，即可求得 pK。

根据朗伯-比耳（Lanbert-Bear）定律，溶液对单色光的吸收遵守下列关系式：

$$A=-\lg\frac{I}{I_0}=klc \tag{2-9-3}$$

式中，A 为吸光度；I/I_0 为透光率；k 为摩尔吸光系数，它是溶液的特性常数；l 为溶液的厚度；c 为溶液浓度。

波长为 λ 的单色光通过任何均匀而透明的介质时，由于物质对光的吸收作用而使透射光的强度 I 比入射光的强度 I_0 要弱，其减弱的程度与所用的波长 λ 有关。在分光光度分析中，将每一种单色光，分别、依次地通过某一溶液，测定溶液对每一种光波的吸光度。以吸光度 A 对波长 λ 作图，就可以得到该物质的分光光度曲线，或吸收光谱曲线。如图 2-9-1 所示。由图可以看出，对应于某一波长有着一个最大的吸收峰，用这一波长的入射光通过该溶液就有着最佳的灵敏度。

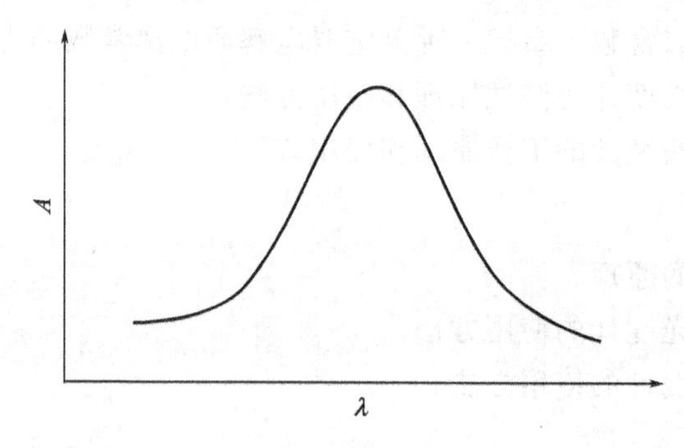

图 2-9-1 分光光度曲线

从式(2-9-3) 可以看出，对于固定长度的吸收槽，在对应最大吸收峰的波长 λ 下，测定不同浓度 c 的吸光度，就可以作出线性的 A-c 线，这就是光度法定量分析的基础。也就是说，在该波长时，若溶液遵守朗伯-比耳定律，则可以选择这一波长来进行定量分析。

以上讨论是对于单组分溶液的情况，如果溶液中含有多种组分，情况就比较复杂，要进行分别讨论，大致有下列四种情况。

(1) 若两种被测定组分的吸收曲线彼此不相重合，情况较简单，就等于分别测定两种单组分溶液。

(2) 当溶液中两种组分 a、b 各具有特征的光吸收曲线，且均遵守朗伯-比耳定律，但吸收曲线部分重合，则两组分 ($a+b$) 溶液的吸光度应等于各组分吸光度之和，即吸光度具有加和性。

根据朗伯-比耳定律，假定吸收槽长度一定时，则

$$\left.\begin{array}{ll}\text{对于单组分 a} & A_{\lambda}^{a}=k_{\lambda}^{a}c_{a}\\ \text{对于单组分 b} & A_{\lambda}^{b}=k_{\lambda}^{b}c_{b}\end{array}\right\} \tag{2-9-4}$$

则混合溶液在波长分别为 λ_a 和 λ_b 时的吸光度 $A_{\lambda_a}^{a+b}$ 和 $A_{\lambda_b}^{a+b}$ 可表示为

$$A_{\lambda_a}^{a+b}=A_{\lambda_a}^{a}+A_{\lambda_a}^{b}=k_{\lambda_a}^{a}c_a+k_{\lambda_a}^{b}c_b \tag{2-9-5}$$

$$A_{\lambda_b}^{a+b}=A_{\lambda_b}^{a}+A_{\lambda_b}^{b}=k_{\lambda_b}^{a}c_a+k_{\lambda_b}^{b}c_b \tag{2-9-6}$$

此处 $A_{\lambda_a}^{a}$、$A_{\lambda_a}^{b}$、$A_{\lambda_b}^{a}$、$A_{\lambda_b}^{b}$ 分别代表 λ_a 及 λ_b 时组分 a 和 b 的吸光度。由式(2-9-5) 得

$$c_b=\frac{A_{\lambda_a}^{a+b}-k_{\lambda_a}^{a}c_a}{k_{\lambda_a}^{b}} \tag{2-9-7}$$

将式(2-9-7) 代入式 (2-9-6) 得

$$c_a=\frac{A_{\lambda_b}^{a+b}k_{\lambda_a}^{b}-A_{\lambda_a}^{a+b}k_{\lambda_b}^{b}}{k_{\lambda_b}^{a}k_{\lambda_a}^{b}-k_{\lambda_b}^{b}k_{\lambda_a}^{a}} \tag{2-9-8}$$

式中，$k_{\lambda_a}^{a}$，$k_{\lambda_a}^{b}$，$k_{\lambda_b}^{a}$ 和 $k_{\lambda_b}^{b}$ 分别表示单组分在波长为 λ_a 和 λ_b 时的 k 值。而 λ_a 和 λ_b 可以通过测定单组分的光吸收曲线，分别求得其最大吸收波长。如在该波长下，各组分均遵守朗伯-比耳定律，则其测得的吸光度与单组分浓度应为线性关系，直线的斜率即为 k 值，再通过两组分的混合溶液可以测得 $A_{\lambda_a}^{a+b}$ 和 $A_{\lambda_b}^{a+b}$，根据式(2-9-7)、式(2-9-8) 两式可以求出混合溶液中组分 a 和组分 b 的浓度。

(3) 若两种被测定组分的吸收曲线相互重合，而又不遵守朗伯-比耳定律。

(4) 混合溶液中含有未知组分的吸收曲线。

(3) 与 (4) 两种情况比较复杂，这里不作讨论。

由于本实验中的体系的分光光度曲线属于上述讨论中的第二种类型，因此可用分光光度法通过式 (2-9-7)、式(2-9-8) 可以求出 [MR^-] 和 [HMR] 的值，再测定溶液的 pH，即可求得甲基红的电离常数。

四、仪器与试剂

722 型分光光度计　1 台；　　PHS-3C 型酸度计　1 台；
容量瓶 (100mL) 7 只；　　量筒 (100mL) 1 个；
烧杯 (100mL) 4 只；　　移液管 (25mL) 2 支；
移液管 (10mL) 3 支；　　洗耳球　1 个；
95%乙醇 (A. R.)；　　0.04mol/L CH_3COONa 溶液；
0.1mol/L HCl 溶液；　　0.01mol/L CH_3COONa 溶液；
0.02mol/L CH_3COOH 溶液；　　0.01mol/L HCl 溶液

五、实验步骤

1. 溶液制备

(1) 甲基红溶液：0.5g 晶体甲基红溶于 300mL 95%的乙醇中，用蒸馏水稀释至 500mL。

(2) 标准甲基红溶液：取 8mL 上述配好的溶液加 50mL 95%的乙醇，用蒸馏水稀释至 100mL。

(3) 溶液 A：取 10mL 标准甲基红溶液，加 10mL 0.1mol/L HCl，用蒸馏水稀释至 100mL。此溶液的 pH 约为 2，甲基红以酸式存在。

(4) 溶液 B：取 10mL 标准甲基红溶液，加 25mL 0.04mol/L CH_3COONa 溶液，用蒸馏水稀释至 100mL。此溶液的 pH 约为 8，甲基红以碱式存在。

2. 测定甲基红酸式和碱式的最大吸收波长

把溶液 A、溶液 B 和空白溶液 (蒸馏水) 分别放入三个洁净的比色槽内，测定吸收光谱曲线。在 360～620nm 之间每隔 10nm 测定一次 (每改变一次波长都要先用空白溶液校正)。由所测得的吸光度 A 与 λ 绘制 A～λ 曲线，从而求得溶液 A 和溶液 B 的最大吸收波长 λ_a 和 λ_b。

3. 检验 HMR 和 MR^- 是否符合朗伯-比耳定律并测定它们在 λ_a 和 λ_b 下的摩尔吸光系数。

将 A 溶液用 0.01mol/L HCl 稀释至开始浓度的 0.75 倍，0.50 倍，0.25 倍。B 溶液用 0.01mol/L NaAc 稀释至开始浓度的 0.75 倍，0.50 倍，0.25 倍。并在溶液 A，溶液 B 的最

大吸收峰波长 λ_a，λ_b 处测定上述各溶液的吸光度。如果在 λ_a，λ_b 处上述溶液符合朗伯-比耳定律，则可得到四条 A-c 直线，由此可求出 $k_{\lambda_a}^a$，$k_{\lambda_a}^b$，$k_{\lambda_b}^a$ 和 $k_{\lambda_b}^b$。

4. 测定混合溶液的总吸光度及其 pH

(1) 配制四个混合液

① 10mL 标准甲基红溶液＋25mL 0.04mol/L NaAc＋50mL 0.02mol/L HAc 加蒸馏水稀释至 100mL。

② 10mL 标准甲基红溶液＋25mL 0.04mol/L NaAc＋25mL 0.02mol/LHAc 加蒸馏水稀释至 100mL。

③ 10mL 标准甲基红溶液＋25mL 0.04mol/L NaAc＋10mL 0.02mol/L HAc 加蒸馏水稀释至 100mL。

④ 10mL 标准甲基红溶液＋25mL 0.04mol/L NaAc＋5mL 0.02mol/L HAc 加蒸馏水稀释至 100mL。

(2) 用 λ_a，λ_b 的波长测定上述四个溶液的总吸光度。

(3) 用酸度计测定上述四个溶液的 pH。

六、实验注意事项

1. 使用 722 型分光光度计时，为了延长光电管的寿命，在不进行测定时，应将暗室盖子打开。仪器连续使用时间不应超过 2h，如使用时间长，则中途需间歇 0.5h 再使用。

2. 酸度计应预热 20～30min 后再进行测定。

3. 取用比色皿时，用手捏住毛玻璃的两面，比色皿每次使用完毕后，应用蒸馏水洗净并揩干，存放于比色皿盒中，并且每台仪器配用的比色皿不得互换使用。

4. 酸度计中所用到的玻璃电极，前端玻璃很薄，容易破碎，切不可与任何硬东西相碰。

七、数据记录及处理

1. 作溶液 A、溶液 B 的吸收光谱曲线，并由曲线求出最大吸收波长 λ_a 和 λ_b。

2. 将在波长 λ_a 和 λ_b 下测得的溶液 A、溶液 B 的吸光度对浓度作图，得到四条 A-c 直线，求出四个摩尔吸光系数 $k_{\lambda_a}^a$，$k_{\lambda_a}^b$，$k_{\lambda_b}^a$ 和 $k_{\lambda_b}^b$。

3. 由所测得的混合溶液的总吸光度，根据式(2-9-7)、式(2-9-8)，求出混合溶液中 A，B 的浓度 c_A，c_B。

4. 根据所测得的 pH，按式(2-9-2) 求出各混合溶液中甲基红的电离常数。

八、思考题

1. 制备溶液时，加入 HCl、HAc、NaAc 溶液各起到什么作用?

2. 用分光光度计进行测定，为什么要用空白溶液校正零点? 理论上应该用什么溶液作为空白溶液? 本实验中用的是什么? 为什么?

九、讨论

本实验是利用分光光度法来研究溶液中的化学反应平衡问题，较传统的化学法、电动势法研究化学平衡更为简便。它的应用不局限于可见光区，也可以扩大到紫外和红外区，所以对于一系列没有颜色的物质也可以应用。此外，也可以在同一样品中对两种以上的物质同时进行测定，而不需要预先进行分离。故在化学中得到广泛的应用，不仅可测定解离常数、缔合常数、配合物组成及稳定常数，还可研究化学动力学中的反应速率和机理。

电化学部分

实验十 离子迁移数的测定

一、实验目的

1. 用希托夫（Hittorf）法测定 $CuSO_4$ 溶液中 Cu^{2+} 和 SO_4^{2-} 的迁移数。
2. 了解希托夫法测定迁移数的原理和方法。

二、预习要求

1. 理解离子迁移数的概念及希托夫法测定离子迁移数的原理。
2. 了解直型迁移管的构造及其测定离子迁移数的原理。

三、实验原理

通电于电解质溶液，溶液中的正、负离子分别向阴、阳两极移动，在两电极上发生氧化还原反应。反应物质的量与所通过的电量呈正比（法拉第定律）。整个导电任务是由正负离子共同承担的，通过溶液的总电量等于正负离子迁移电量之和。如果正负离子的迁移速率不同，所带电荷不等，那么它们在迁移电量时所分担的分数也不同，把离子 B 所运载的电流与总电流之比称为离子 B 的迁移数。用符号 t_B 表示。

$$t_B = \frac{I_B}{I} \tag{2-10-1}$$

t_B 是无量纲量。根据迁移数的定义，则正负离子的迁移数分别为

$$\left.\begin{aligned} t_+ &= \frac{I_+}{I} = \frac{r_+}{r_+ + r_-} \\ t_- &= \frac{I_-}{I} = \frac{r_-}{r_+ + r_-} \end{aligned}\right\} \tag{2-10-2}$$

式中，r_+、r_- 分别为正、负离子的移动速率。

由于正负离子处于同样的电位梯度中，因此式(2-10-2) 又可写作

$$\left.\begin{aligned} t_+ &= \frac{U_+}{U_+ + U_-} \\ t_- &= \frac{U_-}{U_+ + U_-} \end{aligned}\right\} \tag{2-10-3}$$

式中，U_+，U_- 相当于单位电位梯度（1V/m）时离子的运动速率，称为离子迁移率，或离子淌度。单位为 $m^2/(s \cdot V)$。从式(2-10-2) 和式(2-10-3) 可得

$$\frac{t_+}{t_-} = \frac{r_+}{r_-} = \frac{U_+}{U_-} \tag{2-10-4}$$

$$t_+ + t_- = 1 \tag{2-10-5}$$

希托夫法是离子迁移数的测定的最常用的方法之一，它是根据电解前后，两电极区电解质数量的变化来求算离子的迁移数。

在通电于电解质溶液中所引起的电极附近浓度变化的原因有二：一是电极反应，二是离子的迁移。因此如果用分析的方法求知电极附近部分电解质浓度的变化，再用电量计测定了电解过程中通过的总电量，就可以依物料平衡算出离子迁移数。

以 Cu 为电极电解 $CuSO_4$ 溶液为例，电解后，阳极附近 Cu^{2+} 的浓度变化由两种原因引起，Cu^{2+} 的迁出；Cu 阳极发生氧化反应生成 Cu^{2+}。

$$\frac{1}{2}Cu(s)-e \longrightarrow \frac{1}{2}Cu^{2+}$$

Cu^{2+} 的物质的量变化为(阳极区)

$$n_{后}=n_{前}+n_{电}-n_{迁} \tag{2-10-6}$$

式中，$n_{前}$ 为电解前阳极区存在的 Cu^{2+} 的物质的量；$n_{后}$ 为电解后阳极区存在的 Cu^{2+} 的物质的量；$n_{电}$ 为电解过程电量计电极反应的物质的量；$n_{迁}$ 为电解过程中 Cu^{2+} 迁出阳极区的物质的量。

$n_{后}$，$n_{前}$ 和 $n_{电}$ 均可由实验测出，即：

$$n_{迁}=n_{前}+n_{电}-n_{后} \tag{2-10-7}$$

因此

$$t_{Cu^{2+}}=\frac{n_{迁}}{n_{电}} \tag{2-10-8}$$

$$t_{SO_4^{2-}}=1-t_{Cu^{2+}} \tag{2-10-9}$$

四、仪器与试剂

直形迁移管　1支；　　　　　　　　铜电量计　1套；
直流稳压电源（0～50V，1A）1台；　毫安培计（0～50mA）　1个；
碱式滴定管　1支；　　　　　　　　带塞锥形瓶（250mL）　4只；
0.05mol/L $CuSO_4$ 溶液；　　　　1mol/L HAc 溶液；
0.0500mol/L $Na_2S_2O_3$ 标准溶液；　10%KI 溶液；
无水乙醇（A. R.）；　　　　　　　淀粉指示剂

五、实验步骤

（1）洗净直形迁移管，用 0.05mol/L $CuSO_4$ 溶液荡洗 2 次，盛以 $CuSO_4$ 溶液（注意迁移管活塞以下的尖端部分也要冲洗并充满 $CuSO_4$ 溶液），将迁移管直立夹持，并把已处理清洁的两电极浸入（浸入前也要用少量 $CuSO_4$ 溶液冲洗），阳极插入管底，两极间的距离约为 20cm 左右（电极上若有空气泡应设法除去，以免通电时气泡上升而搅动溶液），最后调整管内 $CuSO_4$ 溶液的量，使阴极在液面下约 4cm 左右。

（2）将铜电量计中阴极铜片取下，（铜电量计中有三片铜片，中间那片为阴极）。先用细纱纸磨光，除去表面氧化层，用水冲洗，浸入 1mol/L HNO_3 溶液中几分钟，然后用蒸馏水冲洗，用酒精淋洗并吹干（注意温度不能过高，以免铜氧化），冷却后在分析天平上称重，装入电量计中。

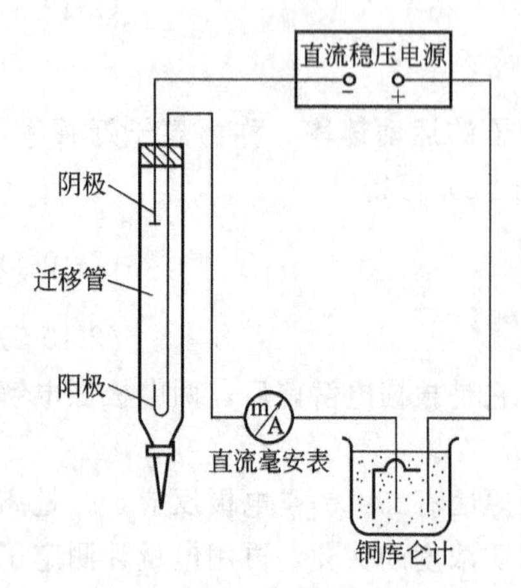

图 2-10-1　迁移数测定装置

（3）按图 2-10-1 接好线路，注意阴、阳极的位置切勿弄错，调节电流强度约 18mA，连续通电 90min（通电时需注意电流稳定，并防止振动），并记下平均室温。

（4）停止通电后，从电量计中取出阴极铜片，用水冲洗后，淋以酒精并吹干，冷却后称其质量。

（5）将迁移管中的溶液以 4∶1∶1∶4 的体积比例分为“阳极区”，“近中阳极区”，“近中阴极区”和“阴极区”四部分，并分别从管底缓慢放入 4 个已编号、称量过的清洁干燥的锥形瓶中（溶液放出的速度应极缓慢，不可开大活塞任其倾注），再称量各锥形瓶。

（6）每瓶中各加10%KI溶液10mL，1mol/L HAc溶液10mL，用标准$Na_2S_2O_3$溶液滴定至淡黄色后，加入淀粉指示剂1mL，溶液立即呈蓝色，继续滴至蓝色刚好褪去。

六、实验注意事项

1. 在本实验中，各部分溶液的划分极为重要，阳极区在下、阴极区在上，即利用重力关系，以防止其混合。所通电流不应太大，以免管内溶液因受热而对流。实验前后，近中阳极区，近中阴极区的溶液浓度不变。因而阳极区与阴极区的溶液不可错划入中部，会引入误差。如果近中阳极区与近中阴极区的分析结果，相差甚大，即表示溶液分层不符要求，实验应重做。

2. 实验过程中凡是能引起溶液扩散，搅动，对流等因素必须避免。电极阴、阳极的位置不能颠倒，迁移管活塞下端以及电极上都不能有气泡，所通电流不能太大等。

七、数据记录及处理

1. 由电量计中阴极铜片所增加的质量，算出Cu阳极溶入阳极区溶液中的物质的量（$n_电$）

$$n_电=\frac{阴极铜片的增量}{铜的摩尔质量}$$

2. 由“近中阳极区”及“近中阴极区”的分析结果计算每克水中所含的$CuSO_4$的质量(g)，计算公式为

$$[V/\mathrm{mL}\times c/(\mathrm{mol/L})]_{Na_2S_2O_3}\times\frac{159.6}{1000}=CuSO_4\ 的质量(g)$$

$$溶液质量-CuSO_4\ 的质量=水的质量\ (g)$$

$$每克水中所含\ CuSO_4\ 的质量(g)=\frac{CuSO_4\ 的质量(g)}{水的质量(g)}$$

由于中极区溶液在通电前后浓度不变，因此其值应为原$CuSO_4$溶液的浓度，若两者的计算结果相差很远，则实验需重做。

3. 通过阳极区溶液滴定的结果，计算出通电后阳极区溶液中所含$CuSO_4$的物质的量（$n_后$），同时计算出通电前阳极区溶液中所含的水的质量。

4. 根据2：中计算所得的值，求出通电前阳极区溶液中所含的$CuSO_4$的物质的量（$n_前$）。

5. 把以上计算结果代入式(2-10-7)求出$n_迁$，计算出阳极区的$t_{Cu^{2+}}$和$t_{SO_4^{2-}}$。

6. 计算阴极区的$t_{Cu^{2+}}$和$t_{SO_4^{2-}}$，与阳极区的计算结果进行比较。

八、思考题

1. 0.1mol/L KCl和0.1mol/L NaCl中Cl^-迁移数是否相同？为什么？

2. 如以阴极区电解质溶液的浓度变化计算，那么迁移数计算公式应该如何？

3. 影响本实验的因素有哪些？

九、讨论

由实验所得的迁移数，称为希托夫迁移数（又称为表现迁移数）。计算过程中假定水是不移动的，由于离子水化作用，离子迁移时实际上是附着水分子的，所以由于阴、阳离子水化程度的不同，在迁移过程中会引起浓度的改变。若考虑到水的移动对浓度的影响，算出阳离子或阴离子实际上迁移的数量，这样得到的迁移数称为真实迁移数。

实验十一 电导的测定及应用

一、实验目的

1. 用电导法测定电解质溶液的摩尔电导，计算弱电解质溶液的电离平衡常数。
2. 掌握电导率仪的使用方法。

二、预习要求

1. 了解溶液的电导，电导率和摩尔电导的概念。
2. 了解电导率仪的使用方法。

三、实验原理

电解质溶液是靠正负离子的迁移来传递电流，其导电能力与离子所带电荷、温度及溶液的浓度有关，因此通常用摩尔电导来衡量电解质溶液的导电能力。摩尔电导率 Λ_m 是指把含有 1mol 电解质的溶液置于相距为单位距离的电导池的两个平行电极之间，这时所具有的电导。Λ_m 与浓度 c 的关系为

$$\Lambda_m = \frac{k}{c} \tag{2-11-1}$$

在弱电解质溶液中，只有已电离的部分才能承担传递电量的任务。在无限稀释的溶液中可认为弱电解质已全部电离，此时溶液的摩尔电导率为 Λ_m^∞，可用离子的极限摩尔电导率相加而得。根据离子独立移动定律

$$\Lambda_m^\infty = \Lambda_{m,+}^\infty + \Lambda_{m,-}^\infty \tag{2-11-2}$$

$\Lambda_{m,+}^\infty$ 与 $\Lambda_{m,-}^\infty$ 分别表示正、负离子在无限稀释时的摩尔电导率。而一定浓度下电解质的摩尔电导率 Λ_m 与无限稀释溶液中的摩尔电导率 Λ_m^∞ 是有差别的，由两个因素造成，一是电解质的不完全离解，二是离子间存在着相互作用力，所以 Λ_m 通常称为表观摩尔电导率。

$$\frac{\Lambda_m}{\Lambda_m^\infty} = \alpha \frac{U_+ + U_-}{U_+^\infty + U_-^\infty} \tag{2-11-3}$$

假定离子淌度随浓度的变化可忽略不计，即 $U_+^\infty = U_+$、$U_-^\infty = U_-$，则

$$\frac{\Lambda_m}{\Lambda_m^\infty} = \alpha \tag{2-11-4}$$

对于 AB 型弱电解质，当它在溶液中电离达到平衡时，其电离常数 K_c，与浓度 c 及电离度 α 有如下关系

$$K_c = \frac{c\alpha^2}{1-\alpha} \tag{2-11-5}$$

$$K_c = \frac{c\Lambda_m^2}{\Lambda_m^\infty(\Lambda_m^\infty - \Lambda_m)} \tag{2-11-6}$$

在一定温度下，由实验测量不同浓度下的 Λ_m 值，可得到 K_c 值。

四、仪器与试剂

电导率仪 1台； 恒温槽 1台；
移液管（10mL）5支； 带塞（木塞）的试管 5支；
0.1000mol/L HAc 溶液

五、实验步骤

1. 调节恒温槽温度为（25±0.1）℃。

2. 按要求接通电导率仪（参阅本书第三篇仪器及其使用）。

3. 用移液管取 20mL 0.1mol/L 的 HAc 溶液放入清洁干燥的试管中，将电极先用电导水荡洗并用滤纸吸干（滤纸切勿触及铂黑!），然后用待测溶液冲洗后，放入待测液中恒温 10min，测量其电导率，重复 1 次。

4. 再用移液管从该溶液中吸取 10mL 溶液放入干净的试管中，加入 10mL 电导水作为下一个浓度的待测溶液，混合均匀，待温度恒定后，测其电导率。如此操作，共稀释 4 次。

倒去醋酸，洗净电导池，最后用电导水淋洗。注入 20mL 电导水，测其电导率。

实验完毕，将仪器复原，器皿洗净。

六、实验注意事项

1. 本实验配制溶液时，均需用电导水。

2. 测电导水的电导时，铂黑电极要用电导水充分冲洗干净，使用电极时不可互换。

3. 浓度和温度是影响电导的主要因素，故移液管应当清洁。温度对电导有较大影响，所以整个实验必须在同一温度下进行。每次用电导水稀释溶液时，需温度相同。因此可以预先把电导水装入锥形瓶，置于恒温槽中恒温。

七、数据记录及处理

已知 298.2K 时，无限稀释溶液中离子的无限稀释离子摩尔电导率 $\Lambda_{m(H^+)}^{\infty}=349.82\times10^{-4}s\cdot m^2/mol$，$\Lambda_{m(Ac^-)}^{\infty}=40.9\times10^{-4}s\cdot m^2/mol$。计算醋酸的 Λ_m^{∞}。

计算各浓度醋酸的电离度 α 和离解常数 K_c。

八、思考题

1. 本实验为什么要使用铂黑电极？使用铂黑电极应注意些什么？

2. 实验最后为什么要测定水的电导率？

九、讨论

1. 蒸馏水是电的不良导体。但由于溶有杂质，如二氧化碳和可溶性固体杂质，它的电导显得很大，影响电导测量的结果，因而需对蒸馏水进行处理。处理的方法是：向蒸馏水中加入少量高锰酸钾，用硬质玻璃烧瓶进行蒸馏。本实验要求水的电导率应小于 $1\times10^{-4}S/m$。

2. 铂电极镀铂黑的目的在于减少极化现象，且增加电极表面积，使测定电导时有较高灵敏度。铂黑电极不用时，应保存在蒸馏水中，不可使之干燥。

实验十二 电极制备及电池电动势的测定

一、实验目的

1. 掌握对消法测定电池电动势的原理及电位差计的使用方法。

2. 学会一些电极和盐桥的制备方法。

二、预习要求

1. 明确可逆电池、可逆电极的概念。

2. 掌握对消法原理和测定电池电动势的线路和操作步骤。

3. 了解电位差计的测量原理及使用方法。

4. 了解银电极、铜电极、锌电极的前处理及制备方法。

5. 了解不同盐桥的使用条件。

三、实验原理

化学电池是由两个“半电池”即正负电极放在相应的电解质溶液中组成的。由不同的这样的电极可以组成若干个原电池。在电池反应过程中正极上起还原反应，负极上起氧化反应，而电池反应是这两个电极反应的总和。其电动势为组成该电池的两个半电池的电极电势的代数和，即

$$E=\varphi_{+}-\varphi_{-} \quad (\varphi_{+}\text{：正极的电极电势，}\varphi_{-}\text{：负极的电极电势})$$

若知道了一个半电池的电极电势，通过测量这个电池电动势就可算出另外一个半电池的电极电势。目前，单个半电池的电极电势的绝对值仍无法从实验上进行测定。在电化学中，电极电势是以某一电极为标准而求出其他电极的相对值。现在国际上采用的标准电极是标准氢电极，即在 $a_{H^+}=1$ 时，$p_{H_2}=1atm(1atm=1.01325\times10^5Pa)$ 时被氢气所饱和的铂电极，它的电极电势规定为 0，然后将其他待测的电极与其组成电池，这样测得的电池电动势即为被测电极的电极电势。但由于标准氢电极的使用条件比较苛刻，因此，通常把具有稳定电极电势且易于制作的电极，如甘汞电极，银-氯化银电极等作为第二类参比电极。这类电极与标准氢电极比较而得到的电势值已精确测出，在有关手册中可以查到。

例如要测定铜电极的电极电势，可将铜电极与饱和甘汞电极组成电池

$$Hg(l)—Hg_2Cl_2(s)|KCl(aq,sat)||CuSO_4(aq)|Cu$$

测出该电池的电动势 E，再从手册中查得 $\varphi_{甘汞}$，即可求出 $\varphi_{Cu^{2+}/Cu}$。

以 Cu-Zn 电池为例

$$Zn(s)|ZnSO_4(a_1)||CuSO_4(a_2)|Cu(s)$$

负极反应 $\quad Zn(s)\longrightarrow Zn^{2+}(aq)+2e$

正极反应 $\quad Cu^{2+}(aq)+2e\longrightarrow Cu(s)$

电池中总的反应为 $\quad Zn(s)+Cu^{2+}(aq)=\!=\!=Zn^{2+}(aq)+Cu(s)$

Zn 电极的电极电势

$$\varphi_{Zn^{2+}_{/Zn}}=\varphi^{\ominus}_{Zn^{2+}/Zn}-\frac{RT}{2F}\ln\frac{a_{Zn}}{a_{Zn^{2+}}}$$

Cu 电极的电极电势

$$\varphi_{Cu^{2+}/Cu}=\varphi^{\ominus}_{Cu^{2+}/Cu}-\frac{RT}{2F}\ln\frac{a_{Cu}}{a_{Cu^{2+}}}$$

所以，Cu-Zn 电池的电池电动势为

$$\begin{aligned}E&=\varphi_{Cu^{2+}/Cu}-\varphi_{Zn^{2+}/Zn}\\&=\varphi^{\ominus}_{Cu^{2+}/Cu}-\varphi^{\ominus}_{Zn^{2+}/Zn}-\frac{RT}{2F}\ln\frac{a_{Cu}a_{Zn^{2+}}}{a_{Cu^{2+}}a_{Zn}}\\&=E^{\ominus}-\frac{RT}{2F}\ln\frac{a_{Cu}a_{Zn^{2+}}}{a_{Cu^{2+}}a_{Zn}}\end{aligned}$$

纯固体的活度为 1，$a_{Cu}=a_{Zn}=1$，所以

$$E=E^{\ominus}-\frac{RT}{2F}\ln\frac{a_{Zn^{2+}}}{a_{Cu^{2+}}}$$

测量可逆电池的电动势不能直接用伏特计来测量。因为电池与伏特计相接后，整个线路便有电流通过，此时电池内部由于存在内电阻而产生某一电位降，并在电池两极发生化学反应，溶液浓度发生变化，电动势数据不稳定。所以要准确测定电池的电动势，只有在电流无限小的情况下进行，电位差计就是利用对消法原理测量电池电动势的仪器。

另外，当两种电极的不同电解质溶液接触时，在溶液的界面上总有液体接界电势存在。在测量电池电动势时，常应用“盐桥”使原来产生显著液体接界电势的两种溶液彼此不直接接界，降低液体接界电势到可以忽略不计的程度。常用的是 KNO_3 盐桥和 KCl 盐桥，分别放入饱和的 KNO_3 溶液和 KCl 溶液中待用。

四、仪器与试剂

电位差计 1 台；低压直流电源 1 台；低压稳流电源 1 台；电极管 2 支；电极铜片（与电极管配套）1 片；电极锌片（带有橡皮塞）1 片；

电极架 2 只；饱和甘汞电极 1 支；铜电极 1 支；铂电极 1 支；

洗耳球 1 个；电流表（0～50mA）1 只；滑线电阻（0～2000Ω）1 只；

烧杯（50mL）3 个，（100mL）1 个；U 形管 2 支；电线若干；铜片（作为制备铜电极时的阳极）1 片；琼脂；滤纸；细晶相砂纸；KCl 饱和溶液；0.1000mol/L $CuSO_4$ 溶液；0.1000mol/L $AgNO_3$ 溶液；0.1000mol/L HNO_3 溶液；0.1000mol/L $ZnSO_4$ 溶液；浓 HNO_3；

饱和 $Hg_2(NO_3)_2$ 溶液；稀 HNO_3(6mol/L)；稀 H_2SO_4（3mol/L）；

镀铜溶液（100mL 水中溶解 15g $CuSO_4 \cdot 5H_2O$、5gH_2SO_4、5gC_2H_5OH）

五、实验步骤

本实验测定下列四个电池的电动势。

a. Zn|$ZnSO_4$(0.1000mol/L)||KCl(饱和)|Hg(l)－Hg_2Cl_2(s)

b. Hg(l)－Hg_2Cl_2(s) | KCl(饱和)||$CuSO_4$(0.1000mol/L)|Cu(s)

c. Zn(s) | $ZnSO_4$(0.1000mol/L)||$CuSO_4$(0.1000mol/L)Cu(s)

d. Hg(l)－Hg_2Cl_2(s) | KCl(饱和)||$AgNO_3$(0.1000mol/L)|Ag(s)

1. 电极制备

(1) 铂电极和饱和甘汞电极采用现成的商品，使用前用蒸馏水淋洗干净，若铂片上有油污，应在丙酮中浸泡，然后用蒸馏水淋洗。

(2) 银电极的制备：将铂丝电极放在浓 HNO_3 中浸泡 15min，取出用蒸馏水冲洗，如表面仍不干净，用细晶相砂纸打磨光亮，再用蒸馏水冲洗干净插入盛 0.1000mol/L $AgNO_3$ 溶液的小烧杯中，按图 2-12-1 接好线路，调节可变电阻，使电流在 3mA、直流稳压源电压控制在 6V 镀 20min。取出后用 0.1000mol/L 的 HNO_3 溶液冲洗，用滤纸吸干，并迅速放入盛有 0.1000mol/L $AgNO_3$ 溶液和 0.1000mol/L HNO_3 溶液的电极管中，如图 2-12-2 所示。

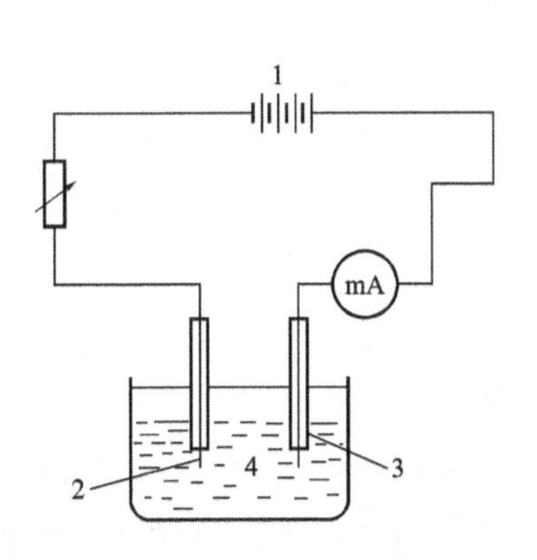

图 2-12-1 电极制备装置
1—电池；2—辅助电极；
3—被镀电极；4—镀银溶液

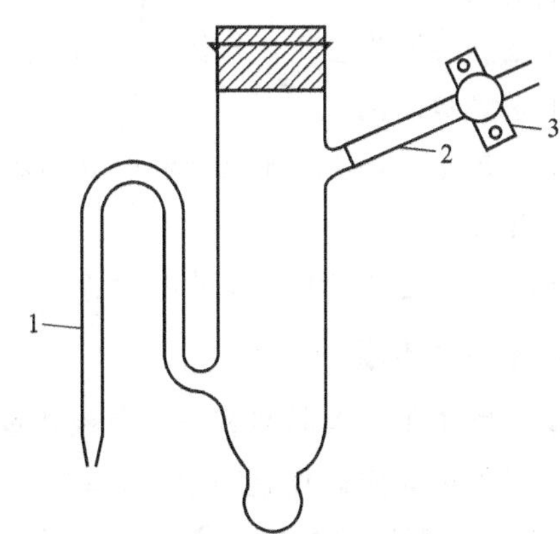

图 2-12-2 电极管
1—虹吸管；2—支管；3—螺旋夹

(3) 锌电极的制备：先用稀 H_2SO_4（约 3mol/L）浸泡电极锌片，以除去锌电极表面的氧化物，再用蒸馏水淋洗，然后浸入饱和 $Hg_2(NO_3)_2$ 溶液中进行汞齐化，汞齐化的目的是为了消除金属表面机械应力不同的影响，使它获得重复性较好的电极电势。汞齐化的时间不宜太长，一般 2～3s 后即可拿出，否则电极表面的大部分的锌将与 $Hg_2(NO_3)_2$ 发生反应，取出电极立即用滤纸轻轻吸取电极表面上的 $Hg_2(NO_3)_2$ 溶液，使锌电极表面上有一层均匀的汞齐，再用蒸馏水冲洗干净（因为汞蒸气剧毒，请不要随意将滤纸丢失在地上，投入指定的有盖广口瓶内，以便统一处理）。把处理好的电极插入洁净的电极管内并塞紧，将电极管的虹吸管口浸入盛有 0.1000mol/L $ZnSO_4$ 溶液的小烧杯内，用洗耳球自支管抽气，将溶液吸入电极管直至浸没电极 1cm 左右，旋紧螺旋夹。电极装好后，虹吸管内（包括管口）不能有气泡，也不能有漏液现象。

(4) 铜电极的制备：先用细晶相砂纸将电极铜片打磨光亮，再用稀 HNO_3（约 6mol/L）洗净其表面的氧化物，最后用蒸馏水淋洗，然后将其作为阴极，另取一块纯铜片作为阳极，在镀铜溶液内进行电镀，其装置如图 2-12-3 所示。电镀的条件是：电流密度 25mA/cm^2 左右，电镀时间为 20～30min。电镀好的铜电极表面有一致密的镀铜层，取出铜电极，用蒸馏水冲洗，插入电极管，按上法吸入浓度为 0.1000mol/L $CuSO_4$ 溶液。

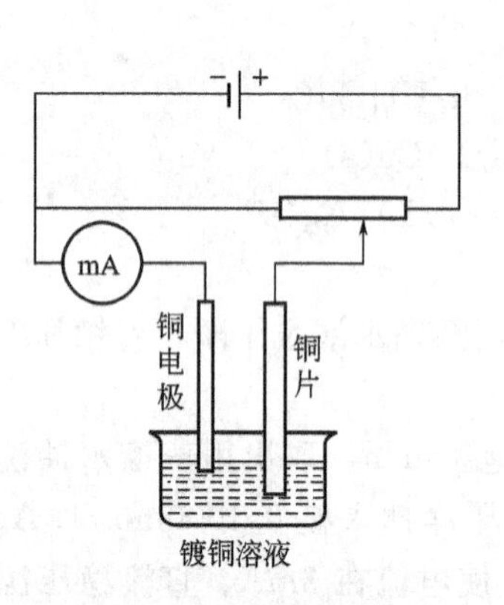

图 2-12-3 电镀铜装置

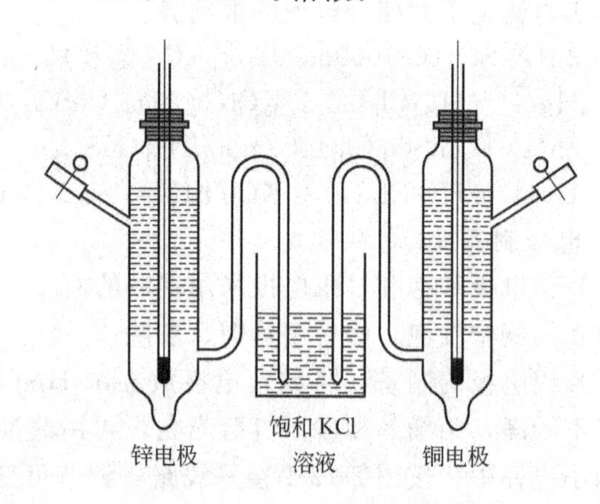

图 2-12-4 丹尼尔电池组合

2. 电池的组合

以 KCl 饱和溶液为盐桥，按图 2-12-4 组成四组电池。

3. 电池电动势的测定

(1) 按要求接好电位差计测量电池电动势的线路（各种电位差计的使用方法参阅本书Ⅲ仪器及其使用）。

(2) 分别测定上述四组电池的电动势。

六、实验注意事项

1. 测量回路中不能有断路和正、负极接反等现象发生。

2. 铜电极电镀前应认真处理表面，将其表面用新的细晶相砂纸磨光，必须做到平整光亮；电镀好的铜电极不宜在空气中暴露时间过长，防止镀层氧化，应尽快洗净并置于电极管内的溶液中，放置半小时，待其建立平衡，再进行测量。

3. 组成电池的两电极管的虹吸管部位不能有气泡。

4. 稀硫酸溶液、稀硝酸溶液和镀铜溶液用后要回收。

5. 在测定电动势的过程中，应经常校对工作电流。

6. 若检流计受到的电流冲击较大时，应迅速按下“短路”按钮。

7. 调节工作电流，应从“粗”到“细”，最后再调“微调”。按下按键的时间要短。

8. 标准电池不能倒置。

七、数据记录及处理

1. 记录上列四组电池电动势的测定值及室温值。

2. 根据本书Ⅳ附录的物理化学实验常用数据表附录20中查出饱和甘汞电极的电极电势数据，以及a、b二组电池的电动势测定值，计算铜电极和锌电极的电极电势。

3. 已知在25℃时0.1000mol/L $CuSO_4$ 溶液中铜离子的平均活度系数为0.16，0.1000mol/L $ZnSO_4$ 溶液中锌离子的平均活度系数为0.15，根据上面所得的铜电极和锌电极的电极电势计算铜电极和锌电极的标准电极电势。并与物理化学数据手册上所列的标准电极电势进行比较。

4. 由d电池求 $\varphi^{\ominus}_{Ag^+/Ag}$。

已知饱和甘汞电极电势与温度的关系为：

$\varphi_{甘汞}=0.2412-6.61\times10^{-4}(t-25)-1.75\times10^{-6}(t-25)^2-9.16\times10^{-10}(t-25)^3$

$\varphi^{\ominus}_{Ag^+/Ag}$ 与温度的关系为

$$\varphi^{\ominus}_{Ag^+/Ag}=0.7991-9.88\times10^{-4}\ (t-25)\ -7\times10^{-7}\ (t-25)^2$$

将实验测得的 $\varphi^{\ominus}_{Ag^+/Ag}$ 值与理论计算值进行比较，要求百分误差小于1%。

八、思考题

1. 为什么在测量原电池电动势时，要用对消法进行测量？而不能使用伏特计来测量？

2. 对消法测量电池电动势的原理是什么？其误差来源有哪些？

3. 锌电极为何要汞齐化？汞齐化时间过长对锌电极有何影响？

4. 在测定电池电动势的过程中，盐桥的作用是什么？

5. 应用UJ-25型电势差计测量电动势过程中，若检流计光点总往一个方向偏转这可能是什么原因？

九、讨论

1. 南京桑力电子设备厂近年生产的“数字电位差综合测试仪”，采用一体设计，体积小，重量轻，便于携带；电位差值七位显示，数值直观清晰、准确可靠；采用内外基准进行测量，使用方便灵活；误差较小，性能可靠，提高了测量的准确度。

2. 在电化学实验中，经常要使用盐桥，现将盐桥的制备方法介绍如下。

以琼脂：KNO_3：H_2O=1.5：20：50的比例加入到锥形瓶中，于热水浴中加热溶解，趁热灌入干燥洁净的U形玻璃管中至满。注意U形管中以及管两端不能留有气泡，否则会造成断路。另外，盐桥的溶胶冷凝后，管口往往会出现凹面，此时用玻璃棒沾一滴热溶胶加在管口即可。

制备好的盐桥置于饱和的 KNO_3（或KCl）溶液中待用。盐桥使用一段时间后应该更换，不能长期使用。

实验十三 电动势法测定化学反应的热力学函数变化值

一、实验目的

1. 掌握电动势法测定化学反应热力学函数变化值的原理和方法。

2. 测定可逆电池在不同温度下的电动势，并计算电池反应的热力学函数变化值——ΔG、ΔS、ΔH。

二、预习要求

1. 复习用对消法测定电动势的原理、方法及操作步骤。

2. 了解制备 Ag(s)-AgCl(s)电极的方法。

3. 了解用电动势法测定化学反应热力学函数变化值的方法和理论基础。

三、实验原理

在恒温恒压条件下，可逆电池所做的电功是最大非体积功 W'，而 W' 等于体系自由能的降低即为 $-\Delta_r G_m$，根据热力学与电化学的关系，可得

$$\Delta_r G_m = -nEF \tag{2-13-1}$$

由此可见利用对消法测定电池的电动势即可获得相应的电池反应的自由能的改变。式中的 n 是电池反应中得失电子的数目，F 为法拉第常数。

根据热力学函数关系

$$\Delta_r G_m = \Delta_r H_m - T\Delta_r S_m \tag{2-13-2}$$

$$\Delta_r S_m = -\left(\frac{\partial\, \Delta_r G_m}{\partial T}\right)_p = nF\left(\frac{\partial E}{\partial T}\right)_p \tag{2-13-3}$$

将式(2-13-1) 和式(2-13-3) 代入式(2-13-2) 即得

$$\Delta_r H_m = -nFE + nFT\left(\frac{\partial E}{\partial T}\right)_p \tag{2-13-4}$$

由实验可测得不同温度时的 E 值，以 E 对 T 作图，从曲线的斜率可求出任一温度下的 $\left(\frac{\partial E}{\partial T}\right)_p$ 值，根据式(2-13-1)、式(2-13-3)、式(2-13-4) 可求出该反应的热力学函数 $\Delta_r G_m$、$\Delta_r S_m$、$\Delta_r H_m$。

本实验测定下列电池的电动势，并由不同温度下电动势的测量求算该电池反应的热力学函数。电池为

$$Zn(s)\,|\,ZnSO_4\,(0.1000mol/L)\,||\,Cl^-\,(1.000mol/L\ KCl)\,|\,AgCl(s),Ag(s)$$

（饱和 KCl 盐桥）

该电池的正极反应为 $2AgCl(s) + 2e \longrightarrow 2Ag(s) + 2Cl^-$

负极反应为 $Zn(s) \longrightarrow Zn^{2+} + 2e$

总电池反应为 $2AgCl(s) + Zn(s) = 2Ag(s) + Zn^{2+} + 2Cl^-$

各电极电位为

$$\varphi_{右} = \varphi^{\ominus}_{Ag,AgCl/Cl^-} + \frac{RT}{2F}\ln\frac{a_{AgCl}}{a^2_{Cl^-}}$$

$$= \varphi^{\ominus}_{Ag,AgCl/Cl^-} + \frac{RT}{2F}\ln\frac{1}{a^2_{Cl^-}} \tag{2-13-5}$$

$$\varphi_{左}=\varphi^{\ominus}_{Zn^{2+}/Zn}+\frac{RT}{2F}\ln\frac{a_{Zn^{2+}}}{a_{Zn}}$$
$$=\varphi^{\ominus}_{Zn^{2+}/Zn}+\frac{RT}{2F}\ln a_{Zn^{2+}} \quad (2\text{-}13\text{-}6)$$

其电动势可从两个电极的电极电势来计算，即

$$E=\varphi_{右}-\varphi_{左}$$

实验中可以准确测量不同温度的 E 值，便可计算不同温度下该电池反应的 $\Delta_r G_m$。以 E 对 T 作图求出某任一温度的 $\left(\frac{\partial E}{\partial T}\right)_p$ 便可计算该温度下的 $\Delta_r S_m$，由 $\Delta_r G_m$ 和 $\Delta_r S_m$ 可求出该反应的 $\Delta_r H_m$。

四、仪器与试剂

电位差计及附件 1 套；低压稳流电源 1 台；饱和甘汞电极 1 支；

超级恒温水浴 1 台；银电极 1 支；铂电极 2 支；

烧杯（50mL）2 只，（100mL）1 只；饱和 KCl 盐桥；细晶相砂纸；电线；

0.1mol/L 的 HCl 溶液；1.000mol/L KCl 溶液；

0.1000mol/L $ZnSO_4$ 溶液；无毒镀银溶液（配制见操作步骤）

五、实验步骤

1. 电极制备

（1）银-氯化银电极的制备：将表面经过清洁处理的市售铂丝电极作阴极，把经细晶相砂纸打磨光亮的银丝电极作阳极，在镀银溶液中进行镀银。电流控制在 5mA 左右，40min 左右即可在铂丝电极上镀上白色紧密的银层。将镀好的银层用蒸馏水冲洗干净，然后将此银电极作阳极，另取一铂丝电极为阴极，对 0.1mol/L 的 HCl 溶液进行电解，电流仍控制在 5mA 左右，通电 20min 后就可在银电极表面形成致密紫褐色的 Ag-AgCl 镀层，制好的 Ag-AgCl 电极不用时应放入含有少量 AgCl 沉淀的稀 HCl 溶液中，并于暗处保存。

镀银溶液的配制法：分别将 $AgNO_3$（35～45g）、$K_2S_2O_5$（35～45g）、$Na_2S_2O_3$（200～250g）溶于 300mL 蒸馏水中。然后混合 $AgNO_3$ 和 $K_2S_2O_5$ 溶液，并不断搅拌使生成白色的焦亚硫酸银沉淀，此后再加入 $Na_2S_2O_3$ 溶液，并不断搅拌至白色沉淀全部溶解为止，加水稀释至 1000mL。新鲜配制的镀银溶液略显黄色，或有少量浑浊和沉淀，但只要静置数日，经过滤即可得到非常稳定的澄清镀银溶液。

（2）锌电极的制备：见实验十二。

2. 电池的组合

银-氯化银电极、锌电极组合成下列电池。

$$Zn(s)|ZnSO_4(0.1000mol/L)||Cl^-(1.000mol/L\ KCl)|AgCl(s),Ag(s)$$

（饱和 KCl 盐桥）

3. 电池电动势的测量

将组合好的电池置于超级恒温水浴中恒温 10～15min，用电位差计（各种型号的电位差计的使用见Ⅲ仪器及其使用）测量温度为 298.15K 以及 308.15K 时上述电池的电动势。

六、实验注意事项

1. 本实验所用的试剂应为 A. R.，溶液用重蒸馏水配制。所用容器应充分洗涤干净，最后用重蒸馏水冲洗。测量时应先将半电池管中的溶液先恒温后，再测定电动势。

2. 要待电池的温度和恒温水浴的温度一致时才能测其电动势。

3. 注意所用的电位差计在使用前、后以及使用过程中应注意的问题。

4. 测定时，电池电动势值开始较不稳定，每隔一定时间测定一次，到其稳定为止。

七、数据记录及处理

1. 记录 298.15K 以及 308.15K 时上述电池的电动势 E_{298} 和 E_{308}。

2. 以 298.15K 时测得的电动势，计算电池反应的 $\Delta_r G_{m,298}$。

3. 根据不同温度下测得的 E 在坐标纸上对 T 作图，求出斜率 $\left(\frac{\partial E}{\partial T}\right)_p$ 的值，并求出反应的 $\Delta_r S_{m,298}$ 和 $\Delta_r H_{m,298}$。

4. 将实验测得的 298.15K 下的 $\Delta_r S_m$、$\Delta_r G_m$ 和 $\Delta_r H_m$ 与手册上查到的 $\Delta_r S_m$、$\Delta_r G_m$、$\Delta_r H_m$ 值相比较，求相对误差。

八、思考题

1. 为什么用本法测定电池反应的热力学函数的变化值时，电池内进行的化学反应必须是可逆的？电动势又必须用对消法测定？

2. 本电池的电动势与 KCl 溶液的浓度是否有关？为什么？

3. 实际测量的 $\Delta_r S_m$、$\Delta_r G_m$、$\Delta_r H_m$ 为何会有偏差？

九、讨论

1. 本实验所采用的电池反应中反应物与产物均为固体或液体，因此，压力对实验的影响并不大，可忽略不计。通过测定该电池在 298K 时的电动势及其温度系数后所求得的 $\Delta_r G_{m,298}$、$\Delta_r S_{m,298}$ 和 $\Delta_r H_{m,298}$，即分别为该电池反应的 $\Delta_r G^{\ominus}_{m,298}$、$\Delta_r G^{\ominus}_{m,298}$ 和 $\Delta_r H^{\ominus}_{m,298}$。

2. Ag(s)-AgCl(s)电极的制备是影响实验测量结果精密度的关键因素，刚制备好的 Ag(s)-AgCl(s)电极插入饱和 KCl 溶液后其 φ 值会随时间发生变化，这是因为电极与 KCl 溶液建立起电化学平衡需要时间，这种现象称为老化。对于 Ag(s)-AgCl(s)的老化问题，可采用以下方法解决。

① 在实验前一天先制备 Ag(s)-AgCl(s)电极，然后将其放入含有 AgCl 沉淀的饱和 KCl 溶液中过夜。

② 将 Ag(s)-AgCl(s)电极置于 333K 左右含有 AgCl 沉淀的饱和 KCl 溶液中可加速老化。

动力学部分

实验十四 蔗糖水解反应速率常数的测定

一、实验目的

1. 测定蔗糖水解反应的速率常数。

2. 了解旋光仪的基本原理，掌握旋光仪的正确使用方法。

二、预习要求

1. 了解旋光仪测定蔗糖水解速率常数的原理和方法。

2. 了解和熟悉旋光仪的构造、原理和使用方法。

三、实验原理

蔗糖在水中转化成葡萄糖与果糖的反应为

$$\underset{\text{蔗糖}}{C_{12}H_{22}O_{11}}+H_2O\xrightarrow{H^+}\underset{\text{葡萄糖}}{C_6H_{12}O_6}+\underset{\text{果糖}}{C_6H_{12}O_6} \tag{2-14-1}$$

在纯水中，此反应的速率极慢。为使水解反应加速，反应常以 H_3O^+ 为催化剂，故在酸性介质中进行。此反应本为一个二级反应，但由于蔗糖水溶液较稀，反应时水是大量存在的，尽管有部分水分子参加了反应，仍可近似认为整个反应过程中水的浓度基本上保持不变。因此，蔗糖转化反应可看作一级反应（确切地说为“准一级反应”）。

一级反应速率方程为

$$-\frac{dc}{dt}=kc \tag{2-14-2}$$

积分得

$$t=\frac{1}{k}\ln\frac{c_0}{c} \tag{2-14-3}$$

式中，k 为反应速率常数；c 为反应时间为 t 时反应物的浓度；c_0 为反应开始时反应物的浓度。

当 $c=1/2c_0$ 时，时间 t 可用 $t_{\frac{1}{2}}$ 表示，即为反应的半衰期

$$t_{\frac{1}{2}}=\frac{\ln 2}{k}=\frac{0.6931}{k} \tag{2-14-4}$$

在本实验中，蔗糖及其转化产物葡萄糖与果糖都含有不对称的碳原子，它们都具有旋光性，而且它们的旋光能力不同，故可以利用体系在反应过程中旋光度的变化来量度反应进程。

测量物质旋光度所用仪器称为旋光仪。溶液的旋光度与溶液中所含旋光物质的旋光能力、溶剂性质、溶液浓度、样品管长度及温度等均有关系，当其他条件均固定时，旋光度 α 与反应物浓度 c 呈线性关系，即

$$\alpha=Bc$$

式中，比例常数 B 与物质的旋光能力、溶剂性质、光源的波长、样品管长度、反应时的温度等有关。

物质的旋光能力用比旋光度来度量。比旋光度可用下式表示。

$$[\alpha]_D^{20}=\frac{100\alpha}{lc} \tag{2-14-5}$$

式中，$[\alpha]_D^{20}$ 右上角的 20 表示实验时温度为 20℃；D 是指所用光源为钠光灯光源 D 线；α 为测得的旋光度，(°)；l 为样品管长度，dm；c 为浓度，g/100mL。

作为反应物的蔗糖是右旋性物质，其比旋光度 $[\alpha]_D^{20}=66.6°$；生成物中葡萄糖也是右旋性的物质，其比旋光度 $[\alpha]_D^{20}=52.5°$；但果糖却是左旋性物质，其比旋光度 $[\alpha]_D^{20}=-91.9°$。因此，随着反应的进行，物质的右旋角不断减小，反应至某一瞬间，物系的旋光度恰好等于零，随后就变为左旋，直至蔗糖完全转化，这时左旋角达到最大值 α_∞。

设反应开始时体系的旋光度为 α_0，则

$$\alpha_0=B_{反}c_0 \quad (t=0\text{ 时，蔗糖尚未转化}) \tag{2-14-6}$$

反应终了时体系的旋光度为 α_∞，则

$$\alpha_\infty=B_{生}c_0 \quad (t=\infty\text{，蔗糖全部转化}) \tag{2-14-7}$$

上述两式中 $B_{反}$ 和 $B_{生}$ 分别为反应物与生成物的比例常数。

当反应时间为 t 时，蔗糖浓度为 c，此时旋光度 α_t 为

$$\alpha_t = B_{反} c + B_{生}(c_0 - c) \tag{2-14-8}$$

由式(2-14-6)～式(2-14-8) 联立可解得

$$c_0 \frac{\alpha_0 - \alpha_\infty}{B_{反} - B_{生}} = B(\alpha_0 - \alpha_\infty) \tag{2-14-9}$$

$$c = \frac{\alpha_t - \alpha_\infty}{B_{反} - B_{生}} = B(\alpha_t - \alpha_\infty) \tag{2-14-10}$$

将式(2-14-9) 和式(2-14-10) 代入式(2-14-3) 式得

$$t = \frac{1}{k}\ln\frac{c_0}{c} = \frac{1}{k}\ln\frac{\alpha_0 - \alpha_\infty}{\alpha_t - \alpha_\infty} \tag{2-14-11}$$

即

$$\lg(\alpha_t - \alpha_\infty) = -\frac{k}{2.303}t + \lg(\alpha_0 - \alpha_\infty) \tag{2-14-12}$$

由式(2-14-12) 可以看出，如以 $\lg(\alpha_t - \alpha_\infty)$ 对 t 作图可得一直线，由直线的斜率即可求得反应的速率常数 k。

本实验就是用旋光仪测定蔗糖水解过程中不同时间的旋光度 α_t，以及全部水解后的旋光度 α_∞ 值，通过作图求得速率常数 k。

四、仪器与试剂

旋光仪 1台；恒温槽 1台；
移液管 (25mL) 2支；锥形瓶 (100mL) 2个；
烧杯 (100mL) 1个；容量瓶 (50mL) 1个；2mol/L HCl溶液；
蔗糖 (A.R.)

五、实验步骤

1. 旋光仪零点的校正

蒸馏水为非旋光物质，可以用来校正旋光仪的零点（即 $\alpha=0$ 时仪器对应的刻度）。洗净旋光管各部分零件（玻璃片、垫圈要单独拿着洗，以防掉进下水道!）。将旋光管一端的盖子旋紧，向管内注入蒸馏水，取玻璃盖片沿管口轻轻推入盖好，再旋紧套盖，勿使其漏水或有气泡产生。操作时不要用力过猛，以免压碎玻璃片。若溶液中有微小气泡，应设法赶至管的凸肚部分。用滤纸擦干旋光管的外面，再用镜头纸擦净两端玻璃片。将旋光管放入旋光仪内，凸肚一端位于上方，盖上槽盖。打开旋光仪电源开关，调节目镜使视野清晰，然后旋转检偏镜，使在视野中能观察到明暗相等的三分视野为止（注意：在暗视野下进行测定）。记下刻度盘读数，重复操作三次，取其平均值，此即为旋光仪的零点。测完后取出旋光管，倒出蒸馏水。

2. 蔗糖转化过程中旋光度的测定

调节恒温槽的温度到 (25±0.1)℃。在小烧杯中称取蔗糖 20g，用少量蒸馏水溶解，倾入 100mL 容量瓶中，稀释至刻度。若溶液浑浊需进行过滤。用移液管取 25mL 蔗糖溶液和 50mL 2mol/L HCl 溶液分别注入两个 100mL 干燥的锥形瓶中，将此两个锥形瓶一起置于恒温水浴内恒温 10min 以上。恒温后，取 25mL 2mol/L HCl 溶液加到蔗糖溶液的锥形瓶中混合，当 HCl 溶液从移液管中流出一半时开始计时。不断振荡摇匀，迅速取少量反应液荡洗旋光管两次，然后将反应液装满旋光管，盖好玻璃片，旋紧套盖（检查是否漏液，有气泡），擦净旋光管两端玻璃片。由于温度已改变，需将旋光管再置于恒温槽中恒温 10min 左右，

取出擦干，放入旋光仪中，当反应进行时间达 15min 时，测定旋光度（因为旋光度随时间而改变。温度在观察过程中亦在变化，所以测定时动作要迅速），然后将旋光管重新置于恒温槽中恒温，再按下述步骤测定不同时间的旋光度。开始测的 1h 内，每隔 15min 测定一次，以后每隔 20min 测定一次，共测 7 次以上。另取 25mL 上述配好的蔗糖溶液和 25mL 浓度为 2mol/L HCl 溶液在 35℃下进行反应速率的测定。每隔 10min 测一次，共测 7 次以上。

3. α_∞ 的测量

要使蔗糖完全水解，通常需 48h 左右，将步骤 2 中的混合液保留好，48h 后重新恒温观测其旋光度，此值即为 α_∞，也可将剩余的混合液置于 50～60℃水浴内温热 40min，以加速转化反应的进行。然后取出使其冷却至测量温度，测定其旋光度即为 α_∞。注意水浴温度不可过高，否则将产生副反应，溶液颜色变黄，在加热过程中要盖好瓶塞，防止溶液蒸发影响浓度。

实验完毕，立即洗净旋光管，防止酸对旋光管腐蚀。

六、实验注意事项

1. 蔗糖在配制溶液前，需先经 110℃烘干。

2. 在进行蔗糖水解反应速率常数的测定以前，需熟练掌握旋光仪的使用（参阅本书仪器及其使用），能正确而迅速地读出其读数。

3. 旋光管管盖只要旋至不漏水即可，过紧的旋钮会造成损坏，或因玻片受力产生应力而致使有一定的假旋光。每一次测量之前提前 10min 打开钠光灯，使光源稳定。

4. 旋光仪中的钠光灯不宜长时间开启，测量间隔较长时，应熄灭，以免损坏。

5. 由于混合液中酸度较大，每次测量时旋光管外面一定要擦净后才能放入旋光仪内。实验结束时，应将旋光管洗净干燥，防止酸对旋光管的腐蚀。

6. 反应速率与温度有关，因此锥形瓶中的溶液须待恒温至实验温度后才能混合。

七、数据记录及处理

1. 将实验数据记入下表。

室温________ 大气压________ 盐酸浓度__________________

恒温槽温度________ 旋光仪零点校正值________ α_∞ ________

t/min	
α_t/(°)	
$(\alpha_t-\alpha_\infty)$/(°)	
$\lg(\alpha_t-\alpha_\infty)$/(°)	

2. 以 $\lg(\alpha_t-\alpha_\infty)$ 对 t 作图，由直线斜率分别求出两温度的 $k(T_1)$ 和 $k(T_2)$，并计算两温度下的反应半衰期 $t_{1/2}$。

3. 由 $k(T_1)$和 $k(T_2)$利用阿仑尼乌斯（Arrhenius）公式计算反应的平均活化能 E_a。

八、思考题

1. 在旋光度的测量中为什么要对零点进行校正？它对旋光度的精确测量有什么影响？在本实验中，若不进行校正对结果是否有影响？

2. 配制蔗糖溶液时称量不够准确，对测量结果是否有影响？

九、讨论

1. 温度对测定反应速率常数影响很大，所以严格控制反应温度是做好本实验的关键。建议在反应开始时溶液的混合操作在恒温箱中进行。

反应进行到后阶段，为了加快反应进程，采用 50～60℃恒温，使反应进行到底。但温度不能高于 60℃，否则会产生副反应，使反应液变黄。因为蔗糖是由葡萄糖的苷羟基与果糖的苷羟基之间缩合而成的二糖。在 H^+ 催化下，除了苷键断裂进行转化反应外，由于高温还有脱水反应，这就会影响测量结果。

2. 蔗糖溶液与盐酸混合时，由于开始时蔗糖水解较快，若立即测定容易引起误差，所以第一次读数需待旋光管放入恒温槽后约 15min 进行，以减少测定误差。

实验十五　电导法测定乙酸乙酯皂化反应的速率常数

一、实验目的

1. 了解电导法测定乙酸乙酯皂化反应的速率常数和活化能。
2. 了解二级反应的特点，学会用图解法求二级反应的速率常数。
3. 熟悉电导率仪的使用方法。

二、预习要求

1. 了解电导法测定化学反应速率常数和活化能的原理。
2. 了解电导率仪的使用方法及铂黑电极的使用与保管方法。
3. 了解双叉管电导池的结构与使用方法。
4. 了解该实验的注意事项。

三、实验原理

乙酸乙酯皂化反应是双分子反应，是一典型的二级反应，其反应方程式为

$$CH_3COOC_2H_5+Na^++OH^- \rightleftharpoons CH_3COO^-+Na^++C_2H_5OH$$

在反应过程中，各物质的浓度随时间而改变（注：Na^+ 在反应前后浓度不变）。若乙酸乙酯的初始浓度为 a，氢氧化钠的初始浓度为 b，当时间为 t 时，各生成物的浓度均为 x，此时刻的反应速度为

$$\frac{dx}{dt}=k(a-x)(b-x) \tag{2-15-1}$$

式中，k 为反应的速率常数，将上式积分可得

$$kt=\frac{1}{a-b}\ln\frac{b(a-x)}{a(b-x)}$$

为便于数据处理，使两种反应物的起始浓度相同（$a=b$），则式（2-15-1）可以写成

$$\frac{dx}{dt}=k(a-x)^2 \tag{2-15-2}$$

将式(2-15-2) 积分，得

$$kt=\frac{x}{a(a-x)} \tag{2-15-3}$$

不同时刻各物质的浓度可用化学分析法测出，例如分析反应中的 OH^- 浓度，也可用物理法测量溶液的电导而求得。在本实验中采用电导法来测定。

电导是导体导电能力的量度，金属的导电是依靠自由电子在电场中运动来实现的，而电

解质溶液的导电是正、负离子向阴极、阳极迁移的结果。

本实验中乙酸乙酯和乙醇不具有明显的导电性，它们的浓度变化不致影响电导的数值。反应中 Na^+ 的浓度始终不变，它对溶液的电导具有固定的贡献，而与电导的变化无关。体系中只是 OH^- 和 CH_3COO^- 的浓度变化对电导的影响较大，由于 OH^- 的迁移速率约是 CH_3COO^- 的 5 倍，所以溶液的电导随着 OH^- 的消耗而逐渐降低。

若令 G_0、G_t、G_∞ 分别表示反应起始时、反应时间 t 时、反应终了时溶液的电导，显然 G_0 是浓度为 a 的 NaOH 溶液的电导，G_∞ 是浓度为 a 的 CH_3COONa 溶液的电导，G_t 是浓度为 $(a-x)$ 的 NaOH 溶液与浓度为 x 的 CH_3COONa 溶液的电导之和。由此可得下式

$$G_t=G_0\frac{a-x}{a}+G_\infty\frac{x}{a} \tag{2-15-4}$$

解之得

$$x=a\frac{G_0-G_t}{G_0-G_\infty} \tag{2-15-5}$$

将式(2-15-5) 代入式(2-15-3) 并化简得

$$\frac{G_0-G_t}{a(G_t-G_\infty)}=kt \tag{2-15-6}$$

即

$$G_t=\frac{1}{ak}\frac{G_0-G_t}{t}+G_\infty \tag{2-15-7}$$

从式(2-15-7) 可以看出，以 G_t 对 $\frac{G_0-G_t}{t}$ 作图，可得一直线（说明为二级反应），直线的斜率为 $\frac{1}{ak}$，由此就能求出反应的速率系数 k。

反应的活化能可根据 Arrhenius 公式求算

$$\frac{\mathrm{d}\ln k}{\mathrm{d}T}=\frac{E_a}{RT^2} \tag{2-15-8}$$

积分得

$$\ln\frac{k(T_2)}{k(T_1)}=\frac{E_a(T_2-T_1)}{RT_1T_2} \tag{2-15-9}$$

式中，$k(T_1)$、$k(T_2)$ 分别对应于温度为 T_1、T_2 的反应速率常数，R 为摩尔气体常数，E_a 为反应的活化能。

四、仪器与试剂

DDS-11A 型电导率仪（附 DJS-10C 型铂黑电导电极）1 台；

叉型电导池 2 只；超级恒温水浴 1 台；移液管（20mL）3 支；

容量瓶（100mL，250mL）2 只；停表 1 块；

烧杯（50mL）1 个；称量瓶 1 个；锥形瓶（250mL）2 个；

$CH_3COOC_2H_5$（A. R.）；0.02mol/L NaOH 溶液

五、实验步骤

1. 熟悉仪器的使用方法

调节超级恒温水浴温度为 (25±0.05)℃。开启电导率仪的电源，预热 10min。调节电导率仪（参阅本书仪器及其使用）。

2. 配制0.0200mol/L乙酸乙酯溶液

洗净250mL容量瓶，加入约60mL H_2O，用吸量管吸取0.49mL乙酸乙酯于容量瓶中，加H_2O至刻度，摇匀。

3. 25℃时G_0的测定

在一只洁净、干燥的叉形电导池中先后加入20.00mL 0.02mol/L NaOH溶液和20.00mL蒸馏水，摇匀。用蒸馏水轻轻淋洗铂黑电极3次，再用滤纸将电极表面的水分吸干，插入叉形电导池并置于恒温水浴中恒温10min。测定其电导，直至稳定不变为止，即为25℃时的G_0。

4. 25℃时G_t的测定

分别取20.00mL 0.02mol/L的$CH_3COOC_2H_5$和20.00mL 0.02mol/L NaOH溶液，分别注入叉形电导池的两个叉管中（不要混合!），插入洗净的铂黑电极（溶液高出铂黑片约2cm）并置于恒温水浴中恒温10min。然后摇动双叉管，使两种溶液均匀混合并完全导入装有电极一侧的叉管之中，并同时开动停表，作为反应的起始时间（注意停表一经打开切勿按停，直至全部实验结束）。

当反应进行6min时测电导率一次，并在9min、12min、15min、20min、25min、30min、35min、40min、50min、60min时各测电导率一次，记录电导率G_t及时间t。

5. 35℃时G_0和G_t的测定

调节恒温槽水浴为(35±0.05)℃，重复上述步骤测定其G_0和G_t，但在测定G_t时是按反应进行到4min、6min、8min、10min、12min、15min、18min、21min、24min、27min、30min时溶液的电导。

实验完毕，将铂黑电极用蒸馏水淋洗干净并浸泡在蒸馏水里，把双叉管电导池洗净并置于烘箱内干燥。

六、实验注意事项

1. 本实验所用的蒸馏水需事先煮沸，待冷却后使用，以免溶有的CO_2与溶液中的NaOH发生反应，降低NaOH溶液的浓度。

2. 清洗铂电极时不可用滤纸擦拭电极上的铂黑。

3. 如果恒温水浴的温度波动超过±0.05℃范围，会对皂化反应的速率与作图时的线性产生较大影响。

4. 停表要连续计时，不能中途停止。

5. $CH_3COOC_2H_5$溶液需使用时临时配制，因该稀溶液会缓慢水解，影响$CH_3COOC_2H_5$的浓度，且水解产物CH_3COOH又会部分消耗NaOH。在配制溶液时，因$CH_3COOC_2H_5$易挥发，称量时可预先在称量瓶中放入少量已煮沸过的蒸馏水，且动作要迅速。

6. 测25℃、35℃的G_0时，溶液均需临时配制。

7. 所用NaOH溶液和$CH_3COOC_2H_5$溶液的浓度必须相等。

8. NaOH溶液和$CH_3COOC_2H_5$混合前应预先恒温。

9. 电导率仪的“校正”和“常数”两旋钮在调定之后不能再变动。每测完一次电导后，电导率仪的校正/测量挡应扳向“校正”档。

七、数据记录及处理

1. 将测得数据记录于下表。

G_0 ________

25℃			35℃		
t/min	$G_t/10^{-3}$/S	$\frac{G_0-G_t}{t}$/(S/min)	t/min	$G_t/10^{-3}$/S	$\frac{G_0-G_t}{t}$/(S/min)
6			4		
9			6		
12			8		
15			10		
20			12		
25			15		
30			18		
35			21		
40			24		
50			27		
60			30		

2. 分别以25℃和35℃时的 G_t 对 $\frac{G_0-G_t}{t}$ 作图，求其直线的斜率并由此计算出25℃和35℃时的 k 值。

3. 分别由25℃和35℃所求的 k 值，按Arrhenius公式求出反应的活化能 E_a。

八、思考题

1. 本实验为什么要在恒温条件下进行？而且NaOH溶液和乙酸乙酯混合前要预先恒温？

2. 为什么本反应为二级反应？从实验上如何说明？

3. 若乙酸乙酯与NaOH的起始浓度不等时，应如何计算值？

4. 当乙酸乙酯与NaOH混合后不马上测量 G_t 值，而要等到6min后测 G_t，为什么？

九、讨论

1. 动力学实验，一般情况下要在恒温条件下进行，因为不同温度下的反应速率不一样，反应速率常数与温度有关，电导率的数值与温度也有关，所以要准确进行动力学测量，必须在恒温条件下进行。

2. 冬季进行本实验，可将配制溶液的容量瓶一同置于恒温槽内恒温，并用温度计测量溶液的温度，以判断双叉管电导池内溶液的温度。

3. 乙酸乙酯皂化反应为吸热反应，混合后体系温度降低，所以在混合后的起始几分钟内所测溶液的电导率偏低，因此最好在反应4～6min后开始，否则，由 G_t 对 $\frac{G_0-G_t}{t}$ 作图得到的是一条抛物线，而不是直线。

4. 乙酸乙酯皂化反应曲线随着时间的延长，会出现偏离二级反应的现象。对此，有人认为，“皂化反应是双分子反应”的说法欠妥，该反应是一种“表观二级反应”；随着反应时间的延长，反应的可逆性对总反应的影响逐渐变得明显[摘自李德忠，化学通报，1992(9)53～55]。又有人认为，皂化反应中还存在盐效应，即某些中性盐的存在会降低其速率系数，因此，皂化反应实验的时间以半小时为宜，至多不超过 40min［摘自金家骏，化学通报，1974(3)；1981(11)］。

5. 求反应速率的方法主要有物理化学分析法和化学分析法两大类。物理化学分析法有旋光、折光、电导、分光光度等方法，根据不同情况可用不同仪器。化学分析法是在一定时间取出一部分试样，使用骤冷或去催化剂等方法使反应停止，然后进行分析，直接求出浓度。这些方法的优点是实验时间短、速度快，可不中断反应，而且还可采用自动化的装置。但是需一定的仪器设备，并只能得出间接的数据，有时往往会因某些杂质的存在而产生较大的误差。

实验十六 丙酮碘化反应

一、实验目的

1. 利用分光光度计测定用酸作催化剂时丙酮碘化反应的速率系数、反应级数，建立反应速率方程式。

2. 进一步掌握分光光度计的使用方法。

二、预习要求

1. 了解丙酮碘化反应的特征。

2. 了解用分光光度法测定丙酮碘化反应体系组成的原理和方法。

3. 了解分别测定 CH_3COCH_3、I_2 及 H^+ 的分级数时反应的浓度条件。

三、实验原理

用酸催化的丙酮碘化反应是一个复杂反应，初始阶段的反应为

$$(CH_3)_2CO+I_2 \xrightarrow{H^+} CH_3COCH_2I+H^+ +I^- \tag{2-16-1}$$

H^+ 是该反应的催化剂。因反应本身有 H^+ 生成，所以，这是一个自动催化反应。又因为反应并不停留在生成一元碘化丙酮上，反应还会继续进行下去，所以应选择适当的反应条件，测定初始阶段的反应速率。其速率方程可表示为

$$r=-\frac{d[I_2]}{dt}=k[CH_3COCH_3]^p[I_2]^q[H^+]^r \tag{2-16-2}$$

式中，r 为丙酮碘化的反应速率；k 为反应速率系数；指数 p、q 和 r 分别为 CH_3COCH_3、I_2 及 H^+ 的分级数。

为了确定反应级数 p，至少需进行两次实验，用脚注数字分别表示各次实验。当丙酮初始浓度不同，而 I_2 和 H^+ 的初始浓度分别相同时，即

$$[H^+]_2=[H^+]_1$$

$$[I_2]_2= [I_2]_1$$

$$[CH_3COCH_3]_2=u\ [CH_3COCH_3]_1$$

则有

$$\frac{r_2}{r_1}=\frac{k[CH_3COCH_3]_2^p}{k[CH_3COCH_3]_1^p}=\frac{u^p[CH_3COCH_3]_1^p}{[CH_3COCH_3]_1^p}=u^p \tag{2-16-3}$$

$$\lg\frac{r_2}{r_1}=p\lg u$$

所以

$$p=\frac{\lg\frac{r_2}{r_1}}{\lg u} \tag{2-16-4}$$

同理，当丙酮、碘的初始浓度相同，而 H^+ 的初始浓度不同时，即

$$[CH_3COCH_3]_3=[CH_3COCH_3]_1$$

$$[I_2]_3=[I_2]_1$$

$$[H^+]_3=w[H^+]_1$$

可得

$$r=\frac{\lg\frac{r_3}{r_1}}{\lg w} \tag{2-16-5}$$

当丙酮、H^+ 的初始浓度相同，而碘的初始浓度不同时，即

$$[CH_3COCH_3]_4=[CH_3COCH_3]_1$$

$$[H^+]_4=[H^+]_1$$

$$[I_2]_4=x[I_2]_1$$

可得

$$q=\frac{\lg\frac{r_4}{r_1}}{\lg\chi} \tag{2-16-6}$$

由此可见，通过作四次测定，可求得 CH_3COCH_3、I_2 及 H^+ 的分级数 p、q 和 r。

实验证实：在本实验条件（酸的浓度较低）下，丙酮碘化反应对碘是零级反应，即 q 为零。如果反应物碘是少量的，而丙酮和酸对碘是过量的，由于反应速率与碘的浓度的大小无关（除非在很高的酸度下），因而反应直到碘全部消耗之前，反应速率将是常数。即

$$r=-\frac{d[I_2]}{dt}=k[CH_3COCH_3]^p[H^+]^r \tag{2-16-7}$$

积分后可得

$$[I_2]=-rt+c \tag{2-16-8}$$

因碘溶液在可见光区有宽的吸收带，而在此吸收带中本反应的其他物质盐酸、丙酮、碘化丙酮和碘化钾溶液则没有明显的吸收，所以可以采用分光光度法直接观察 I_2 浓度的变化，从而测量反应的进程。

根据朗伯-比尔定律，在某指定波长下，吸光度 A 与 I_2 浓度有

$$A=\lg\frac{1}{T}=kl[I_2] \tag{2-16-9}$$

又有

$$A=\lg\frac{1}{T}=\lg\frac{I_0}{I} \tag{2-16-10}$$

式中，A 为吸光度；T 为透光率；k 为摩尔吸光系数；l 为比色皿光径长度；I_0 为入射光强度，可采用通过蒸馏水后的光强；I 为透过光强度，即通过碘溶液后的光强。

对同一比色皿 l 为定值，式(2-16-9) 中的 kl 可通过对已知浓度的碘溶液的测量来求得。将式(2-16-8) 代入式(2-16-9) 可得

$$\lg T=klrt+B \tag{2-16-11}$$

以 $\lg T$ 对时间 t 作图得一直线，由直线的斜率 m 可求得反应速率 r，即

$$r=\frac{m}{kl} \tag{2-16-12}$$

将通过蒸馏水时的光强定为透光率 100，然后测量通过溶液时的透光率 T，则有

$$kl=\frac{(\lg100-\lg T)}{[I_2]} \tag{2-16-13}$$

由 CH_3COCH_3、H^+ 的分级数、浓度和反应速率的数据，利用式(2-16-2) 可以计算得

到反应速率系数。

四、仪器与试剂

722型分光光度计1台；停表1块；锥形瓶（100mL）4个；

超级恒温槽（包括恒温夹套）1台；

容量瓶（50mL）6个，（100mL）1个；

移液管（5mL）3支，（10mL）1支，（25mL）3支；

0.01mol/L标准碘溶液（含2%的KI）；2mol/L标准丙酮溶液；

1mol/L标准HCl溶液；（此三种溶液均用A.R.试剂配制，均需准确标定）

五、实验步骤

1. 调节超级恒温槽的温度为25℃。

2. 调节分光光度计波长为560nm，然后将恒温用的恒温夹套接恒温槽输出的恒温水，并放入暗箱中。

3. 装有蒸馏水的比色皿（光径长为3.0cm）放入恒温夹套内，开启电源，反复调节透光率的“0”点和“100”点。

4. 求kl值。在50mL容量瓶中配制0.001mol/L碘溶液，用其洗比色皿两次，再注入0.001mol/L碘溶液，测其透光率T，更换碘溶液再重复测定两次，取其平均值，求kl值。

5. 丙酮碘化反应速率系数的测定。用移液管按表2-16-1的用量，依次移取标准碘溶液、标准HCl溶液和蒸馏水，注入已编号1～4号的洁净、干燥的50mL容量瓶中，塞好瓶塞，将其充分混合。另取一个洁净、干燥的100mL容量瓶，注入2mol/L的标准CH_3COCH_3溶液约60mL，然后将它们一起置于恒温槽中恒温，待达到恒温后（恒温时间不能少于10min），用移液管取已恒温的CH_3COCH_3溶液10mL迅速加入1号容量瓶，迅速摇匀，用此溶液将干净的比色皿清洗多次，然后把此溶液注入比色皿（上述操作要迅速进行），同时按下停表开始计时，测定不同时间的透光率。每隔2min测定透光率一次，直到取得10～12个数据为止。如果透光率变化较大，则改为每隔1min记录一次。用同样的方法分别测定2、3、4号溶液在不同反应时刻的透光率。每次测定之前，用蒸馏水多次校正透光率的“0”点和“100”点。

表2-16-1 $I_2(aq)$、$HCl(aq)$、H_2O和$CH_3COCH_3(aq)$的用量

容量瓶编号	标准I_2溶液/mL	标准HCl溶液/mL	蒸馏水/mL	标准丙酮溶液/mL
1	10	5	20	10
2	10	10	15	15
3	10	5	25	10
4	5	5	30	10

六、实验注意事项

1. 反应体系中各物质的浓度要准确。

2. 反应要在恒温条件下进行，各反应物在混合前必须恒温。

3. 反应溶液加入比色皿后，应迅速将其擦干净，并马上置于分光光度计中进行测量。

4. 测定过程中要反复用装有蒸馏水的比色皿校正透光率的“0”点和“100”点。

七、数据记录及处理

1. 求 kl 值，将测得的数据填于下表，并用式(2-16-13) 计算 kl 值。

$[I_2]$ =________

透 光 率	平 均 值	kl
① ② ③		

2. 混合溶液的时间-透光率

恒温温度________

1号	时间/min	
	透光率	
	$\lg T$	
2号	时间/min	
	透光率	
	$\lg T$	
3号	时间/min	
	透光率	
	$\lg T$	
4号	时间/min	
	透光率	
	$\lg T$	

3. 用表中的数据，分别以 $\lg T$ 对时间 t 作图，可得四条直线。求出各条直线的斜率 m_1、m_2、m_3 和 m_4；根据式(2-16-12) 分别计算反应速率 r_1、r_2、r_3 和 r_4。

4. 根据式(2-16-4)、式(2-16-5)，计算 CH_3COCH_3 和 H^+ 的分级数 p 和 r，建立丙酮碘化的反应速率方程式。

5. 参照表 (2-16-1) 的用量，分别计算 1、2、3 和 4 号容量瓶中 HCl 和 CH_3COCH_3 的初始浓度；再根据式 (2-16-7) 分别计算四种不同初始浓度的反应速率系数，并求其平均值。

八、思考题

1. 在本实验中，将丙酮溶液加入含有碘、盐酸的容量瓶时并不立即开始计时，而注入比色皿时才开始计时，这样操作对实验结果有无影响？为什么？

2. 影响本实验结果精确度的主要因素是什么？

3. 使用分光光度计要注意哪些问题？

九、讨论

在一定条件下，特别是卤素浓度较高时，碘化反应并不停留在一元卤化酮，会形成多元取代，所以应测量初始一段时间的反应速率。但当碘的浓度偏大或丙酮及酸的浓度偏小时，因不符合朗伯-比尔定律，读数误差较大。

实验十七　微机测定BZ振荡反应

一、实验目的

1. 了解 Belousov-Zhabotinski 反应（简称 BZ 反应）的基本原理。

2. 初步理解自然界中普遍存在的非平衡非线性问题。

二、预习要求

1. 了解 BZ 反应的基本原理及 BZ 振荡反应系统的特点。

2. 了解 BZ 振荡反应仪器使用方法及软件使用方法。

3. 了解本实验注意事项。

三、系统特点

该系统用于“BZ 振荡反应”实验。主要由 BZ 振荡反应系统专用软件和“BZ 振荡反应数据采集接口装置”两部分组成。

系统专用软件完成 BZ 振荡的全部测控过程，及数据处理，画图，打印。界面友好，集图形，文字显示于一屏，并具有完善的提示、报警和实时监控功能，操作简单。

“BZ 振荡反应数据采集接口装置”线路采用全集成设计方案，具有重量轻、体积小、耗电省、稳定性好等特点。

四、主要技术指标

电源电压：220V±10%，50Hz

环境温度：－20～＋40℃

温度测量范围：0～60℃

温度测量分辨率：0.1℃

电压测量范围：±2V

电压测量分辨率：0.001V

温度控制输出：通断方式

PC 机与接口装置：串行通讯

应用软件平台：win98 及以上

五、实验原理

非平衡非线性问题是自然科学领域中普遍存在的问题，大量的研究工作正在进行。研究的主要问题是：体系在远离平衡态下，由于本身的非线性动力学机制而产生宏观时空有序结构，称为耗散结构。最典型的耗散结构是 BZ 体系的时空有序结构，所谓 BZ 体系是指由溴酸盐，有机物在酸性介质中，在有（或无）金属离子催化下构成的体系。它是由前苏联科学家 Belousov 发现，后经 Zhabotinski 发现而得名。

1972 年，R. J. Fiela、E. Koros、R. Noyes 等人通过实验对 BZ 振荡反应做出了解释。其主要思想是：体系中存在着两个受溴离子浓度控制过程 A 和 B，当 $[Br^-]$ 高于临界浓度 $[Br^-]_{crit}$ 时发生 A 过程，当 $[Br^-]$ 低于 $[Br^-]_{crit}$ 时发生 B 过程。也就是说 $[Br^-]$ 起着开关作用，它控制着从 A 到 B 过程，再由 B 到 A 过程的转变。在 A 过程，由化学反应 $[Br^-]$ 降低，当 $[Br^-]$ 到达 $[Br^-]_{crit}$ 时，B 过程发生。在 B 过程中，$[Br^-]$ 再生，当 $[Br^-]$ 到达 $[Br^-]_{crit}$ 时，A 过程发生，这样体系就在 A 过程，B 过程间往复振荡。下面用

BrO_3^--Ce^{4+}-MA-H_2SO_4 体系为例加以说明。

当［Br^-］足够高时，发生下列 A 过程

$$BrO_3^- + Br^- + 2H^+ \xrightarrow{K_1} HBrO_2 + HOBr \qquad (2\text{-}17\text{-}1)$$

$$HBrO_2 + Br^- + H^+ \xrightarrow{K_2} 2HOBr \qquad (2\text{-}17\text{-}2)$$

其中第一步是速率控制步，当达到准定态时，

$$[HBrO_2] = \frac{K_1}{K_2}[BrO_3^-][H^+]$$

当［Br^-］低时，发生下列 B 过程 Ce^{3+} 被氧化

$$BrO_3^- + HBrO_2 + H^+ \xrightarrow{K_3} 2BrO_2^- + H_2O \qquad (2\text{-}17\text{-}3)$$

$$BrO_2^- + Ce^{3+} + H^+ \xrightarrow{K_4} HBrO_2 + Ce^{4+} \qquad (2\text{-}17\text{-}4)$$

$$2HBrO_2 \xrightarrow{K_5} BrO_3^- + HOBr + H^+ \qquad (2\text{-}17\text{-}5)$$

反应式(2-17-3) 是速度控制步，反应经式(2-17-3)、式(2-17-4) 将自催化产生 $HBrO_2$，达到准定态时

$$[HBrO_2] \approx \frac{K_3}{2K_5}[BrO_3^-][H^+]$$

由反应式(2-17-2) 和式(2-17-3) 可以看出：Br^- 和 BrO_3^- 是竞争 $HBrO_2$ 的。当 K_2［Br^-］>K_3［BrO_3^-］时，自催化过程，式(2-17-3) 不可能发生。自催化是 BZ 振荡反应中必不可少的步骤。否则该振荡不能发生。Br^- 的临界浓度是

$$[Br^-]_{crit} = \frac{K_3}{K_2}[BrO_3^-] = 5\times10^{-6}[BrO_3^-]$$

Br^- 的再生可通过下列过程实现

$$4Ce^{4+} + BrCH(COOH)_2 + H_2O + HOBr \xrightarrow{K_6} 2Br^- + 4Ce^{4+} + 3CO_2 + 6H^+ \qquad (2\text{-}17\text{-}6)$$

该体系的总反应为

$$2H^+ + 2BrO_3^- + 2CH_2(COOH)_2 \longrightarrow 2BrCH(COOH)_2 + 3CO_2 + 4H_2O \qquad (2\text{-}17\text{-}7)$$

振荡的控制物种是 Br^-。

详见《物理化学实验》(孙尔康，徐维清，邱金恒编。南京大学出版。1998 年 4 月第一版第 68 页"BZ 振荡反应")。

六、仪器与试剂

(BZOAS-IS 型) BZ 振荡数据采集接口装置 1 套；BZ 振荡实验软件 1 套；计算机 1 台；打印机 1 台；超级恒温水浴 1 台；磁力搅拌器 1 台；反应器（100mL）1 只；铂电极（213 型）1 根；甘汞电极（232 型参比电极）1 根；附件（串行接口线、电源线、各种连接线等）1 套；丙二酸（A. R.）；溴酸钾（G. R.）；溴化钠（A. R.）；浓硫酸（A. R.）；试亚铁灵溶液。

七、仪器使用方法

在本装置中，可以看到仪器的前面板上有 2 个输入通道（温度传感器、电压输入）和一个通断输出控制通道，实验中计算机需要的两个信号（BZ 振荡电压信号和温度信号）。仪器

的面板上有电源开关、保险丝座和串行接口插座。另有一根串行通讯线缆。

具体接线方法如图 2-17-1 所示。

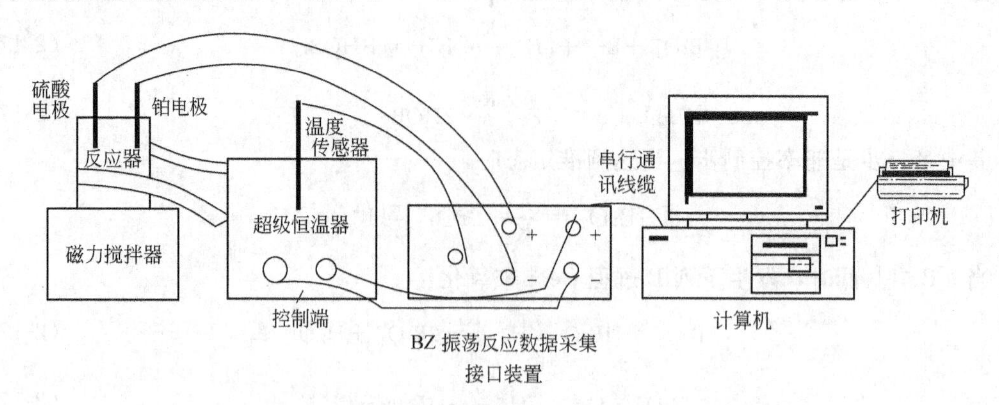

图 2-17-1 微机测定 BZ 振荡反应实验系统连接图

① 将“超级恒温水浴”的控温端分别接到“通断输出”的两端。注意：超级恒温水浴自带控温装置不必连接，如采用 HK-1D 型超级恒温水浴。

② 将 BZ 振荡的电极分别接到电压输入通道的两端，铂电极接（+），硫酸电极接（−）。(硫酸电极是将甘汞电极中的 NaCl 用 1M 硫酸置换)

③ 温度传感器用于测温。

④ 将串行通讯线缆一端接仪器后面板上的串行口接口插座，另一端接计算机的串行口一。(注意：一定要接计算机的串行口一) 此串行通讯线缆两端通用。

八、软件使用方法

1. 系统软件安装

(1) 打开计算机。

(2) 将 BZ 振荡反应实验系统软光盘放入光驱。打开文件双击安全命令按提示操作，系统软件即自动安装。

2. 系统软件使用说明

BZ＊.EXE 是本系统的主程序文件，它完成振荡的全部测控过程，及收据处理，画图，打印。界面友好，集图形，文字显示于一屏，并具有完善的提示功能，报警功能和实时监控功能，操作起来简单易行。

双击桌面上 BZ 软件图标，即进入软件主页，如果要进入实验，按“继续”键进入主菜单。进入主菜单后，可见菜单选项：参数矫正；参数设置；开始实验；数据处理；退出。

(1) 参数矫正

参数矫正菜单中有“温度参数矫正”和“电压参数矫正”两个子菜单项，电压参数一般情况下不需矫正，下面以温度矫正为例，完成温度传感器的定标工作。使用方法如下。

① 检查串行通讯线缆是否接上，打开计算机电源。

② 打开 BZ 振荡反应数据采集接口装置的电源，把温度传感器和水银温度计一起插入低温的水容器中，如 10℃的水。

③ 运行 BZ 程序。进入温度参数矫正子菜单，观察传感器送来的信号。观察传感器的信号稳定后，然后输入由水银温度计指示的当前温度值，按下低点部位的确定键。

④ 再将温度传感器移出，插入装有高温水的容器中（如 60℃热水）并用水银温度计读

出此时的水温。观察传感器的信号稳定后，然后输入由水银温度计指示的当前温度值，按下高点部位的确定键。

⑤ 再按下最下方的确定键。至此，定标工作完成。

⑥ 将传感器放入介于低温和高温之间的温度水容器中，读数应与水银温度计读数一致。

（2）参数设置

① 参数设置菜单中有“横坐标设置”、“纵坐标极值”、“纵坐标零点”、“起波阈值”、“目标温度”五个子菜单和“确定”、“退出”两个功能按钮。

②“横坐标设置”用于设置实验绘图区横坐标，单位为 s。

③“纵坐标极值”用于设置实验绘图区纵坐标最大值，单位为 mV。例如，一般 BZ 振荡实验的电势波动范围为 850～1100mV 之间，则可设纵坐标极值为 1200mV。

④“纵坐标零点”用于设置实验绘图区的纵坐标零点，单位为 mV。设置纵坐标和零点这两项参数，需根据实验中 BZ 反应波形的经验值来调整。例如，一般 BZ 振荡实验的电势波动范围为 850～1100mV 之间。则可设纵坐标零点为 800mV。

⑤“起波阈值”当发现起波时间识别不正确时，可以相应地将“起波阈值”（在 1～20mV 范围内）调节，默认设置为 6mV，一般不需改变。

⑥“目标温度”用于设定实验的反应温度，设置完成后，程序即自动进行控温至目标温度。

⑦ 修改完成上述参数后，按下“确定”键，使用者即可看到修改后的效果。

⑧ 按“退出”按钮退出此菜单。

（3）开始实验

开始实验菜单中有“开始实验”、“修改目标温度”、“查看峰谷值”、“读入实验波形”、“打印”五个子菜单项和“退出”功能按钮。

以完成一次 BZ 振荡实验的标准流程为例来说明。

① 参照“BZ 振荡反应数据采集接口装置的使用方法”完成接线及启动计算机、打开 BZ 振荡反应数据采集接口装置电源、打开“超级恒温水浴”电源，打开循环泵，打开并调节好磁力搅拌器。

② 打开计算机，运行 BZ 振荡反应实验软件，进入主菜单。

③ 进入参数设置菜单，设置绘图区坐标，设置反应温度和起波阈值。温度设 25℃。

④ 进入开始实验菜单，当系统控温完成出现提示后，在反应器中加入浓度为 0.5mol/L 的丙二酸、浓度为 0.25mol/L 的溴酸钾、浓度为 3.0mol/L 的硫酸各 15mL 混合。

⑤ 恒温 5min 后按下“开始实验”键，根据提示输入 BZ 振荡反应即时数据存储文件名，加入硫酸铈铵溶液 15mL 后按“OK”键进行实验。

⑥ 观察反应曲线，待反应完成后（曲线运行到横坐标最右端或以画完 10 个波形），按“查看峰谷值”键可观察各波的峰、谷值。

⑦ 如果需要打印此次实验波形，按下“打印”键，选择打印比例，程序根据操作者选择的打印比例打印实验波形和数据。如果需要查看和打印以前的实验波形，请先按“读入实验波形”键，出现对话框后输入需读入实验波形的文件名，查看完以前的实验波形后，按“返回”键后再按“打印”键，即可。

⑧ 按“修改目标温度”键修改反应温度用上述方法改变温度为 30℃，35℃，40℃，45℃，50℃时重复上述④～⑦步。

⑨ 实验完成后按“退出”键退出，此时会有提示“是否保存实验数据”，按“是”即出现对话框“请输入保存试验数据文件名”，输入保存实验数据文件名后再按“是”即将此次实验的不同反应温度下的起波时间保存入文件。

系统在“开始实验”后便不断监视 BZ 振荡信号，一旦确认起波后系统将自动在绘图区中描绘 BZ 振荡波形，并记录起波时间及波形极值。确认起波后，计满十个波形或时间到达横坐标极值后，系统将自动停止记录并把所得数据以操作者命名的文件名*.DAT存盘。

另外，当对波形形状不满意时，可以用“参数设置”中的各项功能对绘图区进行调节，当发现起波时间识别不正确时，可以相应的将“起波阈值”调节。

(4) 数据处理

数据处理菜单中有“使用当前实验数据进行数据处理”、“从数据文件中读取数据”、“打印”、三个子菜单项和“退出”功能按钮。

① 按“使用当前实验数据进行数据处理”钮即可将操作者所见到升温列于界面上升温数据进行处理。计算机自动画出 $\ln(1/t)$-$1/T$ 图并求出表面活化能。在按“打印”键即可打印图形和数据。

② 按“从数据文件中读取数据”键后，操作者再根据提示输入需读取数据的文件名，读入数据后再按上面步骤 1 的操作即可。

九、实验注意事项

1. 实验中的溴酸钾纯度要求高。
2. 甘汞电极用 1mol/L 的 H_2SO_4 作液接。
3. 配置硫酸铈铵溶液时，一定要在 0.30mol/L 的 H_2SO_4 介质中配置。防止发生水解呈浑浊。
4. 所使用的反应容器一定要冲洗干净，转子位置及速度都必须加以控制。
5. 将仪器放置在无强电磁场干扰的区域内。
6. 不要将仪器放置在通风的环境中，尽量保持仪器附近的气流稳定。
7. 请勿带电打开仪器面板。
8. 非专业人员请勿开机调试或维修。

十、思考题

1. 影响诱导期的主要因素有哪些?
2. 本实验记录的电势主要代表什么意思？与 Nernst 方程求得的电位有何不同?

表面现象和胶体化学部分

实验十八　最大气泡压力法测定溶液的表面张力

一、实验目的

1. 测定不同浓度正丁醇（n-C_4H_9OH）水溶液的表面张力。根据溶液表面吸附量与浓度的关系，计算正丁醇（n-C_4H_9OH）分子的截面积。

2. 掌握最大气泡压力法测定溶液表面张力的原理和技术。

二、预习要求

1. 了解表面张力、表面自由能的概念及物理意义。

2. 了解吉布斯吸附公式的意义及吸附量的求算方法。

3. 了解表示吸附量与浓度之间关系的朗谬尔吸附等温式及其应用。

4. 了解 DMPY-2C 型表面张力测定仪的使用。

三、实验原理

液体表面层的分子所处的环境与内部分子不同。表面层分子受到一种净向内拉力，所以液体表面都有自动缩小的倾向。如果要把一个分子从内部移到界面（或者说增大表面积）时，就必须克服体系内部分子之间的吸引力而对体系作功。在温度、压力和组成恒定时，可逆地使表面积增加 dA 所需要对体系做的功，叫做表面功，可以表示为

$$-\delta W'=\sigma dA \tag{2-18-1}$$

式中，σ 为比例常数，它在数值上等于当 T、p 及组成恒定的条件下，增加单位表面积时所必须对体系做的可逆非膨胀功。

若该过程体系吉布斯自由能的增量为 dG，则

$$dG=-\delta W'=\sigma dA \tag{2-18-2}$$

或

$$\sigma=\left(\frac{\partial G}{\partial A}\right)_{T,P,n} \tag{2-18-3}$$

由此可知，σ 是指在温度压力一定的情况下，每增加单位表面积时，体系吉布斯自由能的增值。或者说当以可逆方式形成新表面时，环境对体系所作的表面功变成了单位表面层分子的吉布斯自由能了。因此 σ 被称为表面自由能，其单位为 J/m，若把 σ 看作是垂直作用于单位长度相界面上的力，通常称为表面张力。

从另外一个角度来考虑表面现象，特别是观察气液界面的一些现象，可以觉察到表面上处处存在着一种张力，它力图使表面积缩小，此力称为表面张力，其单位是 N/m。表面张力是液体的重要特性之一，与所处的温度、压力、浓度以及共同存在的另一相的性质等均有关系。纯液体的表面张力通常是指液体与饱和了其本身蒸气的空气接触时而言。

纯液体表面层的组成与内部的组成相同，因此纯液体降低表面自由能的唯一途径是尽可能缩小其表面积。对于溶液，溶质能使溶剂表面张力发生变化，因此可以调节溶质在表面层中的浓度来降低表面自由能。

根据能量最低原则，溶质能降低溶剂的表面张力时，表面层中溶质的浓度应比溶液内部大。反之溶质使溶剂的表面张力升高时，它在表面层中的浓度比在内部的浓度低，这种表面浓度与溶液内部浓度不同的现象叫“吸附”。在指定的温度和压力下，吸附量与溶液的表面张力及溶液的浓度有关。吉布斯（Gibbs）用热力学方法推导出它们之间的关系式：

$$\Gamma=-\frac{c}{RT}\left(\frac{d\sigma}{dc}\right)_T \tag{2-18-4}$$

式中，Γ 为表面吸附量（mol/m^2）；σ 为表面张力（J/m^2）；T 为绝对值温度（K）；c 为溶液浓度（mol/L）；R 为摩尔气体常数。

当 $\left(\frac{d\sigma}{dc}\right)_T<0$ 时，则 $\Gamma>0$，称为正吸附，表明加入溶质使液体表面张力下降，此类物质称为表面活性物质。此时溶液表面层的浓度大于溶液内部的浓度。

当 $\left(\frac{d\sigma}{dc}\right)_T>0$，则 $\Gamma<0$，称为负吸附，表明加入溶质使液体表面张力升高，此类物质称为非表面活性物质。此时，溶液表面层的浓度小于溶液本身的浓度。

由式(2-18-4) 可看出，只要测出不同浓度溶液的表面张力，以 σ-c 作图，在图的曲线上

作不同浓度的切线，把切线的斜率代入吉布斯吸附公式，即可求出不同浓度时气、液界面上的吸附量Γ。

在一定的温度下，吸附量Γ与浓度c之间的关系可用朗谬尔（Langmuir）吸附等温式表示。

$$\Gamma=\Gamma_{\infty}\frac{Kc}{1+Kc} \tag{2-18-5}$$

式中，Γ_{∞}为饱和吸附量；K为经验常数，与溶质的表面活性大小有关。将上式取倒数可得

$$\frac{c}{\Gamma}=\frac{c}{\Gamma_{\infty}}+\frac{1}{K\Gamma_{\infty}} \tag{2-18-6}$$

若以$\frac{c}{\Gamma}$-c作图，可得一直线，直线斜率的倒数即为Γ_{∞}。

假若在饱和吸附的情况下，在气、液界面上铺满一单分子层，则可应用下式求得被测物质的横截面积S_0。

$$S_0=\frac{1}{\Gamma_{\infty}N_A} \tag{2-18-7}$$

式中，N_A为阿伏加德罗常数。

本实验采用最大气泡法测定表面张力，其装置和原理如图 2-18-1 所示。

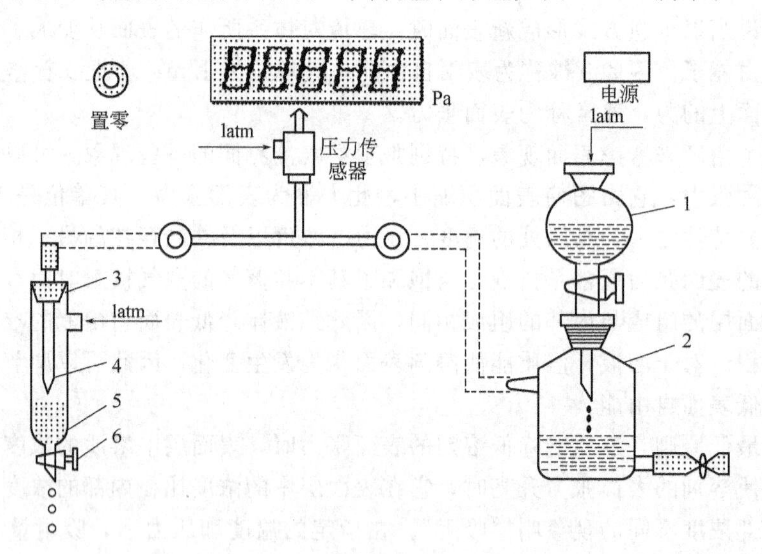

图 2-18-1 最大气泡法测定表面张力实验装置

1—滴液漏斗；2—磨口烧杯；3—表面张力管；4—毛细管；5—橡皮塞；6—放水阀

当表面张力仪中的毛细管端面与待测液体液面相切时，液面即沿毛细管上升。打开分液漏斗的活塞，使水缓慢下滴而增加系统压力，此时毛细管内液面上所受的压力（$p_{系统}$）大于试管中液面上的压力（$p_{大气}$），故毛细管内的液面逐渐下降。当此压力差在毛细管端面上产生的作用力稍大于毛细管口液体的表面张力时，气泡就从毛细管口逸出，这一最大压力差可由表面张力测定仪上读出。其关系式为

$$p_{最大}=p_{系统}-p_{大气}=\Delta p \tag{2-18-8}$$

如果毛细管半径为r，气泡由毛细管口逸出时受到向下的总压力为$\pi r^2 p_{最大}$。

气泡在毛细管受到的表面张力引起的作用力为$2\pi r\sigma$。刚发生气泡自毛细管口逸出时，

上述两力相等，即

$$\pi r^2 p_{最大}=\pi r^2 \Delta p=2\pi r\sigma \tag{2-18-9}$$

$$\sigma=\frac{r}{2}\Delta p \tag{2-18-10}$$

若用同一根毛细管，对这两种具有表面张力为 σ_1 和 σ_2 的液体而言，则有下列关系。

$$\sigma_1=\frac{r\Delta p_1}{2}$$

$$\sigma_2=\frac{r\Delta p_2}{2}$$

$$\frac{\sigma_1}{\sigma_2}=\frac{\Delta p_1}{\Delta p_2}$$

则

$$\sigma_1=\sigma_2\frac{\Delta p_1}{\Delta p_2}=K\Delta p_1 \tag{2-18-11}$$

式中，K 为仪器常数。

因此，以已知表面张力的液体为标准，从式（2-18-11）即可求出其他液体的表面张力 σ_1。

四、仪器与试剂

DMPY-2C 型表面张力测定教学仪（南京大学应用物理研究所）1 套；容量瓶（50mL）8 只；正丁醇（A. R.）

五、实验步骤

1. 洗净仪器；对需干燥的仪器做干燥处理。按图 2-18-1 装置，将磨口烧杯、毛细管用橡皮胶真空管连接好，调整毛细管的端点位置使其刚好与水面相切。

2. 分别配制 0.02mol/L，0.05mol/L，0.10mol/L，0.15mol/L，0.20mol/L，0.25mol/L，0.30mol/L，0.35mol/L 正丁醇溶液各 50mL。

3. 插上电源插头，打开电源开关，LED 显示即亮，2s 后正常显示（过量程时显示 ±1999）。预热 5min 后按下置零按钮显示为 0000，表示此时系统大气压差为零。

4. LED 显示值即为压力腔体的压力值，如果压力腔体的压力成下降趋势，则出现的极大值保留显示约 1s。

5. 以水作为待测液测定仪器常数。打开滴液漏斗，毛细管逸出气泡，调整滴液速度，速度约为 5～10s 1 个气泡逸出。在毛细管气泡逸出的瞬间最大压差在 450～900Pa（否则须调换毛细管）。可以通过附录查出实验温度时水的表面张力，利用公式 $K=\sigma_{H_2O}/\Delta p$，计算出仪器常数 K。

6. 待测样品表面张力的测定。用待测溶液洗净试管和毛细管，加入适量样品于试管中，按照仪器常数测定的方法，测定已知浓度的待测样品的压力差 Δp，代入式(2-18-11）计算其表面张力。

六、实验注意事项

1. 不要将仪器放置在有强电磁场干扰的区域内。

2. 不要将仪器放置在通风的环境中，尽量保持仪器附近的气流稳定。

3. 压力极小值与极大值出现的时间间隔不能太小，否则显示值将恒为极大值。

4. 测定用的毛细管一定要洗干净，否则气泡不能连续稳定地流过，而使微压差测量仪读数不稳定，如发生此现象，毛细管应重洗。

5. 毛细管一定要保持垂直，管口刚好插到与液面接触。

6. 数字式微压差测量仪有峰值保持功能，最大压力会保持 1s 左右，应读出气泡逸出时最大压差。

七、数据记录及处理

1. 由附录表中查出实验温度时水的表面张力，算出毛细管常数 K。

2. 由实验结果计算各份溶液的表面张力 σ，并作 σ-c 曲线。

3. 在 σ-c 曲线上分别在 0.050mol/L，0.100mol/L，0.150mol/L，0.200mol/L，0.250mol/L 和 0.300mol/L 处作切线，分别求出各浓度的 $\left(\frac{d\sigma}{dc}\right)_T$ 值，并计算在各相应浓度下的 Γ。

4. 用 c/Γ 对 c 作图，应得一条直线，由直线斜率求出 Γ_∞。

5. 根据式(2-18-7) 计算正丁醇分子的横截面积 S_0。

八、思考题

1. 用最大气泡法测定表面张力时为什么要读最大压力差?

2. 表面张力仪的清洁与否和温度的不恒定对测量数据有何影响?

3. 滴液漏斗放水的速度过快对实验结果有什么影响?

4. 如果毛细管末端插入到溶液内部进行测量行吗? 为什么?

九、讨论

如果室温和液温的变化不大，则不控制恒温对结果影响不大，如室温和液温的变化小于 5℃，由此而引起的表面张力的改变，所导致的偏差不大于 1%。

实验十九　电　　泳

一、实验目的

1. 掌握凝聚法制备 $Fe(OH)_3$ 溶胶和纯化溶胶的方法。

2. 掌握电泳法测定 ζ 电位的原理和技术以及测定胶粒电泳速度的方法。

二、预习要求

1. 了解胶体的特征及制备、纯化溶胶的方法。

2. 了解胶体粒子表面的电荷分布及扩散双电层理论。

3. 了解本实验的注意事项。

三、实验原理

溶胶是一个多相体系，其分散相离子大小在 1nm～1μm 之间。溶胶的制备方法大致可以分为两类：一类是分散法，这种方法是用适当方法使大块物质在有稳定剂存在时分散成胶体粒子的大小。常用的又分为研磨法、胶溶法、超声波分散法和电弧法等；另一类是凝聚法，这个方法的特点是先制成难溶物的分子（或离子）的过饱和溶液，再使之互相结合成胶体粒子而得到溶胶，常用的又可分为化学凝聚法和物理凝聚法等。本实验采用凝聚法中化学凝聚法来制备 $Fe(OH)_3$ 溶胶。

在制得的溶胶中常含有一些电解质，通常除了形成胶团所需要的电解质以外，过多的电解质存在反而会破坏溶胶的稳定性，因此必须将溶胶净化。最常用的净化方法是渗析法。它是利用半透膜具有能透过离子和某些分子，而不能透过胶粒的能力，将溶胶中过量的电解质和杂质分离出来，半透膜可由胶棉液制得。纯化时，将刚制备的溶胶，装在半透膜袋内，浸入蒸馏水中，由于电解质和杂质在膜内的浓度大于在膜外的浓度，因此，膜内的离子和其他能透过膜的分子，即向膜外迁移，这样就降低了膜内溶胶中电解质和杂质的浓度，多次更换蒸馏水，即可达到纯化的目的。适当提高温度，可以加快纯化过程。

几乎所有胶体体系的颗粒都带电荷。在电场中，这些荷电的胶粒与分散介质间会发生相对运动，若分散介质不动，胶粒向阳极或阴极（视胶粒荷负电或正电而定）移动，称为电泳。由于胶粒本身的电离或选择性地吸附一定量的离子以及其他原因所致，胶粒表面具有一定量的电荷，胶粒周围的介质分布着反离子。反离子所带电荷与胶粒表面电荷符号相反、数量相等，整个溶胶体系保持电中性。胶粒周围的反离子由于静电引力和热扩散运动的结果形成了两部分——紧密层和扩散层。紧密层约有一两个分子层厚，紧密吸附在胶核表面上，而扩散层的厚度则随外界条件（温度、体系中电解质浓度及其离子的价态等）而改变，扩散层中的反离子符合玻尔兹曼分布。由于离子的溶剂化作用，紧密层结合有一定数量的溶剂分子，在电场的作用下，它和胶粒作为一个整体移动，而扩散层中的反离子则向相反的电极方向移动。发生相对移动的界面称为切动面。从紧密层的外界面（或切动面）到溶液本体间的电位差称为电动电位或 ζ 电位，如图 2-19-1 所示。

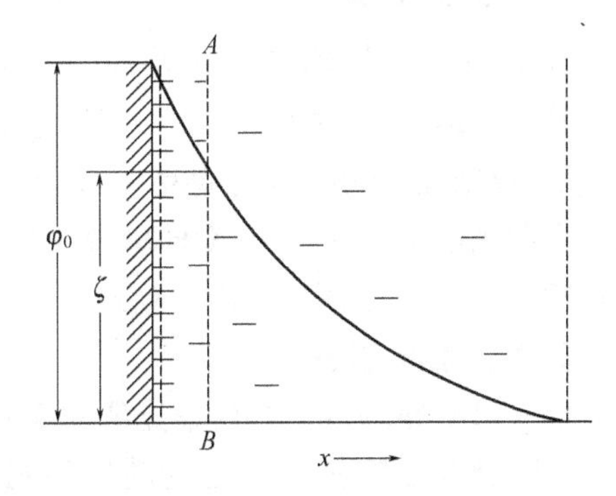

图 2-19-1 扩散双电层模型

ζ 电位是表征胶体特性的重要物理量之一，在研究胶体性质及其实际应用有着重要意义。胶体的稳定性与 ζ 电位有直接关系。ζ 电位绝对值越大，表明胶粒荷电越多，胶粒间排斥力越大，胶体越稳定。反之则表明胶体越不稳定。当 ζ 电位为零时，胶体的稳定性最差，此时可观察到胶体的聚沉。

在同一外电场（电压为 U）和同一温度 T 下，胶粒移动的速率（即电泳速率）u 与 ζ 电位的大小有关，二者之间有如下关系

$$\zeta=\frac{4\pi\eta u}{\varepsilon U/l}=\frac{4\pi\eta}{\varepsilon}\cdot\frac{u}{U/l} \tag{2-19-1}$$

应用上式计算电泳速度或胶粒的 ζ 电位值时，式中电学量应使用绝对静电单位。采用中国法定的计量单位时，则上式应为

$$\zeta=300^2\frac{40\pi\eta}{\varepsilon}\cdot\frac{u}{U/l}=3.6\times10^6\cdot\frac{\pi\eta u}{\varepsilon U/l} \tag{2-19-2}$$

式中，η 为分散介质的黏度；ε 为介质的介电常数（当分散介质为水时，在温度 293.15K 时，$\varepsilon=81$，$\eta=0.001005\text{Pa}\cdot\text{s}$）；$U$ 为加于电泳测定管两端的电压，V；l 是两电极间的距离，cm；u 是电泳速度，cm/s。

本实验中求电泳速度 u 是采用通过观察在 ts 内电泳测定管中胶体溶液界面在电场作用下移动距离 l' 后，由 $u=l'/t$ 求出。故式(2-19-2) 又可表示为

$$\zeta=300^2\frac{40\pi\eta}{\varepsilon}\cdot\frac{l'/t}{U/l} \tag{2-19-3}$$

式中，l'，t，U，l 值均可由实验求得；ε、η 值可从手册中查到，据此可算出胶粒的 ζ 电位。

必须注意：由式 $u=l'/t$ 所表示的电泳速度是随外加电压及两极间距 l 的变化而变化的。一般文献中所记载的胶体电泳速度是指单位电位梯度下的，即由式$\frac{l'/t}{U/l}$所求得的胶体电泳速度。

四、仪器与试剂

电泳仪 1 套（附铂电极 2 个）；直流稳压电源 1 台；

DDS-307 型电导率仪 1 台；洗瓶（250mL）1 个；滴管 5 支；

棕色试剂瓶（250mL）1 个；锥形瓶（500mL）1 个；

烧杯（250mL）1 个，（1000mL）1 个

五、实验步骤

1. 水解法制备 $Fe(OH)_3$ 溶胶

在 250mL 烧杯中加 100mL 蒸馏水，加热至沸腾，慢慢地滴入 20% 的 $FeCl_3$ 溶液 5～10mL（控制在 4～5min 内滴完），并不断搅拌，滴完后再继续煮沸 1～2min，由于水解的结果，即得到红棕色的 $Fe(OH)_3$ 溶胶。在溶胶冷却时，反应要逆向进行，因此所得的 $Fe(OH)_3$ 水溶胶必须进行渗析处理。

2. 半透膜的制备

取一只洗净、烘干的内壁光滑的 500mL 锥形瓶，加入约 30mL 6% 的胶棉液溶液（溶剂为 1∶3 乙醇-乙醚液）。小心转动锥形瓶，使胶棉液在瓶内壁形成均匀的薄膜，倾出多余的胶棉液于回收瓶中。将锥形瓶倒置于铁圈上并不断旋转，待剩余的胶棉液流尽，并将其中的乙醚挥发完（可用电吹风冷风吹锥形瓶口，以加快蒸发），直至闻不到乙醚的臭味为止。如此时用手指轻轻触及薄膜而无黏着感时，则可再用电吹风热风吹 5min。随即将锥形瓶放正，往其中加蒸馏水至满（若乙醚未蒸发完而加水过早，半透膜呈白色，则不合用。若吹风时间过长，使膜变为干硬，易裂开），将膜浸于水中约 10min，使剩余在膜上的乙醇被溶去。倒出瓶内的水，然后用刀在瓶口上割开薄膜，用手指轻挑，使膜与瓶口脱离，再在瓶壁和膜之间慢慢注入蒸馏水至满，膜即脱离瓶壁，轻轻取出即成半透膜袋。将膜袋灌水并悬空，袋中之水应能逐渐渗出（本实验要求水渗出的速度不小于每小时 4mL，否则不符合要求而需重新制备），但不能有漏洞。若有较小的漏洞，可先擦干洞口部分，再用玻璃棒蘸少许胶棉液，轻轻触及洞口，即可补好，然后浸入蒸馏水中待用，否则袋发脆易裂，且渗析能力显著降低。

3. 溶胶的净化

将水解法制得的 $Fe(OH)_3$ 溶胶置于半透膜袋内，用线拴住袋口，置于 1000mL 的清洁烧杯内，并在烧杯内加入蒸馏水约 500mL，使袋内溶胶全部浸入水中渗析。保持温度在 60～70℃之间，进行热渗析。约 10min 换水一次，并取出 1mL 水检查其中 Cl^- 及 Fe^{3+}（分别用 1% $AgNO_3$ 及 1%KCNS 溶液进行检验），直至不能检查出 Cl^- 和 Fe^{3+} 为止（一般渗析 5 次）。将渗析好的 $Fe(OH)_3$ 溶胶和最后一次的渗析液冷至室温，再用 DDS—307 型电导率仪（其使用见第三篇仪器及其使用）分别测其电导率 $\kappa_{胶}$、$\kappa_{辅}$，若二者相等，则将溶胶移置于 250mL 的清洁、干净的试剂瓶中，放置一段时间进行老化（老化后的溶胶可供电泳等实

验使用），将最后一次渗析液作为导电辅液备用。若二者相差较大，则可在渗析液内加入蒸馏水或浓度为0.1mol/L的KCl溶液进行调节，至渗析液的电导率近似等于溶胶的电导率为止。

4. $Fe(OH)_3$ 溶胶电泳速率 u 的测定

(1) 先用铬酸洗液浸泡电泳仪如图2-19-2所示，再用自来水冲洗多次，然后用蒸馏水荡洗。在各个活塞上均需涂一薄层凡士林（凡士林要离活塞孔稍远，以免污染溶胶），塞好活塞。

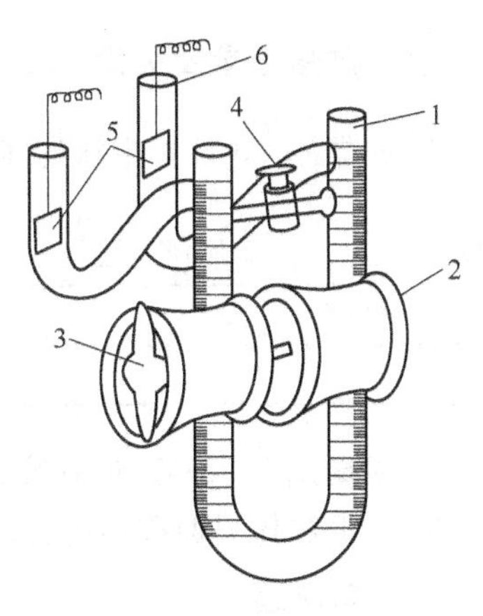

图2-19-2 拉比维奇-付其曼U形电泳仪

1—U形管；2，3，4—活塞；5—电极；6—弯管

(2) 打开活塞2、3，用少量 $Fe(OH)_3$ 溶胶洗涤电泳仪2～3次，将溶胶加入电泳仪的U形管1中，直至胶液面高于活塞2、3少许，关闭两活塞，倒去活塞上方的多余溶胶。

(3) 用辅液荡洗U形管活塞2、3以上部分三次，将电泳仪固定在铁架台上，从U形管口加入辅液（以能浸没电极为限），将两铂电极插入支管内并连接电源，缓缓开启活塞4使管内两辅助液面等高，关闭活塞4。

(4) 缓缓开启活塞2、3（勿使溶胶液面搅动），可得到溶胶和辅液间一清晰界面。然后打开稳压电源，将电压调至150～300V（注意调节速度要快），观察溶胶液面移动现象及电极表面现象。当界面上升至活塞2（或3）上少许时，开始计时，同时记录界面的位置，以后每隔10min记录一次，共测四次。

(5) 测完后，关闭电源。用铜丝量出两电极间的距离 l（不是水平距离），共量3～5次，取其平均值。

实验结束，将溶胶倒入指定瓶内，洗净玻璃仪器，并将电泳仪内注满蒸馏水。

六、实验注意事项

1. 在制备半透膜时，加水溶解乙醇的时间应适中，如加水过早，因胶膜中的乙醚还未完全挥发掉，胶膜呈乳白色，强度差不能用。如加水过迟，则胶膜变干、脆，不易取出且易破。制备好的半透膜放在蒸馏水中保存备用。

2. 在溶胶上面加入辅助溶液时必须十分小心地沿着管壁慢慢滴加，调节电压时应一次到位，不能反复调，以保界面清晰。

3. 渗析后的溶胶必须冷至与辅助溶液大致相同的温度（室温）以保证两者所测的电导率一致，否则会产生界面在一管中下降的距离不等于在另一管中上升的距离的现象，若辅助溶液的电导率过大，会使界面处溶胶发生聚沉。另外，打开活塞2、3时，应尽可能慢，以保持界面清晰。

4. 溶胶的制备条件和净化效果均影响电泳速度。制胶过程应很好控制浓度、温度、搅拌和滴加速度。渗析时应控制水温，常搅动渗析液，勤换渗析液。这样制备得到的溶胶胶粒大小均匀，胶粒周围的反离子分布趋于合理，基本形成热力学稳定态，所得的 ζ 电位准确，重复性好。

5. 连接输出插口至电泳仪电极的连接导线时，应注意安全以免发生触电事故。

6. 制备的 $Fe(OH)_3$ 溶胶经过纯化及老化后方能用于实验。

七、数据记录及处理

1. 根据$\frac{l'/t}{U/l}$式计算电泳的速度。

室温________ 胶体种类________ η________ ε________

电泳时间 t	电压 U	两极间距 l	胶体界面移动距离 l'	电泳速度 u

2. 根据式(2-19-3) 计算胶粒的 ζ 电位。

3. 根据胶体界面移动的方向说明胶粒带何种电荷。

八、思考题

1. 实验所用的辅助液体的电导率值，为什么必须与所测的溶胶电导率值十分相近？

2. 做好本实验的关键是什么？

3. 要准确测定胶体的电泳速度必须注意哪些问题？

4. 除了用电泳实验证明胶粒荷电外，还可用什么实验方法证明？

九、讨论

1. 电泳的实验方法有多种。本实验方法称为界面移动法，适用于溶胶或大分子溶液与分散介质形成的界面在电场作用下移动速率的测定。此外还有显微电泳法和区域电泳法。显微电泳法是用显微镜直接观察质点电泳的速度，要求研究对象必须在显微镜下能明显观察到，此法简便，快速，样品用量少，在质点本身所处的环境下测定，适用于粗颗粒的悬浮体和乳状液。区域电泳法是以惰性而均匀的固体或凝胶作为被测样品的载体进行电泳，以达到分离与分析电泳速度不同的各组分的目的。该法简便易行，分离效率高，样品用量少，还可避免对流影响，现已成为分离与分析蛋白质的基本方法。

2. 界面移动法电泳实验中辅助液的选择十分重要，因为 ζ 电位对辅助液成分十分敏感，最好用胶体溶液的超滤液。1-1 型电解质组成的辅助液多选用 KCl 溶液（或 NaCl 溶液），因 K^+ 和 Cl^- 的迁移数近似相等。此外，要求辅助液的电导率与溶胶一致，目的是避免界面处电场强度的突变造成两臂界面移动速度不等产生界面模糊。

3. 由化学反应得到的溶胶都带有电解质，而电解质浓度过高则会影响胶体的稳定性。通常用半透膜来提纯溶胶，称为渗析。半透膜孔径大小可允许电解质通过而胶粒则通不过。此外本实验用热水渗析是为了提高渗析效率，保证纯化效果。

4. 本实验中电极采用铂电极，电泳实验时两电极上有气泡析出（发生分解），可导致辅助液电导率发生变化和扰动界面，为避免此现象，可将辅助液与电极用盐桥隔开或将铂电极改用电化学上的可逆电极。

5. 若被测溶胶没有颜色，则与辅助液的界面肉眼观察不到，可利用胶体的光学性质——乳光或利用紫外光的照射而产生荧光来观察其界面的移动。

6. 有文献报道 $Fe(OH)_3$ 溶胶可在混合溶剂中制备，制备方法如下：在电磁搅拌下，向浓度为 0.1mol/L 的 $FeCl_3$ 乙醇溶液中缓慢滴加浓度为 0.6mol/L 的氨乙醇溶液，控制反应温度为 50℃左右，至溶胶的 pH 为 6 左右，过滤，用无水乙醇洗涤至无 Cl^- 和 NH_4^+ 为止，沉淀在 90℃下烘 3～4h，得胶体粉末。不需经半透膜纯化，易长期保存，使用时只需要用蒸馏水搅拌分散即可制得所需浓度的 $Fe(OH)_3$ 溶胶。

实验二十　黏度法测定高聚物相对分子质量

一、实验目的

1. 测定聚乙二醇的平均相对分子质量。

2. 掌握用乌氏黏度计测定黏度的方法。

二、预习要求

1. 了解乌氏黏度计的构造与使用方法。

2. 理解高聚物相对分子质量、黏度、相对黏度、增比黏度、比浓黏度、特性黏度等概念。

三、实验原理

在高聚物的研究中，高聚物的相对分子质量是必须掌握的重要数据之一。但高聚物多是相对分子质量不等的混合物，因此通常所说的相对分子质量是一个统计平均值。高聚物相对分子质量的测量方法很多，比较起来，黏度法设备简单，操作方便，且有很好的实验精度，是常用的方法之一。

高聚物在稀溶液中的黏度，反映了液体在流动过程中存在内摩擦。它包括：溶剂分子之间的内摩擦；高聚物分子与溶剂分子间的内摩擦；以及高聚物分子间的内摩擦。其中溶剂分子之间的内摩擦称为纯溶剂的黏度，以 η_0 表示。三者之总和表现为高聚物溶液的黏度 η。在相同温度下，一般来说 $\eta > \eta_0$。相对于溶剂，其溶液黏度增加的分数，称之为增比黏度，记作 η_{sp}，即

$$\eta_{sp}=\frac{\eta-\eta_0}{\eta_0} \tag{2-20-1}$$

而溶液黏度与纯溶剂黏度的比值称作相对黏度，以 η_r 表示，即

$$\eta_r=\frac{\eta}{\eta_0} \tag{2-20-2}$$

η_r 反映的也是整个溶液的黏度行为，η_{sp} 则反映了扣除了溶剂分子之间的内摩擦后，仅为纯溶剂与高聚物分子间以及高聚物分子间的内摩擦。

对于高聚物溶液，增比黏度 η_{sp} 往往随溶液浓度 c 的增加而增加。为此，常取单位浓度下增比浓度进行比较，即比浓黏度，以 $\frac{\eta_{sp}}{c}$ 表示。而 $\frac{\ln\eta_r}{c}$ 则称之为比浓对数黏度。而 η_r 和 η_{sp} 均为无量纲的量。当溶液无限稀释时，高聚物分子彼此相隔极远，它们之间的相互作用可以忽略不计，此时的高聚物溶液的黏度行为主要反映高聚物分子与溶剂分子间的内摩擦。这一比浓黏度的极限值记为

$$\lim_{c \to 0}\frac{\eta_{sp}}{c}=[\eta] \tag{2-20-3}$$

$[\eta]$ 称为特性黏度。单位是浓度 c 单位的倒数。

在足够稀的高聚物溶液里，$\frac{\eta_{sp}}{c}$、$\frac{\ln\eta_r}{c}$ 与 c 之间分别符合下述经验关系式。

$$\frac{\eta_{sp}}{c}=[\eta]+k[\eta]^2c \tag{2-20-4}$$

$$\frac{\ln\eta_r}{c}=[\eta]-\beta[\eta]^2 c \qquad (2\text{-}20\text{-}5)$$

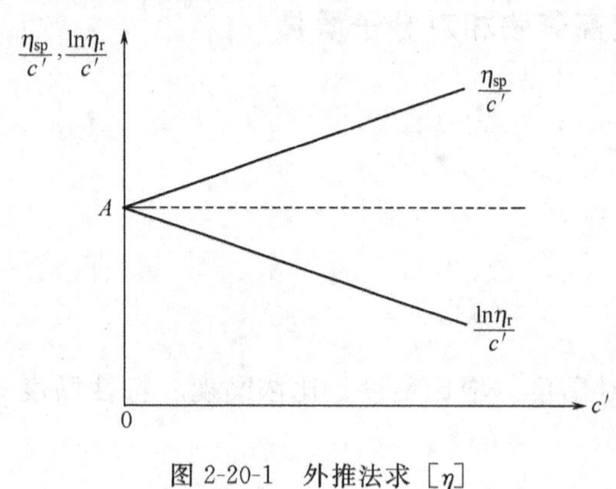

图 2-20-1 外推法求 [η]

这样以$\frac{\eta_{sp}}{c}$及$\frac{\ln\eta_r}{c}$对 c 作图得两条直线，这两条直线在纵坐标轴上相交于一点，如图 2-20-1，可求出[η]数值。为了绘图方便，引入相对浓度 c'，即 $c'=\frac{c}{c_1}$。其中，c 表示溶液的真实浓度，c_1 表示溶液的起始浓度，由图 2-20-1 可知

$$[\eta]=\frac{A}{c_1} \qquad (2\text{-}20\text{-}6)$$

式中，A 为截距。

高聚物溶液特性黏度与高聚物相对分子质量的关系，通常用半经验的 Mark Houwink 方程来表示。

$$[\eta]=K\,\overline{M}\alpha \qquad (2\text{-}20\text{-}7)$$

式中，$\overline{M}$为高聚物相对分子质量的平均值；K，α 是与温度、高聚物及溶剂的性质有关的常数，只能通过一些绝对实验方法确定。

测定高分子的[η]时，用毛细管黏度计最为方便。本实验采用乌氏黏度计测定黏度，如图 2-20-2 所示，通过测定一定体积的液体流经一定长度和半径的毛细管所需时间获得。当液体在重力作用下流经毛细管时，遵守泊塞勒（Poiseuille）定律。

$$\eta=\frac{\pi p r^4 t}{8lV}=\frac{\pi h\rho g r^4 t}{8lV} \qquad (2\text{-}20\text{-}8)$$

式中，η 为液体的黏度，kg/(m·s)；p 为当液体流动时在毛细管两端间的压力差，kg/(m·s)，即是液体密度 ρ，重力加速度 g 和流经毛细管液体的平均液柱高度差 h 三者的乘积；r 是毛细管半径，m；V 是流经毛细管的液体体积，m^3；t 是流出时间，s；l 是毛细管的长度，m。

用同一黏度计在相同条件下测定两个液体的黏度时，它们的黏度之比等于密度 ρ 与流出时间 t 之比。即

$$\frac{\eta_1}{\eta_2}=\frac{p_1 t_1}{p_2 t_2}=\frac{\rho_1 t_1}{\rho_2 t_2} \qquad (2\text{-}20\text{-}9)$$

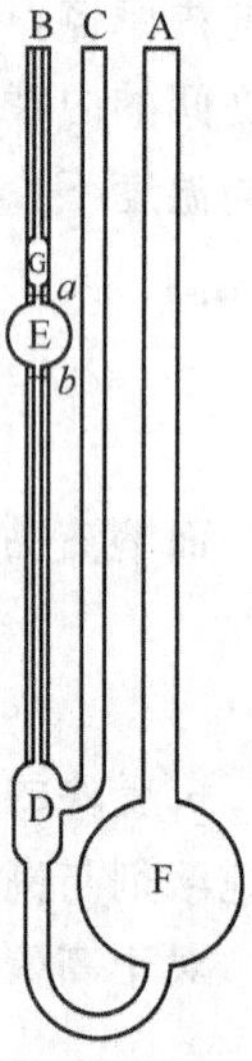

图 2-20-2 乌氏黏度计

如果用已知黏度 η_1 的液体作为参考液，则待测液体的黏度 η_2 可通过上式求得。通常测定是在高聚物的稀溶液下进行（$c<1\times10\text{kg/m}^3$），溶液的密度与溶剂的密度可近似看作相等，则溶液的相对黏度 η_r 可表示为

$$\eta_r=\frac{\eta}{\eta_0}=\frac{t}{t_0} \qquad (2\text{-}20\text{-}10)$$

因此，只需测定溶液和溶剂在毛细管中的流出时间就可得到待测液体的相对黏度。

四、仪器与试剂

超级恒温槽 1 台；　　乌氏黏度计 1 支；

停表 1 块；　　洗耳球 1 个；

玻璃砂芯漏斗（3号）　1个；
吊锤　1个；
移液管（10mL）2支，（5mL）1支；
容量瓶（100mL）1个；
电热吹风　1个；
聚乙二醇（A.R.）

五、实验步骤

1. 高聚物溶液的配制。称取聚乙二醇2.5g（称准至0.001g），放入100mL容量瓶中，加入约60mL蒸馏水，振荡使之全部溶解后，用蒸馏水稀释至刻度。然后用预先洗净并烘干的3号玻璃砂芯漏斗过滤后待用。

2. 黏度计的洗涤。所用黏度计必须洁净，微量的灰尘和杂质会产生局部的堵塞现象，影响溶液在毛细管中的流速，而导致较大的误差。做实验之前，应将黏度计彻底洗净。先用热洗液（经砂芯漏斗过滤）浸泡，再用自来水、蒸馏水冲洗（经常使用的黏度计则用蒸馏水浸泡，去除留在黏度计中的高聚物）。黏度计的毛细管要反复用水冲洗。

3. 溶剂流出时间 t_0 的测量。开启恒温水浴，调节恒温槽温度（25±0.05)℃，将黏度计垂直安装在恒温槽内，用吊锤检查是否垂直。黏度计G球及以下部位均没在水中，放置位置要合适，便于观察液体的流动情况。恒温槽的搅拌马达的搅拌速度应调节合适，不致产生剧烈震动，影响测量结果。用移液管取10mL蒸馏水，由A管注入黏度计内，恒温数分钟。在C管和B管的上端，均套上干燥洁净的乳胶管，并夹紧C管上连接的乳胶管使其不通大气。在连接B管的乳胶管上接洗耳球慢慢抽气，待液面升至G球的一半左右时停止抽气，取下洗耳球，打开C管乳胶管上夹子使其通大气，此时液体靠重力自由流下。当液面达到刻度线 a 时，立刻按停表开始计时，当液面下降到刻度线 b 时，再按停表，记录溶剂流经毛细管的时间 t_0。重复三次，每次相差不应超过0.2s，取其平均值。如果相差过大，则应检查毛细管有无堵塞现象，查看恒温槽温度是否符合。

4. 溶液流出时间 t 的测定。取出黏度计，倒出其中的水，用电热吹风吹干，用移液管吸取已预先恒温好的高聚物溶液10mL，注入黏度计内，同上法测出流出时间 t。再用移液管加入5mL已恒温的溶剂，用洗耳球从C管鼓气搅拌并将溶液慢慢地抽上流下数次使之混合均匀，再用上法测定流经时间。同样，依次加入5mL，10mL，10mL已恒温的溶剂，稀释成相对浓度为$\frac{1}{2}$、$\frac{1}{3}$、$\frac{1}{4}$的溶液，逐一测定它们的流出时间（每个数据重复三次，取平均值）。

实验完毕，黏度计应洗净，然后用洁净的蒸馏水浸泡或倒置使其晾干。

六、实验注意事项

1. 温度波动直接影响溶液黏度的测定，国家规定用黏度法测定相对分子质量的恒温槽的温度波动为±0.05℃。

2. 高聚物在溶剂中溶解缓慢，配制溶液时必须保证其完全溶解，否则会影响溶液起始浓度，而导致结果偏低。实验所用的溶液与蒸馏水都必须经过3号玻璃砂漏斗过滤。

3. 本实验中溶液的稀释是直接在黏度计中进行的，所用溶剂必须先在与溶液所处同一恒温槽中恒温，然后用移液管准确量取并充分混合均匀方可测定。

4. 从B管抽吸溶液时，C管上的乳胶管应当用弹簧夹夹紧使之不漏气，抽吸进入G、E球的溶液不得含有气泡。

七、数据记录及处理

1. 将实验数据记录于表2-20-1：

表 2-20-1

室温________ 大气压________ c_1________

		流出时间				η_r	η_{sp}	$\frac{\eta_{sp}}{c'}$	$\ln\eta_r$	$\frac{\ln\eta_r}{c'}$
		测量值			平均值					
		1	2	3						
溶剂					$t_0=$					
溶液	$c'=\frac{2}{3}$				$t_1=$					
	$c'=\frac{1}{2}$				$t_2=$					
	$c'=\frac{1}{3}$				$t_3=$					
	$c'=\frac{1}{4}$				$t_4=$					

2. 作$\frac{\eta_{sp}}{c'}$-c'图和$\frac{\ln\eta_r}{c'}$-c'图，并外推到 $c'=0$，从截距求出[η]值。

3. 取 25℃时常数 K、α 值，按式(2-20-7) 计算出聚乙二醇的相对分子质量的平均值$\overline{M}$。对聚乙二醇的水溶液，不同温度下的 K、α 值见表 2-20-2。

表 2-20-2 聚乙二醇不同温度时 K、α 值（水为溶剂）

t/℃	$K\times10^6$/(m³/kg)	α	$\overline{M}\times10^{-4}$
25	156	0.50	0.019～0.1
30	12.5	0.78	2～500
35	6.4	0.82	3～700
35	16.6	0.82	0.04～0.4
45	6.9	0.81	3～700

八、思考题

1. 乌氏黏度计中的支管 C 的作用是什么？能否去除管 C 改为双管黏度计使用？为什么？

2. 分析$\frac{\eta_{sp}}{c}$-c 及$\frac{\ln\eta_r}{c}$-c 作图缺乏线性的原因。

九、讨论

1. 溶液浓度的选择。对于高聚物溶液，随着溶液浓度的增加，聚合物分子链之间的距离缩短缩短，故而分子链间作用力增大。当所用高聚物溶液浓度太高，作图时$\frac{\eta_{sp}}{c}$或$\frac{\ln\eta_r}{c}$与 c 的线性不好，外推不可靠。如果浓度太稀，测得 t 和 t_0 很接近，η_{sp}的相对误差比较大，通常选用 $\eta_r=1.2\sim2.0$ 的浓度范围。

2. 黏度测定中异常现象的近似处理。在特性黏度测定过程中，有时并非操作不慎，而出现如图 2-20-3 所示的异常现象，这是由于高聚物本身的结构及其在溶液中的形态所致。目前尚不能清楚地解释产生这些反常现象的原因，只能作一些近似处理。因此出现异常现象时，以$\frac{\eta_{sp}}{c}$-c 曲线与纵坐标相交的截距求[η]值。

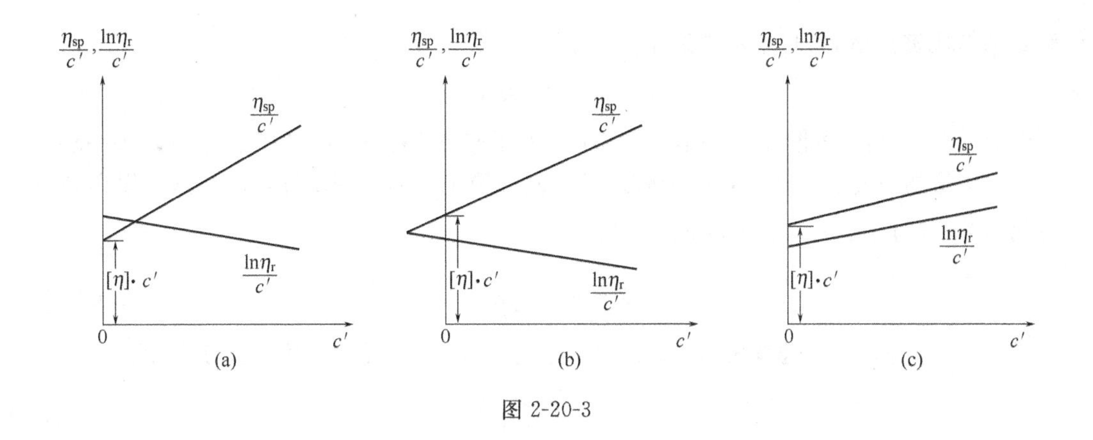

图 2-20-3

结构化学部分

实验二十一　磁化率的测定

一、实验目的

1. 掌握古埃（Gouy）法测定磁化率的实验原理和方法。
2. 通过测定一些配合物的磁化率，求算其未成对电子数和判断这些分子的配键类型。

二、预习要求

1. 理解物质的磁化率和分子磁矩的区别与联系。
2. 了解古埃磁天平的结构。
3. 清楚用古埃磁天平测量物质的磁化率的方法。

三、实验原理

1. 磁化率

物质在外磁场作用下会被磁化，物质的磁化可用磁化强度 M 来描述，除铁磁性物质外，磁化强度 M 正比于外磁场的磁场强度 H。

$$M=\chi H \tag{2-21-1}$$

式中，比例常数 χ 为物质的体积磁化率。在化学研究工作中，常用单位质量磁化率 χ_m 或摩尔磁化率 χ_M 来表示物质的磁性质。

$$\chi_m=\frac{\chi}{\rho} \tag{2-21-2}$$

$$\chi_M=M\chi_m=\frac{\chi}{\rho}M \tag{2-21-3}$$

式中，ρ，M 分别为物质的密度和相对分子质量。

2. 分子磁矩与磁化率

物质的磁性与组成物质的原子、离子或分子的微观结构有关，当原子、离子或分子中存在未成对电子时，物质就具有永久磁矩。由于热运动，永久磁矩指向各个方向的机会相同，所以该磁矩的统计值等于零。置于外磁场中时，会顺着外磁场方向定向排列，使物质内部磁场增强而显示出顺磁性。同时，还由于电子的拉摩进动而产生的逆磁性。此类物质的摩尔磁

化率是摩尔顺磁化率$\chi_{顺}$和摩尔逆磁化率$V_{逆}$之和，即

$$\chi_M = \chi_{顺} + \chi_{逆} \tag{2-21-4}$$

由于$\chi_{顺} \gg |\chi_{逆}|$，可做近视处理，$\chi_M = \chi_{顺}$。对于逆磁性物质，则只有$\chi_{逆}$，所以$\chi_M = \chi_{逆}$。

磁化率是物质的宏观性质，分子磁矩是物质的微观性质，用统计学的方法可以得到摩尔顺磁化率$\chi_{顺}$与分子磁矩μ_m有如下的关系。

$$\chi_{顺} = \frac{N_A \mu_m^2 \mu_0}{3\kappa T} \tag{2-21-5}$$

式中，N_A为阿伏加德罗常数；κ为玻尔兹曼常数；T为热力学温度。近似地

$$\chi_M = \frac{N_A \mu_m^2 \mu_0}{3\kappa T} \tag{2-21-6}$$

上式将物质的宏观性质χ_M和其微观性质μ_m联系起来。只有实验测得磁化率χ_M，就可以求算得到分子永久磁矩。

物质的永久磁矩μ_m与它所含的未成对电子数n的关系式为

$$\mu_m = \mu_B \sqrt{n(n+2)} \tag{2-21-7}$$

式中μ_B为玻尔磁子，其物理意义是单个自由电子自旋所产生的磁矩。

$$\mu_B = \frac{eh}{4\pi m_e} = 9.274 \times 10^{-24} \mathrm{J/T} \tag{2-21-8}$$

式中，h为普朗克常数；m_e为电子质量；e为电子电量。因此，只要实验测得χ_M即可求出μ_m，算出未成对电子数。这对于研究某些原子或离子的电子组态，以及判断配合物分子的配键类型是很有意义的。

3. 磁化率的测定

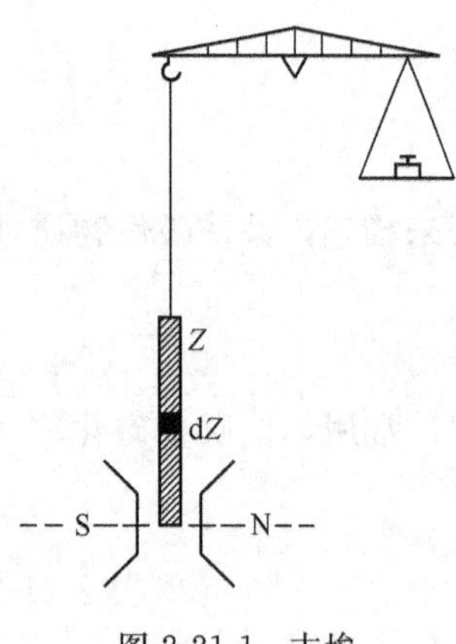

图 2-21-1 古埃磁天平示意

测定磁化率有多种方法，本实验用古埃（Gouy）法，此法通过测定物质在不均匀磁场中受到的力，从而求出物质的磁化率，其装置如图 2-21-1 所示。

将样品装入圆柱形玻璃样品管中悬挂在两磁极之间，使样品一端位于磁极间磁场强度最大区域，样品管应有足够长，另一端位于磁场强度很弱，甚至为零的区域。这样，样品就处于一个不均匀的磁场中，则样品在沿样品管方向所受的力F可用下式表示。

$$F = \chi m H \frac{\partial H}{\partial S} \tag{2-21-9}$$

式中，χ为质量磁化率；m为样品质量；H为磁场强度；$\frac{\partial H}{\partial S}$为沿样品管方向的磁场梯度。

设样品管高度为l时，把式(2-21-9) 移项积分得整个样品所受的力为

$$F = \frac{\chi m (H^2 - H_0^2)}{2l} \tag{2-21-10}$$

如果H_0忽略不计，则式(2-21-10) 可简化为

$$F = \frac{\chi m H^2}{2l} \tag{2-21-11}$$

用磁天平称出样品在有磁场和无磁场时的表现质量变化 $\Delta m_{样品}$，显然

$$F=\Delta m_{样品}g=\frac{\chi mH^2}{2l} \tag{2-21-12}$$

式中，m 为样品在无磁场时的质量；l 为样品的实际高度；g 为重力加速度；$\Delta m_{样品}$ 等于装有样品的样品管在加磁场前后的表现质量之差减去空样品管在加磁场前后的表现质量之差。即

$$\Delta m_{样品}=\Delta m_{样品+管}-\Delta m_{管}$$

将式(2-21-12) 整理后，得

$$\chi=\frac{2\Delta m_{样品}\cdot gl}{mH^2} \tag{2-21-13}$$

$$\chi_M=\frac{2\Delta m_{样品}gl}{mH^2}M \tag{2-21-14}$$

式中，M 为样品的摩尔质量。等式右边各项都可以由实验直接测得，由此可以算出顺磁性物质的摩尔磁化率。

外磁场强度 H 可用特斯拉计测量，或用已知磁化率的标准物质进行标定。常用的标准物质有 $(NH_4)_2SO_4\cdot FeSO_4\cdot 6H_2O$、$CuSO_4\cdot 5H_2O$、$HgCo(SCN)_4$、NaCl、$H_2O$、苯等。

本实验用莫尔氏盐 $(NH_4)_2SO_4\cdot FeSO_4\cdot 6H_2O$ 标定外磁场强度，测定 $FeSO_4\cdot 7H_2O$、$K_4[Fe(CN)_6]\cdot 3H_2O$ 的磁化率，求金属离子的磁矩并考察其电子配对状况。

四、仪器与试剂

古埃磁天平（配电光分析天平）1 台；

软质玻璃样品管（15.0cm 处有刻度）1 支；

装样品工具（包括角匙，小漏斗，玻璃棒，研钵）1 套；$K_4[Fe(CN)_6]\cdot 3H_2O$(A. R.)；$(NH_4)_2SO_4\cdot FeSO_4\cdot 6H_2O$(A. R)；$FeSO_4\cdot 7H_2O$(A. R.)。

五、实验步骤

1. 插上磁天平电源（检查磁天平是否正常），打开开关预热 5min。通电和断电时，应先将电源旋钮调到最小。励磁电流的升降应平稳、缓慢，以防励磁线圈产生的反电动势将晶体管等元件击穿。

2. 用莫尔盐标定磁感应强度

(1) 将特斯拉计的磁感应探头平面垂直置于磁铁的中心位置，挡位开关拨至“500”mT 处。调节励磁电流，使特斯拉计上显示磁感应强度为 350mT，记录励磁电流值，作为测定样品时控制的励磁电流值（高斯计显示的磁感应强度值仅作参考，不作确定值）。

(2) 将橡皮塞紧紧塞入样品管口，用细铜丝将样品管垂直悬挂在天平盘下，并且样品管底部应该处于磁场中部。测定空管在加励磁电流前后磁场中的质量，求出空管在加磁场前后的质量变化 $\Delta m_{管}$，重复测定两次，取平均值。

(3) 把已经研细的莫尔盐通过小漏斗装入样品管。并不断让样品管底部在木垫上轻轻敲击，使样品粉末均匀填实。样品高度约为 15cm（使样品另一端位于磁场强度为 0 处），用直尺准确测量样品的高度 l。要注意装样均匀和防止混入铁磁性杂质。测定莫尔盐和样品管在加磁场（与测定管时的相同）前后的表现质量 m_1，m_2，求出在加磁场前后的表现质量变化 $\Delta m=m_2-m_1$。重复测定两次取其平均值$\overline{\Delta m}$，并记录磁天平中样品所处的温度，将样品管中莫尔盐倒入回收瓶中。用水洗净样品管，再用丙酮润湿样品管内壁，加速水分蒸发，干燥

备用。

如果数据重现性不好，需检查样品管悬挂的位置是否合适以及励磁电流是否稳定。另外，测量装置的振动和空气的流动也会造成实验误差。

3. 测定样品的摩尔磁化率

把待测样品 $FeSO_4 \cdot 7H_2O$ 与 $K_4[Fe(CN)_6] \cdot 3H_2O$ 分别装在样品管中，与上述测定莫尔盐的方法相同，在同一磁感应强度下（控制励磁电流值相同），分别测定样品和样品管在加磁场（与测定管时的相同）前后的表现质量 m_1，m_2，求出在加磁场前后的表现质量变化 $\Delta m = m_2 - m_1$。重复测定两次，取其平均值，并记录磁天平中样品所处的温度。

测定后的样品均需倒回试剂瓶，可重复使用。

六、实验注意事项

1. 所测样品应事先研细，放在装有浓硫酸的干燥器中干燥。

2. 装样时应使样品均匀填实，防止混入铁磁性物质。几个样品的装填高度一致。

3. 磁天平的总机架必须水平放置。

4. 在电位器置零的状态下，开启电源开关，然后调电压逐渐上升至需要的电流；电流开关关闭前先将电位器逐渐调节至零，然后关闭电源开关以防止反电动势将击穿，励磁电流的升降要平稳缓慢。

5. 严禁在负载时突然切断电源。

6. 称量时，样品管应正好处于两磁极之间，其底部与磁极中心线对齐。悬挂样品管的悬线不能与任何物件相接触。

7. 样品倒回试剂瓶时，注意瓶上所贴标签，切忌倒错瓶子。

七、数据记录及处理

1. 将实验值填入下表。

温度________　　励磁电流________

被测物质	样品高度	称量次序	m_1/g	m_2/g	Δm/g	$\Delta \overline{m}$/g	$\overline{m_1}$/g	$m_{样品}$/g
空样品管		1						
		2						
空样品管＋$(NH_4)_2SO_4 \cdot FeSO_4 \cdot 6H_2O$		1						
		2						
空样品管＋$FeSO_4 \cdot 7H_2O$		1						
		2						
空样品管＋$K_4[Fe(CN)_6] \cdot 3H_2O$		1						
		2						

2. 求某一固定励磁电流时的磁场强度。

已知莫尔盐的质量磁化率 $x=\frac{1.1938}{T+1}\times 10^{-4}$（在 cgs 单位制中 $x=\frac{9500}{T+1}\times 10^{-6}$），由莫尔盐的质量、莫尔盐在加磁场前后的质量变化，以及样品高度 l 代入式(2-21-13)，求出在某一固定励磁电流时的磁场强度。

3. 由式(2-21-14) 求出样品的摩尔磁化率。

4. 由式(2-21-6) 求出样品的分子磁矩。

5. 由式(2-21-7) 求出样品中金属离子的未配对电子数。

6. 分析实验误差及原因。

八、思考题

1. 简述用古埃法测定物质磁化率的原理?

2. 根据式(2-21-14)，试分析各种因素对 χ_M 值的相对误差影响?

3. 在不同励磁电流下，测得样品的摩尔磁化率是否相同?

4. 本实验关键步骤有哪些?

九、讨论

1. 有机化合物绝大多数分子都是由反平行自旋电子对而形成的价键，因此，这些分子的总自旋矩也等于零，它们必是反磁性的。巴斯卡（Pascol）分析了大量有机化合物的摩尔磁化率的数据，总结得到分子的摩尔反磁化率具有加和性。此结论可用于研究有机物分子结构。

2. 从磁性测量中能得到物质分子结构的有关信息。例如测定物质磁化率对温度和磁场强度的依赖性可以判断是顺磁性，反磁性或铁磁性的定性结果。对合金或负载物质的磁化率的测定可以的得到合金组成、负载物存在形式等信息，甚至可研究生物体系中血液的金属成分等。

3. 磁化率的单位从 cgs 磁单位制改用国际单位 SI 制，必须注意换算关系，质量磁化率，摩尔磁化率的换算关系分别为

$$1\text{m}^3/\text{kg(SI 制)}=\frac{1}{4\pi}\times10^3\text{cm}^3/\text{g(cgs 电磁制)}$$

$$1\text{m}^3/\text{mol(SI 制)}=\frac{1}{4\pi}\times10^6\text{cm}^3/\text{mol(cgs 电磁制)}$$

磁场强度 H(A/m) 与磁感应强度 B(T) 之间的关系为

$$\left(\frac{1000}{4\pi}\text{A/m}\right)\times\mu_0=10^{-4}\text{T}$$

实验二十二 偶极矩的测定

一、实验目的

1. 用溶液法测定乙酸乙酯的偶极矩，了解偶极矩与分子电性质的关系。

2. 掌握溶液法测定偶极矩的原理、方法和计算。

二、预习要求

1. 了解分子摩尔极化度包括哪些部分及其与分子偶极矩的关系。

2. 理解克劳修斯-莫索第-德拜公式的内容和使用条件，了解必须用溶液法测定乙酸乙酯偶极矩的原因。

3. 了解测定无限稀释溶液中溶质的摩尔极化度和摩尔折射率的方法。

4. 了解无限稀释溶液中溶质的摩尔折射率与溶质的变形极化度的关系。

三、实验原理

1. 偶极矩与极化度

分子呈电中性，但因空间构型的不同，正负电荷中心可能重合，也可能不重合，前者为非极性分子，后者称为极性分子，分子极性大小用偶极矩 μ 来度量，其定义为

$$\mu=qd \tag{2-22-1}$$

式中，q 为正、负电荷中心所带的电荷量；d 是正、负电荷中心间的距离；μ 是一个向量，其方向规定从正到负。因分子中原子间距离的数量级为 10^{-10} m，电荷的数量级为 10^{-20}C，所以偶极矩的数量级是 10^{-30}C・m。

在不存在外电场时，非极性分子虽因振动，正负电荷中心可能发生相对位移而产生瞬时偶极矩，但宏观统计平均的结果，实验测得的偶极矩为零。极性分子具有永久偶极矩，但由于分子的热运动，偶极矩指向各个方向的机会相同，所以偶极矩的统计值等于零。

当将极性分子置于均匀的外电场中，分子将沿电场方向作定向转动，同时还会发生电子云对分子骨架的相对移动和分子骨架的变形，称为极化。极化的程度用摩尔极化度 P 来度量。因转向而极化称为摩尔转向极化度 $P_{转向}$；由电子云对分子骨架的变形所致的称为电子极化度 $P_{电子}$；由分子骨架的变形而极化称为原子极化度 $P_{原子}$，后两者又合称为摩尔变形极化度 $P_{变形}$，显然

$$P=P_{转向}+(P_{电子}+P_{原子})=P_{转向}+P_{变形} \tag{2-22-2}$$

已知 $P_{转向}$ 与永久偶极矩平方成正比，与热力学温度 T 成反比。

$$P_{转向}=\frac{4}{9}\pi N_A\frac{\mu^2}{\kappa T} \tag{2-22-3}$$

式中，N_A 为阿伏加德罗（Avogadro）常数；κ 为玻尔兹曼（Boltzmann）常数；T 为热力学温度。

若外电场是交变电场，则极性分子的极化情况与交变电场的频率有关。当电场为频率小于 $10^{10}\,s^{-1}$ 的低频电场或静电场时，极性分子所产生的摩尔极化度为转向极化度与变形极化度之和。$P={}_{转向}+P_{变形}$。若在电场频率为 $10^{12}\sim10^{14}\,s^{-1}$ 的中频电场下（红外光区），电场的交变周期小于分子偶极矩的弛豫时间，极性分子的转向运动跟不上电场的变化，即极性分子来不及沿电场定向，故 $P_{转向}=0$。此时极性分子的摩尔极化度 $P=P_{变形}=P_{电子}+P_{原子}$。当交变电场的频率为大于 $10^{15}\,s^{-1}$ 的高频电场时（可见光和紫外光区）时，极性分子的转向运动和分子骨架变形都跟不上电场的变化，此时 $P=P_{电子}$。

因此，原则上只要分别在低频和中频的电场中，测定极性分子的摩尔极化度，两者相减，即为极性分子的摩尔转向极化度 $P_{转向}$，代入式(2-22-3)，即可求得极性分子的永久偶极矩 μ。

因为 $P_{原子}$ 只占 $P_{变形}$ 的 5%～15%，且实验时由于条件的限制，一般总是近似地把高频电场下测得的摩尔电子极化度 $P_{电子}$ 当作摩尔变形极化度 $P_{变形}$。即

$$P\approx P_{电子}+P_{转向} \tag{2-22-4}$$

2. 极化度和偶极矩的测定

克劳修斯-莫索蒂-德拜(Clausius-Mossotti-Debye)从电磁理论得到了摩尔极化度 P 与介电常数 ε 之间的关系式。

$$P=\frac{\varepsilon-1}{\varepsilon+2}\times\frac{M}{\rho} \tag{2-22-5}$$

式中，M 为被测物质的摩尔质量，ρ 是该物质的密度，ε 可以通过实验测定。

因上式是假定分子与分子间无相互作用而推导出的。所以它只适用于温度不太低的气相

体系。然而，测定气相介电常数和密度在实验上困难较大，某些物质甚至无法获得气相状态，因此提出“溶液法”来解决这一困难。溶液法的基本思想是：在无限稀释的非极性溶剂的溶液中，溶质分子所处的状态和气相时相近，于是无限稀释溶液中溶质的摩尔极化度 P_2^{∞} 就可以看作为式(2-22-5) 中的 P。

海德斯特兰（Hedestran）根据溶液的加和性，利用稀溶液的近似公式

$$\varepsilon_{溶}=\varepsilon_1(1+\alpha x_2) \tag{2-22-6}$$

$$\rho_{溶}=\rho_1(1+\beta x_2) \tag{2-22-7}$$

推导出无限稀释时溶质摩尔极化度的公式：

$$P=P_2^{\infty}=\lim_{x_2\to 0}P_2=\frac{3\varepsilon_1\alpha}{(\varepsilon_1+2)^2}\times\frac{M_1}{\rho_1}+\frac{\varepsilon_1-1}{\varepsilon_1+2}\times\frac{M_2-\beta M_1}{\rho_1} \tag{2-22-8}$$

上述式(2-22-6)、式(2-22-7)、式(2-22-8) 中，$\varepsilon_{溶}$、$\rho_{溶}$ 是溶液的介电常数和密度；M_2、x_2 是溶质的摩尔质量和摩尔分数；ε_1、ρ_1、M_1 分别是溶剂的介电常数、密度和摩尔质量；α、β 是分别与 $\varepsilon_{溶}$-x_2 和 $\rho_{溶}$-x_2 直线斜率有关的常数。

根据光的电磁理论，在同一频率的高频电场作用下，透明物质的介电常数 ε 与折射率 n 的关系为

$$\varepsilon=n^2$$

常用摩尔折射度 R_2 来表示高频区测得的极化度。此时 $P_{转向}=0$，$P_{原子}=0$，则有

$$R_2=p_{变形}=p_{电子}=\frac{n^2-1}{n^2+2}\times\frac{M}{\rho} \tag{2-22-9}$$

在稀溶液情况下也存在近似公式

$$n_{溶}=n_1(1+\gamma x_2) \tag{2-22-10}$$

式中，$n_{溶}$ 为溶液的摩尔折射率；n_1 为溶剂的摩尔折射率；γ 为常数。

结合式(2-22-9) 可以推导出无限稀释时溶质的摩尔折射度公式

$$P_{电子}=R_2^{\infty}=\lim_{X_2\to 0}R_2=\frac{n_1^2-1}{n_1^2+2}\times\frac{M_2-\beta M_1}{\rho_1}+\frac{6n_1^2M_1\gamma}{(n_1^2+2)^2\rho_1} \tag{2-22-11}$$

由式(2-22-3)、式(2-22-4)、式(2-22-8)、式(2-22-11) 可得

$$P_{转}=P_2^{\infty}-R_2^{\infty}=\frac{4}{9}\pi N_A\times\frac{\mu^2}{KT} \tag{2-22-12}$$

$$\mu=0.0426\times10^{-30}\sqrt{(P_2^{\infty}-R_2^{\infty})T} \tag{2-22-13}$$

3. 介电常数的测定

介电常数 ε 可通过测量电容来求算

$$\varepsilon=\frac{C}{C_0} \tag{2-22-14}$$

式中，C_0 为电容器两极板间处于真空时的电容；C 为充以电介质时的电容，由于空气的电容非常接近于 C_0，故式(2-22-14) 改写成

$$\varepsilon=\frac{C}{C_{空}} \tag{2-22-15}$$

实验室测量电容常用的方法有电桥法、拍频法和谐振法。后两者抗干扰性能好、精度高，但仪器价格较贵。本实验利用电桥法测定电容。由于整个测试系统存在分布电容，所以实测的电容 C' 是样品电容 C 和分布电容 C_d 之和，即

$$C'=C+C_d \tag{2-22-16}$$

C_d 对同一台仪器而言是一个定值。在实验时，首先要确定 C_d 值，方法是：先测定无样品时空气的电容 $C'_{空}$，则有

$$C'_{空}=C_{空}+C_d \tag{2-22-17}$$

再测定一已知介电常数（$\varepsilon_{标}$）的标准物质的电容 $C'_{标}$，则有

$$C'_{标}=C_{标}+C_d=\varepsilon_{标}\ C_{空}+C_d \tag{2-22-18}$$

由式(2-22-17) 和式(2-22-18) 可得

$$C_d=\frac{\varepsilon_{标}C'_{空}-C'_{标}}{\varepsilon_{标}-1} \tag{2-22-19}$$

将 C_d 代入式(2-22-16) 和式(2-22-17) 即可求得 $C_{溶}$ 和 $C_{空}$。这样就可计算待测液的介电常数。

四、仪器与试剂

小电容测量仪　1台；　　阿贝折射仪　1台；
超级恒温槽　1台；　　电吹风　1个；
比重管　1只；　　容量瓶（25mL）　5个；
乙酸乙酯（A.R.）；　　环己烷（A.R.）

五、实验步骤

1. 溶液的配制

用称重法配制乙酸乙酯摩尔分数分别为 0.05、0.10、0.15、0.20、0.30 的乙酸乙酯-环己烷溶液各 25mL。操作时应注意防止溶质和溶剂的挥发和吸收极性较大的水汽。溶液配好后迅速盖上瓶塞，并置于干燥器中。

2. 折射率的测定

在 (25±0.1)℃条件下，用阿贝折射仪测定环己烷及配制的 5 个溶液的折射率。

3. 液体密度的测定

将比重管洗净（图 2-22-1），干燥后挂在天平上称重得 W_0。将事先沸腾后冷却的蒸馏水由 B 支管注入，使充满刻度 S 左边空间和 B 端。盖上 A、B 两支管的磨口小帽。将比重管吊浸在恒温水浴中，在 25℃下恒温约 10min。将比重管 B 端略向上仰，用滤纸从 A 支管管口吸去管内多余的蒸馏水，以调节 B 支管的液面到刻度 S。从恒温槽中取出比重管，将两个磨口小帽套上。并用滤纸吸干管外所沾的水，挂在天平上称重得 W_1。

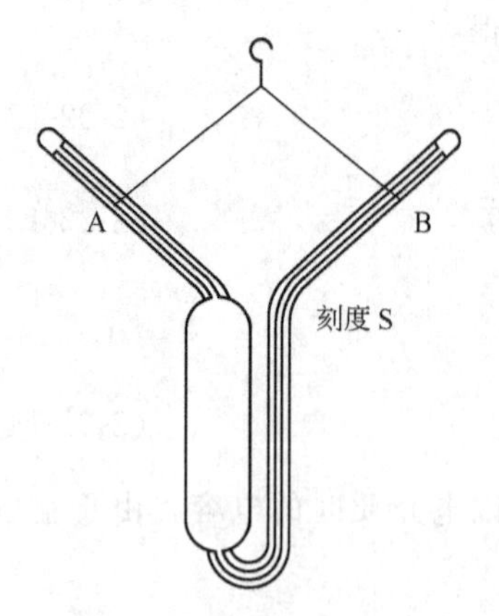

图 2-22-1　测定易挥发液体的比重管

倒去蒸馏水，干燥后同上法，依次对环己烷及上述配制的 5 个溶液分别进行测定，称得盛有被测溶液的比重管重 W_2，则被测液的密度为

$$\rho^{25℃}=\frac{W_2-W_0}{W_1-W_0}\times\rho_{水}^{25℃} \tag{2-22-20}$$

4. 介电常数的测定

(1) 空气 $C'_{空}$ 的测定

小电容测量仪的面板图如图 2-22-2 所示。测定前，先调节恒温槽（以油为介质）温度为 (25±0.1)℃。用电吹风的冷风将电容池的样品室吹干，盖上池盖。将电容池的下插头（连接内电极）插入电容仪的 m 插口，连接外电极的电缆插头插入 a 插口。测量时，将电源

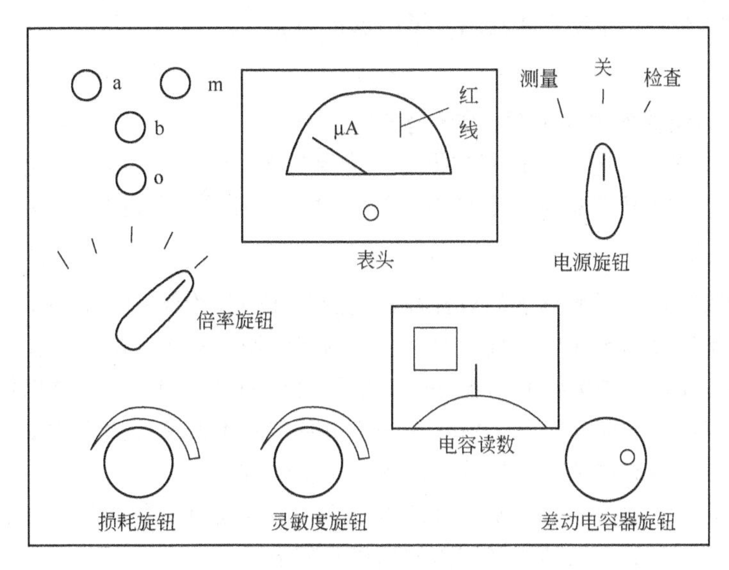

图 2-22-2 小电容测定仪面板图

旋钮转向“检查”挡，此时表头指针偏转应大于红线（表示仪器的电源电压正常，否则应更换新电池）。然后将旋钮转向“测试”挡，倍率旋钮转到位置“1”。调节灵敏度旋钮，使指针有一定偏转（灵敏度旋钮不可一下开得太大，否则会使指针打出格）。旋转差动电容器旋钮，寻找电桥的平衡位置（即指针向左偏转到最小点）。逐渐增大灵敏度，同时调节差动电容器旋钮和损耗旋钮，直至指针偏转到最小。电桥平衡后读取电容值。重复调节三次，每次在电桥平衡后读取数值，三次电容读数的平均值为 $C'_{空}$。

(2) 标准物质 $C'_{标}$ 的测定

用洁净滴管吸取环己烷，从金属盖的中间口加入电容池样品室中，溶液的液面要盖过外电极，盖上塑料塞，以防液体挥发。用测量 $C'_{空}$ 相同的步骤测定环己烷的 $C'_{标}$。

以环己烷为标准物质，其介电常数 ε 与摄氏温度 t 的关系为

$$\varepsilon_{环己烷}=2.052-1.55\times10^{-3}t \tag{2-22-21}$$

式中，t 为测定时的温度（℃）。

(3) 乙酸乙酯-环己烷溶液 $C'_{溶}$ 的测定

将环己烷倒入回收瓶中。用电吹风冷风将样品室吹干后复测 $C'_{空}$，如电容值偏高，则表明样品室存有残液，应继续吹干。然后装入溶液，同法测定五份溶液的 $C'_{溶}$。每个溶液均应重复测定两次，其数据的差值应小于 0.05PF。

六、实验注意事项

1. 乙酸乙酯易挥发，配制溶液时操作要迅速，以免影响浓度。
2. 每次测定前要用冷风将电容池吹干，并复测 $C'_{空}$。严禁用热风吹样品室。

七、数据记录及处理

1. 按溶液配制的实测质量，计算出 5 份溶液的实际浓度 x_2。
2. 计算 $C_{空}$、C_d 和溶液的 $C_{溶}$ 值，求出各溶液的介电常数 $\varepsilon_{溶}$。
3. 分别作图 $\varepsilon_{溶}$-x_2，图 $\rho_{溶}$-x_2 和图 $n_{溶}$-x_2，由各图的斜率求出 α、β、γ。
4. 根据式(2-22-8) 和式(2-22-11) 分别计算 P_2^{∞} 和 R_2^{∞}。

5．根据式(2-22-13）计算乙酸乙酯分子的偶极矩μ值。

八、思考题

1．分析本实验误差的主要来源，如何改进？

2．本实验测定偶极矩时，有何基本设定，推导公式时作了哪些近似处理。

3．准确测定溶质的摩尔极化度和摩尔折射率时，为何要外推到无限稀释？

九、讨论

从偶极矩的数据可以了解分子的对称性，判别其几何异构体和分子的主体结构等问题。

偶极矩一般是通过测定介电常数、密度、折射率和浓度来求算的。对介电常数的测定除电桥法外，其他主要还有拍频法和谐振法等，对于气体和电导很小的液体以拍频法为好；有相当电导的液体用谐振法较为合适；对于有一定电导但不大的液体用电桥法较为理想。虽然电桥法不如拍频法和谐振法精确，但设备简单，价格便宜。

测定偶极矩的方法除由对介电常数等的测定来求外，还有多种其他的方法，如分子射线法、分子光谱法、温度法以及利用微波谱的斯塔克效应等。

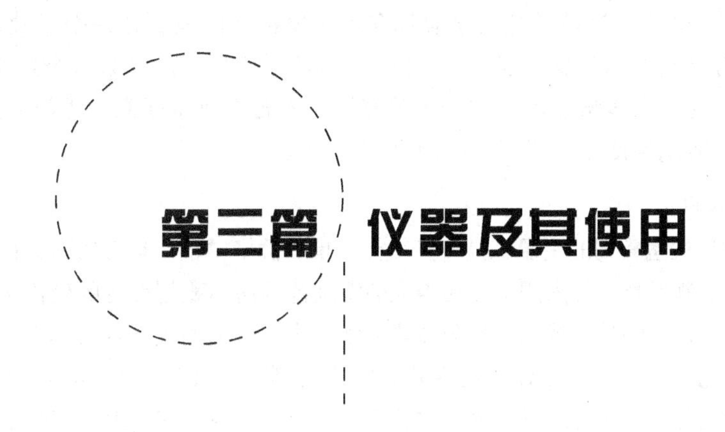

第一节 温度的测量

温度是表征物体冷热程度的一个物理量。温度参数是不能直接测量的，一般只能根据物质的某些特性值与温度之间的函数关系，通过对这些特性函数的测量间接地获得。因为物质的许多物理化学性质都与温度有密切的关系，因此，精确测量和控制温度在物理化学实验中就显得十分重要。

一、温标

表征物体冷热程度的量是温度，温度的数值表示方法叫做温标。

给温度以数值表示，就是用某一测温变量来量度温度，这个变量必须是温度的单值函数。例如，在玻璃液体温度计中，以液柱长度作为测温变量。

1. 热力学温标

热力学温标也称开尔文温标，它是以热力学第二定律为基础的。用热力学温标确定的温度称为热力学温度，其符号为 T 或 Θ，单位为 K（开尔文）。对温标来说，需给以一定的标度。1954 年确定以水的三相点温度 273.16K 作为热力学温标的基本固定点。

热力学温标是建立在纯理论基础上的，常选用气体温度计来实现热力学温标，因为理想气体在定容下的压力或定压下的体积与热力学温度成严格的线性函数关系。计量学领域中普遍采用定容气体温度计，这是由于压强测量的精度高于容积测量的精度。

由于气体温度计的装置十分复杂，使用不便。为了更好地统一国际间的温度数值，现在采用国际实用温标［IPTS—68（75)］，中国从 1973 年 1 月 1 日起正式采用，有关知识可参见专门论述（《国外计量》，1976 年第 6 期)。

2. 摄氏温标

摄氏温标使用较早，应用方便。用摄氏温标确定的温度为摄氏温度，其符号为 t 或 θ，单位为℃（摄氏度）。较早的定义是，以水银-玻璃温度计来测定水的相变点，规定在标准压力下，水的凝固点为 0℃，水的沸点为 100℃，在这两点之间划分为 100 等份，每等份代表 1℃。

在定义热力学温标时，水的三相点的热力学温度值本来是可以任意选取的，但为了和人们过去使用摄氏温标的习惯相符合，故规定水的三相点的温度为 273.16K，使得水的凝固点和沸点之差仍保持 100℃，这就使热力学温标和摄氏温标之间只相差一个常数。因此，现在用热力学温标来对摄氏温标重新定义，即 $t/℃=T/K-273.15$，根据这个定义，273.15 为摄氏温标零摄氏度的热力学温度值，它与水的凝固点不再有直接联系。摄氏温度与热力学温度的分度值相同，因此温度差可用 K 表示也可用℃表示。

二、水银温度计

水银温度计是实验室常用的测温工具，其结构简单，价格便宜，具有较高的精确度，直接读数，使用方便。其的测温物质是采用了在相当大的温度范围内体积随温度的变化接近于线性关系的水银，水银盛在一根下端带有球泡的均匀玻璃毛细管中，上端抽成真空或填充某种气体。当温度计的温度发生变化时将引起水银体积的变化。由于玻璃的膨胀系数很小，而毛细管又是均匀的，故水银体积的变化体现为毛细管中水银柱长度的变化，若在毛细管上直接标出温度数值则可以直接从温度计上读出温度。水银温度计的测量范围一般在 −30～300℃（水银的熔点是 −38.7℃，沸点是 356.7℃）。若采用特硬玻璃或石英做毛细管，并在水银上面充以 80×10^5 Pa 氮气，则最高可测到 800℃，若在水银里加入 8.5%的铊，则可以测到 −60℃的低温。

1. 水银温度计的种类和使用范围

(1) 一般使用：−5～105℃、150℃、250℃、360℃等，每分度为 1℃或 0.5℃。

(2) 供量热用：9～15℃、12～18℃、15～21℃、18～24℃、20～30℃等，每分度为 0.01℃。目前广泛应用间隔为 1℃的量热温度计，每分度为 0.002℃。

(3) 测温差的贝克曼温度计，是一种移液式的内标温度计，测量范围 −20～+150℃，专用于测量温差。

(4) 电接点温度计：可以在某一温度点上接通或断开，与电子继电器等装置配套，可以用来控制温度。

(5) 分段温度计：从 −10～200℃，共有 24 支，每支温度范围为 10℃，每分度为 0.1℃，另外有 −40～400℃，每隔 50℃一支，每分度为 0.1℃。

2. 水银温度计的校正

(1) 零点校正。由于玻璃的流动性差，故水银温度计在测量温度时，下部玻璃球受热后再冷却体积比使用前大，受热膨胀后再冷却收缩到原来的体积，往往要用几天或更长时间，所以水银温度计的读数将与真实值不符，因此，必须校正零点。通常用待校温度计测量纯水的冰点进行校正。另外，也可用一套标准温度计进行校正。校正时，把标准温度计与待校温度计捆在一起，使它们的水银球一端并齐，然后浸在恒温槽中，逐渐升高槽温，用测高仪同时读下二者的读数，即可作出校正曲线，进行校正。

(2) 露茎校正。全浸式水银温度计使用时要求整个水银柱的温度与贮液泡的温度相同，若不能将毛细管中水银柱全部浸入在被测系统中，则因露出部分（称为露茎）与被测系统温度不同，而存在着误差，就需要进行校正。

校正方法如图 3-1 所示，用一支辅助温度计靠近测量温度计，其水银球置于测量温度计露在空气部分的水银柱中部为宜，测出露茎的环境平均温度，校正值 $\Delta t_{露茎}$ 按下式计算。

$$\Delta t_{露茎}=kh(t_{观}-t_{环})$$

式中，$k=0.00016℃^{-1}$ 是水银对玻璃的相对膨胀系数；h 是测量温度计水银柱露在空气中的长度；$t_{观}$ 是从测量温度计上观察到的待测系统的温度，$t_{环}$ 是从辅助温度计上观察到的环境的温度。

校正后待测系统的温度为

$$t_{真实}=t_{观}+\Delta t_{露茎}$$

其他因素产生的误差，在一般测量中可以不考虑。

3. 使用注意事项

(1) 应当在被测系统和温度计达热平衡（温度计中水银柱长度不再变化）后方可读数。读数时应注意水银面与视线应位于同一平面上（水银温度计按凸面最高点读数），以防因视差而带来的读数误差。

(2) 为防止水银在管壁上黏滞，读数前应用手指轻弹动温度计。

(3) 温度计应垂直放置，以免因温度计内部水银压力不同而引起误差。

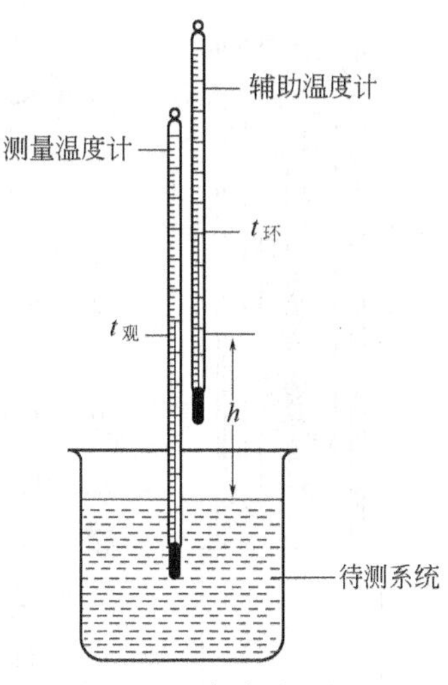

图 3-1　温度计露茎校正

(4) 通常用的是全浸式水银温度计应尽可能使水银柱全部浸入待测系统中，若不能全部浸入时，对其露茎部分应加以校正。

(5) 防止骤冷骤热，以免引起温度计破裂和变形，防止强光，热辐射等直接照射水银球。

水银玻璃温度计是很容易损坏的仪器，使用时应严格遵守操作规程。例如：用温度计代替搅拌棒；装在盖上的温度计不先取下而充当支撑盖子的支柱；插温度计的孔洞太大，使温度计滑下，或孔洞太小，硬把温度计塞进，折断温度计等。万一温度计损坏，内部水银洒出，应严格按照“汞的安全使用规程”处理。

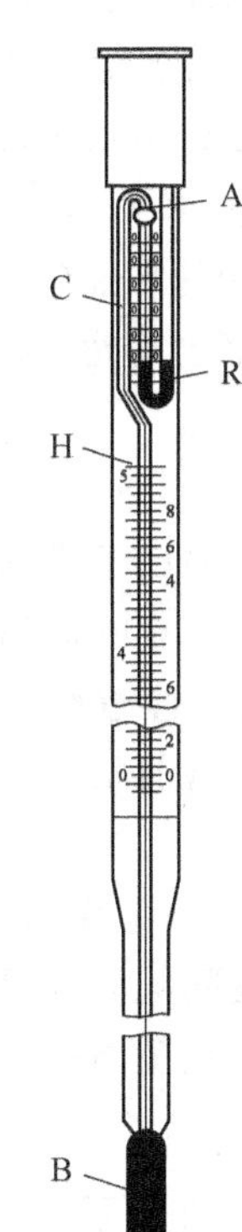

图 3-2　贝克曼温度计
A—毛细管末端；
B—水银球；
C—毛细管；
R—水银贮槽；
H—温度最高刻度

三、贝克曼温度计

1. 构造及特点

贝克曼温度计也是水银温度计的一种，常常用于对体系温度差的精确测量，其构造如图 3-2 所示，主要特点如下。

① 贝克曼温度计除在毛细管下端有一水银球外，还在毛细管的上端有一呈 U 形的水银贮槽，可用来调节毛细管下端水银球内的水银量，故可以在不同温度范围内应用。

② 水银球较普通温度计大得多，温度的少许变化将使毛细管中水银柱长度发生显著变化。

③ 刻度精细，最小刻度间隔为 0.01℃，用放大镜读数时可以估计到 0.002℃，测量精度高。

④ 量程较短，一般全程只有 5～6℃。

⑤ 由于水银球中的水银量可以调节，因此测出的并不是体系的实际温度，而是体系温度的相对值。所以贝克曼温度计主要用于量热技术中，如凝固点降低及燃烧热的测定等需要精密测量温差的工作中。

2. 使用方法

(1) 调节

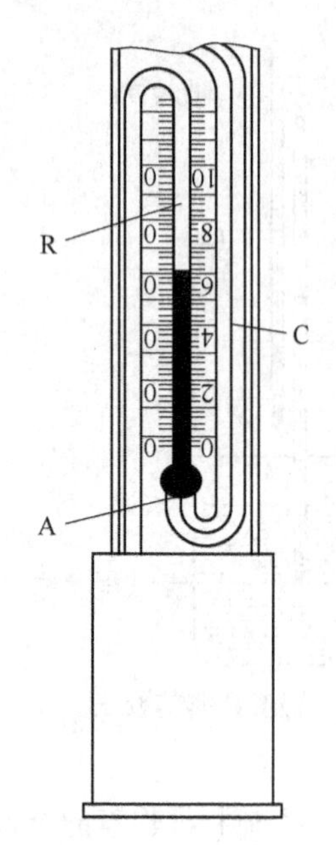

图 3-3 倒转温度计，使贮槽中的水银与毛细管中的水银相连接

所谓调节好一支贝克曼温度计，是指调节水银球的水银量，使在指定温度下毛细管中的水银面应位于刻度尺的合适位置。

下面以要求在温度为 t 时，水银面位于刻度“3”附近为例。

首先将贝克曼温度计插入温度为 t 的水中，待热平衡后，观察温度计，如果毛细管中的水银面已经处在所要求的刻度尺的合适位置，则不必调节，否则按下步骤进行调节。

① 连接水银。将水银贮槽中的水银与水银球中的水银相连接。若水银球中的水银量较多，在室温下毛细管内的水银面已超过 A 点，则用右手握住温度计的中部，慢慢将其倒转，用手轻敲水银贮槽，使贮槽内的水银与毛细管中的水银相连接，如图 3-3 所示，然后再慢慢将温度计倒转过来。

若水银球内水银较少，在室温下毛细管内水银面达不到 A 点，则将贝克曼温度计插入温度较室温高的水中（不要直接插入沸水中），或用水手温热水银球，使毛细管中的水银面上升到毛细管上端 A 点，并形成小圆球状，取出温度计并倒置，再慢慢将温度计倒转过来。

② 水银球中水银量的调节。首先估计刻度“3”至毛细管上端 A 点的长度，并折算成温度的度数 R，然后将水银已连接好的贝克曼温度计置于温度为 t'（$t'=t+R$）的恒温水中，恒温 5min，待温度计与水达热平衡后取出，用右手握贝克曼温度计的中部（离试验台远一些），立即用左手沿温度计的轴向轻敲右手的手腕，依靠振动的力量使毛细管中的水银与贮槽中的水银在 A 处断开。则当将该温度计置于温度为 t' 的水中时，毛细管中水银面应位于 A 点处，而当其处于温度为 t 的水中时，水银面将下降至刻度“3”处。

（2）读数

贝克曼温度计在使用时必须垂直放置，而且水银球应全部浸入待测系统中，另由于毛细管极细，其中的水银面上升或下降时，有黏滞现象，所以读数前，必须先用套有橡皮的玻璃棒轻敲水银面处，以消除黏滞现象，再用放大镜（放大 6～9 倍）读数，读数时要注意眼睛要与水银面水平，而且放大镜位置要合适，以使最靠近水银面的刻度线中部不成弯曲状。

（3）读数的校正

由于贝克曼温度计的刻度是以某一温度为准而划定的，并且这一刻度可认为是不变的。所以，在不同的温度下，由于水银对玻璃的膨胀系数的不同，可能造成同一刻度间隔的水银梁发生变化。因此，在不同的温度范围内，使用贝克曼温度计时需加以校正，贝克曼温度计在其他温度下对 20℃刻度时的校正列于下表。

调正温度	读数 1 度相当的摄氏温度	调正温度	读数 1 度相当的摄氏温度
0	0.9930	55	1.0094
5	0.9950	60	1.0105
10	0.9968	65	1.0115
15	0.9985	70	1.0125
20	1.0000	75	1.0134
25	1.0015	80	1.0143
30	1.0029	85	1.0152
35	1.0043	90	1.0161
40	1.0056	95	1.0169
45	1.0069	100	1.0177
50	1.0081		

3. 使用注意事项

① 贝克曼温度计属于较贵重的玻璃仪器，并且毛细管较长易于损坏。所以在使用时必须十分小心，不能随便放置，一般应安装在仪器上或调节时握在手中，用毕应放置在盒中。

② 调节贝克曼温度计时，注意不可骤冷骤热，以防止温度计破裂。另外操作时动作不可过大，并与实验台要有一定距离，以免触到实验台上损坏温度计。

③ 在调节贝克曼温度计时，如温度计下部水银球之水银与上部贮槽中的水银始终不能相接时，应停下来，检查一下原因。不可一味对温度计升温，致使下部水银过多的导入上部贮槽中。

4. 问题分析

（1）贝克曼温度计常常是用于对体系温差的精确测量上，但在调节时往往会出现某温度时毛细管中的水银面高于（或低于）指定的刻度。若毛细管中的水银面高于指定的刻度时，其原因可能是：

① 贝克曼温度计无刻度部分的毛细管的长度估计过短；

② 调节时所用的水浴温度过低；

③ 断开温度计水银柱与水银贮槽的操作过慢等。若毛细管中的水银面低于指定的刻度时，其原因可能刚好与上述的①、②相反。

（2）在调节贝克曼温度计时，也会遇到下部水银柱与上部的水银贮槽的水银始终无法相接。刚刚接上，一不小心又断开，致使下部的水银又转移到上部的贮槽中。按正常的办法，只能使用油浴或沙浴加热才能使下部的水银与上部的水银连接。一种简便易行的办法是把贝克曼温度计倒转过来，依靠水银的重力自行下流并与贮槽中的水银相连接，然后缓慢转动贝克曼温度计，使其逐渐接近水平状态，但要使上部的水银贮槽稍高于下部的水银柱。经较长时间的停放，贮槽中的水银将会缓慢地流回到下部的水银柱内。

四、SWC-Ⅱ$_D$ 精密数字温度温差仪

1. 特点

SWC-Ⅱ$_D$ 精密数字温度温差仪是在 SWC-Ⅱ$_C$ 数字贝克曼温度计的基础上，通过市场调查，听取各院校教授、老师的建议，经过精心设计、精心制作而开发的新产品。它除具备 SWC-Ⅱ$_C$ 数字贝克曼温度计的显示清晰、直观，分辨率高，稳定性好，使用安全可靠等特点外，还具备以下特点。

① 温度-温差双显示。

② 基温自动选择。替代 SWC-Ⅱ$_C$ 数字贝克曼温度计由手动波段开关选择。

③ 读数采零及超量程显示的功能，使温差测量显示更为直观，无需进行算术计算。温差超量程自动显示 U. L 符号。

④ 可调报时功能。可以在定时读数时间范围 6～99s 内任意选择。

⑤ 具有基温锁定功能，避免因基温换挡而影响实验数据的可比性。

⑥ 可配备 RS-232C 串行口，便于与计算机连接。

2. 技术指标和使用条件

（1）技术指标

温度测量范围	－50～＋150℃	定时读数时间范围	6～99s
温度测量分辨率	0.01℃	输出信号	RS-232C 串行口(选配)
温差测量范围	－10～＋10℃	外形尺寸	285mm×260mm×70mm
温差测量分辨率	0.001℃	质量	约 1.5kg
时间漂移	≤0.0005℃/h		

(2) 使用条件

电源：－220V±10％，50Hz

环境：温度－10～50℃，湿度≤85％，无腐蚀性气体的场合。

3. 面板示意图

(1) 前面板示意图（如图 3-4 所示）。

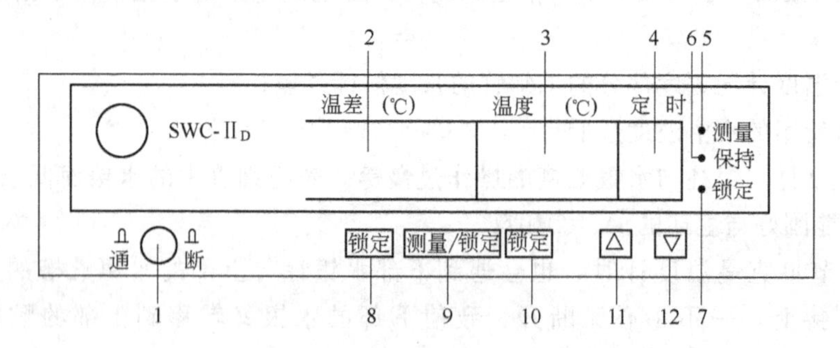

图 3-4 SWC-Ⅱ$_D$ 精密数字温度温差仪前面板示意

① 电源开关。

② 温差显示窗口——显示温差值。

③ 温度显示窗口——显示所测物的温度值。

④ 定时窗口——显示设定的读数时间间隔。

⑤ 测量指示灯——灯亮表明系统处于测量工作状态。

⑥ 保持指示灯——灯亮表明系统处于读数保持状态。

⑦ 锁定指示灯——灯亮表明系统处于基温锁定状态。

⑧ 锁定键——按下此键，基温自动选择和“采零”键都不起作用，直至重新开机。

⑨ 测量、保持功能转换键——此键为开关式按键，在测量功能和保持功能之间转换。

⑩ 采零键——用以消除仪表当时的温差值，使温差显示窗口显示“0.000”。

⑪ ⑫ 数字调节键——“△”键和“▽”键分别调节数字的大小。

(2) 后面板示意图（如图 3-5 所示）。

① 传感器插座——将传感器插入此插座。

② 串行口——为计算机接口，根据需要与计算机连接。

③ 保险丝。

④ 电源插座——接 220V 电源。

⑤ 温度调整——生产厂家进行仪表校验时用。用户勿调节此处，以免影响仪表的准确度。

4. 使用方法

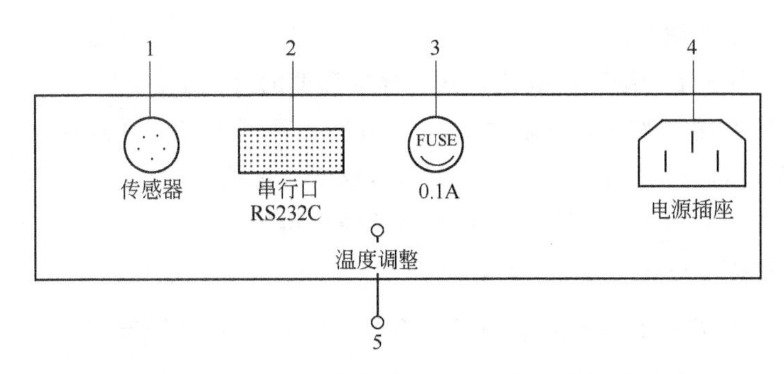

图 3-5 SWC-Ⅱ$_D$ 精密数字温度温差仪后面板示意图

(1) 将传感器探头插入后盖板上的传感器接口（槽口对准）。注意！为了安全起见，请在接通电源以前进行上述操作。

(2) 将 220V 电源接入后盖板上的电源插座。

(3) 将传感器插入被测物中（插入深度应大于 50mm）。

(4) 按下电源开关，此时显示屏显示仪表初始状态（实时温度）。

(5) 当温度显示值稳定后，按一下“采零”键，温差显示窗口显示“0.000”。稍后的变化值为采零后温差的相对变化量。

(6) 在一个实验过程中，仪器采零后，当介质温度变化过大时，仪器会自动更换适当的基温，这样，温差的显示值将不能正确的反映温度的变化量，故在实验时，按下“采零”键后，应再按一下“锁定”键，这样，仪器将不会改变基温，“采零”键也不起作用，直至重新开机。

(7) 需要记录读数时，可按一下“测量/保持”键，使仪器处于保持状态（此时“保持”指示灯亮）。读数完毕，再按一下“测量/保持”键，即可转换到“测量”状态，进行跟踪测量。

(8) 定时读数

① 按下“△”或“▽”键，设定所需的报时间隔（应大于 5s，定时读数才会起作用）。

② 设定完后，定时显示将进行倒计时，当一个计数周期完毕时，蜂鸣器鸣叫且读数保持约 5s，“保持”指示灯亮，此时可观察和记录数据。

③ 若不想报警，只需将定时读数置于 0 即可。

附注：

1. 温度显示窗口显示传感器所测物的实际温度 T。

2. 温差显示窗口显示的温差为介质实际温度 T 与基温 T_0 的差值。

3. 仪器根据介质温度自动选择合适的基温，基温选择标准如下表。

温度 T	基温 T_0	温度 T	基温 T_0
$T<-10$℃	−20℃	50℃$<T<$70℃	60℃
−10℃$<T<$10℃	0℃	70℃$<T<$90℃	80℃
10℃$<T<$30℃	20℃	90℃$<T<$110℃	100℃
30℃$<T<$50℃	40℃	110℃$<T<$130℃	120℃

4. 关于温差测量的说明。

① 基温下 T_0 不一定为绝对准确值，其为标准温度的近似值。

② 被测量的实际温度为 T，基温为 T_0，则温差 $\Delta T=T-T_0$，例如，

$T_1=18.08$℃，$T_0=20$℃，则$=-1.923$℃（仪表显示值）

$T_2=21.34$℃，$T_0=20$℃，则$=1.342$℃（仪表显示值）

要得到两个温度的相对变化量 $\Delta T'$，则

$$\Delta T'=\Delta T_2-\Delta T_1=(T_2-T_0)-(T_1-T_0)=T_2-T_1$$

由此可以看出，基温 T_0 只是参考值，略有误差对测量结果没有影响。采用基温可以得到分辨率更高的温差，提高显示值的准确度。

如：用温差作比较

$\Delta T'=\Delta T_2-\Delta T_1=1.342-(-1.923)=3.265$℃比用温度作比较

$\Delta T'=T_2-T_1=21.34-18.08=3.26$℃准确度高。

5. 使用注意事项

① 不宜放置在过于潮湿的地方，应置于阴凉通风处。

② 不宜放置在高温环境，避免靠近发热源，如电暖气或炉子等。

③ 为了保证仪表工作正常，没有专门检测设备的单位和个人，请勿打开机盖进行检修，更不允许调整和更换元件，否则将无法保证仪表测量的准确度。

④ 传感器和仪表必须配套使用（传感器探头编号和仪表的出厂编号应一致），以保证温度检测的准确度，否则，温度检测准确度将有所下降。

⑤ 在测量过程中，一旦按“锁定”键后，基温自动选择和“采零”键将不起作用，直至重新开机。

6. 简单故障及排除

故障现象	排除方法
打开电源开关，LED 无显示	检查电源线和保险丝是否接牢
显示屏上数字保持不变	检查仪表是否处于保持状态，按下“测量/保持”键即可
显示屏显示杂乱无章或显示“0U.L”	1. 表明仪表测量已超量程或温差超量程 2. 检查传感器插入是否良好，且重新采零
“采零”键不起作用	检查是否处于“锁定”状态

五、JDT-2A 型精密温度温差测量仪

该仪器的温差测量功能和贝克曼温度计相同，还可用于精密温度测量。仪器采用经过多次液氮-室温-液氮热循环处理过的热电传感器做探头，灵敏度高，复现性好，线性好等优点。此外，温差测量在整个使用温度范围内，仪器自动实现换挡功能，无须手动调节平衡，温差测量基准采用按键“置零”，使用方便快捷。

1. 结构与原理

仪器前面板示意图如图 3-6 所示。包括温度温差显示窗口，“温度/温差”键、“置零”键、报时“开/关”键，报时显示灯，电源开关。其中温度温差显示窗口用来显示温度或温差值，

“温度/温差”按键用来切换显示温度值或温差值，“置零”按键用于温差显示置零，报时“开/关”用来控制内置蜂鸣器的鸣叫和报时显示灯。后面板如图 3-7，包括串行通讯插座、传感器插座、电源插座。

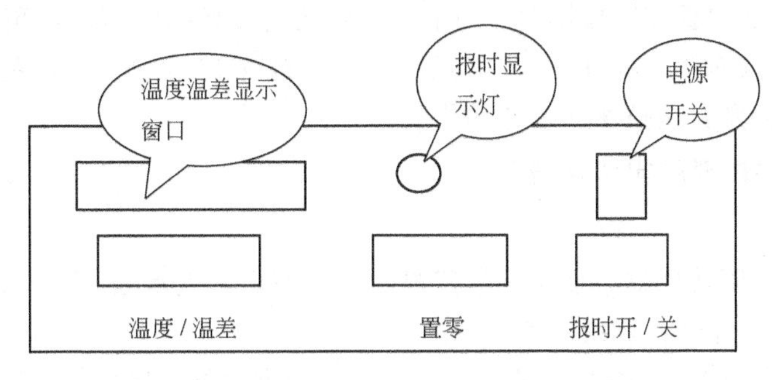

图 3-6　JDT-2A 型精密温度温差测量仪前面板示意

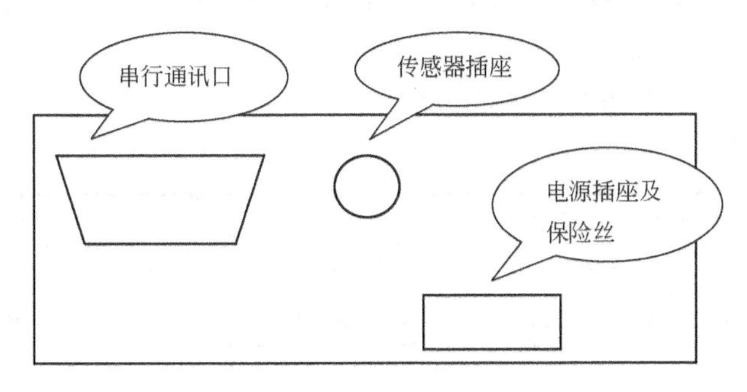

图 3-7　JDT-2A 型精密温度温差测量仪后面板示意

本仪器选用 Intel89C51 型单片机芯片作核心，结构简单同时完成测量、显示、按键处理及通讯等多项功能。另外，为了实现宽范围及高精度的测量，采用自动选挡式不平衡电桥代替固定电桥，实现非电量的转换。

设计系统具有自恢复功能。即使系统受到干扰程度跑飞，看门狗电路可使单片机复位，系统自动恢复。

此外，可选择每 30s 蜂鸣片鸣叫一次，提醒实验者。

2. 主要技术指标

电源电压	220V±10%,50Hz	温度测量分辨率	0.01℃
环境温度	−10～+40℃	测量温差的温度范围	−20～+100℃
温度测量范围	−20～+100℃	温差测量分辨率	±0.001℃

3. 使用方法

① 将温度探头插入仪器后面板的传感器插座，温度探头插入恒温槽中。

② 插上电源插头，打开电源开关，4—1/2 位 LED 显示即亮。预热 5min，显示数值为一任意值，按“温度/温差”按键超过 1s 后放开，仪器切换为显示温差值。

③ 待显示数值稳定后，按下“置零”按键并保持约两秒，参考值 T_0 自动设定在 0.000℃附近。

④ 改变槽内温度，等槽内温度稳定后读出温度值 T_1，便可得：$\Delta T=T_1-T_0$，若设定 $T_0=0.000$℃，则 $\Delta T=T_1$，与水银贝克曼温度计相比，使用方便、读数稳定。

⑤ 每隔 30s，面板上的红色指示灯闪烁一次，同时蜂鸣器鸣叫 1s，以便使用者读数（如不需报时，则按住面板上报时“开/关”1s，放开后蜂鸣器不再鸣叫；如又需报时，则按住面板上报时“开/关”1s，放开后蜂鸣器鸣叫）。

⑥ 在预热和揿下“置零”按键时，可能遇到仪器自动换挡的情况，稍等待即可。此外，为保证仪器精度和跟踪范围，每次测量的初值 T_0 通常应为 0.000℃左右，亦可保持在 −10～10℃之间；否则，应按第 3 步作清零处理。

六、NTY-2A/5B 型数字式温度计

1. 特点

该仪器采用铂电阻传感器，四位半数字显示。体积小，重量轻。主要有以下特点。

① 采用单片机软件进行非线性校正。

② 配接 RS-232C 接口，可与计算机通讯，并且提供计算机接口软件范例。

③ 线路中设计有 WATCHDOG 电路，具有高可靠性及高抗干扰性能。

④ 全数字式标定。

⑤ 重量轻，体积小，耗电省，测量精确。

2. 主要技术指标

电源电压	220V±10%，50Hz	分辨率	0.1℃（NTY-2A）；0.5℃（NTY-5B）
环境温度	−10～+40℃	精度	±0.1℃（NTY-2A）；±1℃（NTY-5B）
量程	−25～125℃（NTY-2A）；0～325℃（NTY-5B）	传感器	铂电阻

3. 使用方法

① 插上电源插头（传感器已固定连接至仪器前面板），打开电源开关。在使用前须预热 10min。

② 将测温探头置于被测物质或环境中，待面板上数值显示稳定后即可读出被测温度值。

4. 使用注意事项

① 测温探头采用不锈钢管（NTY-2A/NTY-5B）封装，请勿用于测量强酸强碱溶液或在有强腐蚀的环境中使用。

② 感温元件封装在测温探头的顶端，因此应将测温探头的顶端置于被测点。

③ 切勿测量带电、漏电溶液，以防烧坏探头和仪器。

④ NTY-5B 温度计使用前应在不锈钢管探头内注入 3mL 硅油。

七、JDW-3F 型精密电子温差测量仪

该仪器功能和贝克曼温度计相同，可用于精密温差测量。仪器采用经过多次液氮-室温-液氮热循环处理过的热电传感器做探头，因此，灵敏度高，复现性好，线性好等优点。仪器线路采用全集成设计方案，全部为进口集成电路片，具有重量轻、体积小、耗电省、稳定性好等特点。由探头传入的信号采用了低漂移、高精度的运算放大器作测量放大器用，并采用了可代替标准电池的参考电压集成块作比较电压，使用美国公司的 ICL 7135——4—1/2 位 A/D 转换片作模数转换，保证了模数转换精度。仪器的数字显示采用高亮度 LED，具有字型美、亮度高的特点。此外，在整个使用温度范围内，仪器自动实现换挡功能，无须手动调节平衡，使用方便快捷。

1. 测量原理

硬件框图见图 3-8。温度传感器将温度信号转换成电压信号，经过多极放大器组成测量放大电路后变为对应的模拟电压量。数模转换采用 AD 公司的 AD7135（14bit）A/D 转换器，89C51 单片机连续采集转换的结果。单片机将采样值数字滤波和线性校正，结果值实时送四位半的数码管显示和 RS232 通讯口输出。

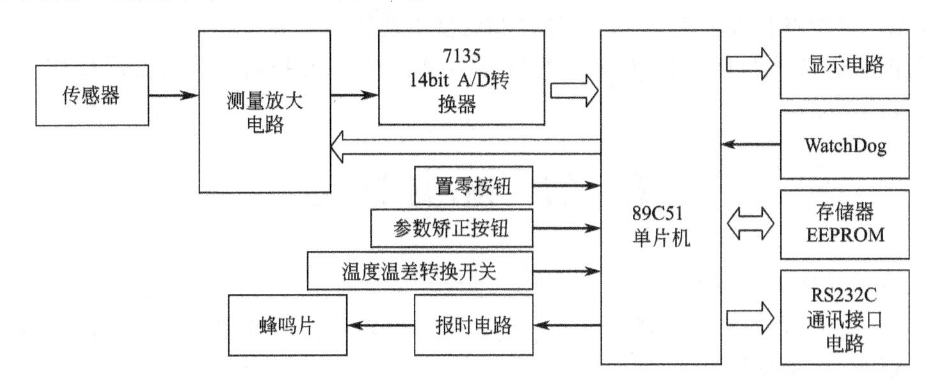

图 3-8 JDW-3F 型精密电子温差测量仪硬件框图

本仪器选用 Intel89C51 型单片机芯片作核心，结构简单，同时完成测量、显示、按键处理及通讯等多项功能。另外，为了实现宽范围及高精度的测量，采用自动选挡式不平衡电桥代替固定电桥，实现非电量的转换。

设计中还采用 555 振荡电路及 74LS123 单稳态触发器，构成了一个简易的看门狗电路，使系统具有自恢复功能。即使系统受到干扰程序跑飞，看门狗电路可使单片机复位，系统自动恢复。此外，可选择 30s 蜂鸣片鸣叫一次，提醒实验者。

2. 主要技术指标

电源电压	190～240V,50Hz	稳定度	±0.001℃(温差范围:－5～＋5℃)
环境温度	－10～＋40℃	测量温差的温度范围	－20～＋80℃
测量温差	40℃		

3. 使用方法

① 将温度探头插入恒温槽中。

② 插上电源插头，打开电源开关，4—1/2 位 LED 显示即亮。预热 5s，显示数值为一任意值。

③ 待显示数值稳定后，按下“设定”按键并保持约 2s，参考值 T_0 自动设定在 0.000℃附近。

④ 改变槽内温度，等槽内温度稳定后读出温度值 T_1，便可得 $\Delta T = T_1 - T_0$，若设定 $T_0 = 0.000$℃，则 $\Delta T = T_1$，与水银贝克曼温度计相比，使用方便、读数稳定。

⑤ 每隔 30s，面板上的红色指示灯闪烁一次，同时蜂鸣器鸣叫 1s，以便使用者读数（面板上钮子开关拨向上方，蜂鸣器鸣叫；反之，蜂鸣器不再鸣叫）。

⑥ 在预热和撤下“设定”按键时，可能遇到仪器自动换挡的情况，稍等待即可。此外，为保证仪器精度和跟踪范围，每次测量的初值 T_0 通常应为 0.000℃左右，亦可保持在－10～10℃之间；否则，应按第③步作清零处理。

4. 使用注意事项

① 恒温槽的搅拌马达不得有漏电现象。

② 仪器不要放置在有强电磁场干扰的区域内。

③ 如仪器正常加电后无显示，请检查后面板上的保险丝（0.5A）。

④ 探头的最前端为感温点，测量应将其尽量接近被测点。整个探头封装的较长，是为了方便使用，严禁弯折及在大于120℃的被测温度下使用。

⑤ 随机的通讯线为PC串行口兼容的标准9D插头。在插拔时应关闭仪器和PC机电源，以防止损坏通讯口。

第二节 恒温装置

一、SYC-15B超级恒温水浴

一体式SYC-15B型超级不锈钢恒温水浴，广泛应用于大专院校化学、生化实验室及科研单位作水浴精密控温用。

1. 特点

① 水浴槽（不锈钢）加热器工作电源、升温、控温、搅拌一体，搬运方便，系统操作简单扼要。

② 采用不锈钢材料制成，坚固、耐温、耐用、耐腐蚀、美观实用。

③ 控温设定温度数据双显示，清晰可观。带回差调节，控温均匀，波动小；键入式温度设定可靠，安全方便。

④ 采用先进的数字信号处理技术，利用微处理器对温度传感器的信号进行线性补偿，具有Watch Dog功能，测量准确可靠。

2. 主要技术指标

① 测定范围：−50～150℃

② 测定分辨率：0.1℃

③ 稳定度：0.1℃

④ 回差范围：0.1～0.5℃（任选）

⑤ 循环泵流量：4L/min

⑥ 功率：1.5kVA

⑦ 水浴容量：15L

3. 使用方法

① 向不锈钢缸内注入其容积2/3～3/4的自来水，水位高度大约230mm（用户可根据实际需要而定），将温度传感器插入不锈钢缸盖中间预置孔内（中间），另一端与控温机箱后面板传感器插座相连接。

② 用配备的电源线将市电AC220V与控温机箱后面板电源插座相连接。先将加热器开关、搅拌器开关置于OFF位置，后按下电源开关，此时显示器和指示灯均有显示。其中，“恒温”指示灯亮，回差处于0.5。

③ 回差值的选择：按“回差”键，回差指示灯将依次显示为0.5、0.4、0.3、0.2、0.1，选择所需的回差值即可。

④ 控制温度的设置：按一下“移位”键，显示器其中有一位LED闪烁，连续按移外键，显示器由最高位依次向最低位位移，根据需要设定其位数。设定温度的位数确定后，用

增“▲”、减“▼”键设定数值的大小。依此，直至所需温度设定完成。

⑤ 当设置完毕时，仪表即进入自动升温控温状态。工作指示灯亮。系统温度达到设定温度时，工作指示灯自动转换到恒温状态，恒温指示灯亮。此后，控温系统根据回差值设置的大小进行自动控温，两指示灯转换速率也随之而变化。当介质温度≤设定温度——回差时，加热器停止加热，工作指示灯熄灭，恒温指示灯亮。

⑥ 根据实际控制温度需要，调节搅拌速度开关快慢和加热器电源开关强弱。一般开始加热时，为使升温速度尽可能快，故需将加热器电源开关置于强的位置。当温度接近设定温度 2～3℃，则将加热器电源开通搅拌开关，直到实验结束。

⑦ 循环水泵与搅拌同轴联动，内循环时只用一根备用橡胶管将两接嘴连接即可。外循环需要两只橡胶管，具体连接用户可根据实际需要而定。

⑧ 工作完毕，关闭加热器电源、搅拌器电源、控制器电源开关。为安全起见，拔下后面板插座电源线更好。

4. 注意事项

① 不宜放置在潮湿及有腐蚀性气氛的场所，应放置在通气干燥的地方。

② 长期搁置再使用时，应将灰尘打扫干后，将水浴试通电，试运行，检查有无漏电现象，避免因长期搁置产生的灰尘及受潮造成漏电事故。

③ 为保证使用安全，严禁无水干烧！水浴缸必须在放入淹没加热器盘管 100mm 以上的水才能通电加热。水位过低可能造成干烧而损坏加热器。

④ 传感器与仪表必须配套使用不可互换。互换虽也能工作但测控温的准确度必将有所下降。

⑤ 复位键：一般不用，只有在因设置错误而需重新设置或因故死机时才使用。出现上述情况时，只需按一下复位键即可恢复到初始状态。

二、HK-1D 型玻璃恒温水槽

1. 结构

主要由圆形玻璃缸、智能化控温单元、电动无级调速搅拌机、不锈钢加热器四部分组成的一体化装置。

使用方法如下。

① 加水到加热器上方，水位不能过低，以防烧坏加热管，影响水槽正常使用。

② 将电动搅拌机及电热管和控温仪分别安装好后再接通电源（使用本装置必须接地线，以防漏电现象发生）。

③ 电动搅拌机的转速，启动时先拨动定时器开关调至“ON”位置，逐步调整调速旋钮，使转速调在合适位置。

2. 注意事项

① 用户在使用本机前，正确地把电源线连接在控温仪和加热管上。连接电加热管上的三根接线头，其中一根黄绿色线为接地线，务必把接地线牢固地安装在接地片上，并且加热器电源插座必须有良好的接地装置。

② 在安装电加热管与固定圈时，应尽量使二者处于一条中心线，加热管放入玻璃水浴缸时严禁到缸壁，用户在安装时应先进行试放，直至调整到符合要求。

③ 安装完毕确认无误，应盖上防护罩，才可接通电源。打开搅拌机电源，将定时旋钮调至“ON”位置，调整调速旋钮使其转速调至合适位置（在调整转速时不要安装搅拌）。

④ 控温仪的控温精度为±0.05℃，分辨率为0.01℃。当加温到用户设置的温度附近时，控温仪上的加热指示灯不停地闪动。

⑤ 本机在使用一段时间再重新使用前需进行保养检查，特别是电气安全性能方面，可用兆欧表测量电阻值。

第三节 高压钢瓶

在物理化学实验室中，常要使用各种气体，为了便于运输、储藏和使用，通常将气体压缩成为压缩液体（如氢气、氮气和氧气等）或液化气体（如液氨和液氯等），灌入耐压钢瓶内。当钢瓶受到撞击或高温时就有可能发生爆炸。另外有一些压缩气体或液化气体具有剧毒，一旦泄露，将会造成严重后果，因而在物理化学实验室中，必须正确地使用各种压缩气体或液化气体钢瓶。

一、气体钢瓶的颜色标记

为避免各种钢瓶使用时发生混淆，常将钢瓶外表油漆不同颜色、字样等以正确识别气体种类，以资识别，根据中国有关部门规定，其规格如下。

气体类别	外表颜色	字样	字样颜色	横条颜色
氧气	天蓝	氧	黑	—
氢气	深绿	氢	红	红
氮气	黑	氮	黄	棕
氦气	棕	氦	白	—
压缩空气	黑	压缩空气	白	—
空气液氨	黄	氨	黑	—
氯气	草绿	氯	白	白
二氧化碳	黑	二氧化碳	黄	—
石油气体	灰	石油气体	红	—
乙炔气	白	乙炔	红	—

二、氧气钢瓶的使用

按图3-9装好氧气减压阀。

使用前，逆时针方向转动减压阀手柄至放松位置。此时减压阀关闭。打开总压阀，高压表读数指示钢瓶内压力。用肥皂水检查氧气表和钢瓶接口处是否漏气，如不漏气，则可顺时针旋转手柄，减压阀门即开启送气，直到所需压力时，停止转动手柄。

停止用气时，先关钢瓶阀门。并将余气排空，直至高压表和低压表均指到“0”。逆时针转动手柄至松的位置。此时减压阀关闭。保证下次打开钢瓶阀门时，不会发生高压气体直接冲进充气系统，保护减压阀调节压力的作用，以免失灵。

三、钢瓶使用注意事项

① 各种高压气体钢瓶必须定期送有关部门检验。一般气体的钢瓶至少3年，充腐蚀性气体的钢瓶至少2年送检一次，合格者才能充气。

② 钢瓶搬运时，要盖好钢瓶帽和橡胶腰圈，轻拿轻放。要避免撞击、摔倒和激烈振动，以防爆炸，放置和使用时，必须用架子或铁丝固定牢靠。

③ 钢瓶应存放在阴凉、干燥、远离热源的地方，避免明火和阳光曝晒。因为钢瓶受热

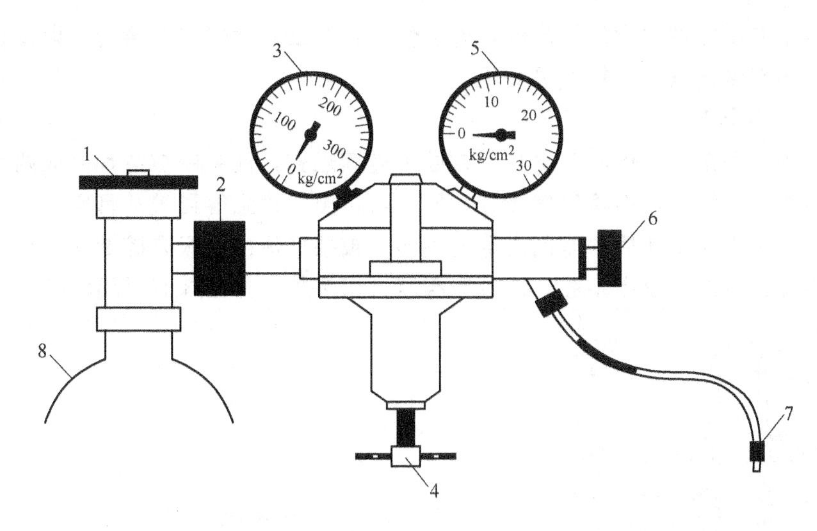

图 3-9 氧气表外形图

1—总阀门；2—氧气表和钢瓶的连接螺帽；3—总压力表；4—减压阀门手柄；
5—分压力表；6—供气阀门；7—接氧弹的进气口螺帽；8—氧气钢瓶

后，气体膨胀，钢瓶内压力增大，易造成漏气，甚至爆炸。可燃性气体钢瓶与氧气钢瓶必须分开存放。氢气钢瓶最好放置在实验大楼外专用的小屋内，以确保安全。

④ 使用钢瓶中的气体时，除 CO_2、NH_3 外一般都要安装减压器。可燃气体钢瓶的气门侧面接头（支管）上的连接螺纹为左旋，即逆时针方向拧紧；非可燃气体钢瓶则为右旋，即顺时针方向拧紧，各种减压器不得混用，以防爆炸。各种减压器中只有氮气和氧气可通用。

⑤ 开启气门时，操作者必须站在侧面，即站在与钢瓶接口处呈垂直方向位置上，以防万一阀门或气压表冲出伤人。

⑥ 可燃性气体要有防回火装置。

⑦ 钢瓶上不得沾染油类及其他有机物，特别在气门出口和气表处，更应保持清洁。不可用棉、麻等物堵漏，以防燃烧引起事故。

⑧ 不可将钢瓶中的气体全部用完，一定要保留 0.05MPa 以上的残留压力。可燃烧气体乙炔应剩余 0.2～0.3MPa，氢气应保留 2MPa，以防重新充气时发生危险。

第四节 真 空 泵

真空是指一个系统的压力低于标准大气压的气态空间。一般把系统压力在 1.013×10^5～1333Pa 称为粗真空，1333～0.1333Pa 称为低真空，$0.1333\sim1.333\times10^{-6}$Pa 称为高真空，$1.333\times10^{-6}$Pa 以下称为超真空。

为了获得真空，就必须将容器中的空气抽出，真空泵就是能将容器中的空气抽出从而获得真空的装置。

一、2XZ 型直联旋片式真空泵

2XZ 型直联旋片式真空泵系双级高速直联旋片式真空泵，本泵是用来对密封容器抽除气体而获得真空的基本设备，它可单独使用，也可作为各类高真空系统的前级泵和预抽泵。

该系列泵具有低噪声、停泵不返油、启动容易等优点，泵上装有气镇阀，可抽除规定的可凝性蒸气。本泵不能抽除含氧过高的，腐蚀性的，有爆炸性的或有毒的，以及含有颗粒尘埃的气体，也不能做压缩泵、输气泵使用。

1. 工作原理与构造

该泵是一种容积泵，它借助于滑片在泵腔中连续运转，使泵腔被滑片分成两个不同区域的容积周期地扩大与缩小，而将气体吸进、压缩与排出，达到容器被抽真空。

本泵是由两个工作室前后串联同向等速旋转，被抽气体由前级泵腔抽入，经过压缩被排入后级泵腔再经过压缩，排出泵腔，通过减雾器排出泵外，如图 3-10 所示。

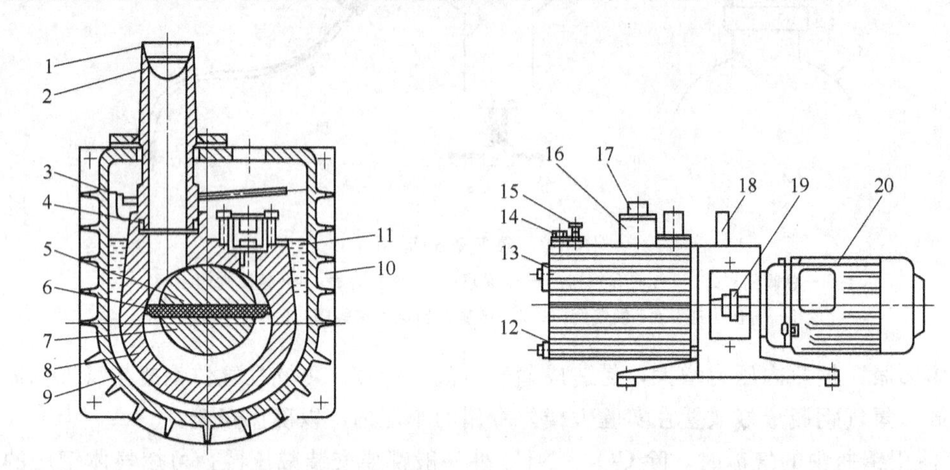

图 3-10　旋片式真空泵结构示意图

1—进气管；2—滤网；3—挡油板；4—进气管“O”形圈；5—旋片弹簧；6—旋片；7—转子；8—定子；9—油箱；10—真空泵油；11—排气阀片；12—放泊螺塞；13—油标；14—加油螺塞；15—气镇阀；16—减雾器；17—排气管；18—手柄；19—联轴器；20—电机

2. 使用方法和注意事项

① 先拧开图 3-10 中 14 加油螺塞，从加油孔中加油至油标 2/3（因出厂运输关系，真空泵腔内无泵油灌入），后从进气管孔内 1 加入少许泵油（可能因出厂时间太长，引起泵腔内干燥）以润滑泵腔，避免开机后出现咬死、发热现象。泵油选用一号真空泵油，也可选用轿车进口轻质高级汽油代替，如：壳牌轿车机油。

② 按规定接上电源线（三相电机要注意电机旋转方向应与泵支架上的箭头方向一致），拿掉排气管 17 上的橡皮塞帽，空运转一下，再开始正常工作。

③ 与泵进气管口的连接管道不宜过长，千万注意检查真空泵外连接管道、接头及容器绝对不能漏气，要密封。否则影响极限真空，及真空泵寿命。

④ 泵的工作环境：温度 5～40℃范围内，相对湿度不大于 85%，进气口压力小于 1.3×10^3 Pa 的条件下工作。对抽速在 0.5L/s 以上真空泵，均装有气镇阀。如相对湿度较高，可打开气镇阀净化，以净化泵油及延长泵油使用时间，净化完毕后及时关死。

⑤ 此泵抽气口连续敞通大气运转，不得超过 3min。

⑥ 此泵必须安装在清洁，通风、干燥的场所。

⑦ 此泵是高精度产品，也不是耐腐蚀真空泵，建议配置真空泵过滤器使用，如图 3-11 所示。

有下列情况之一不能工作。

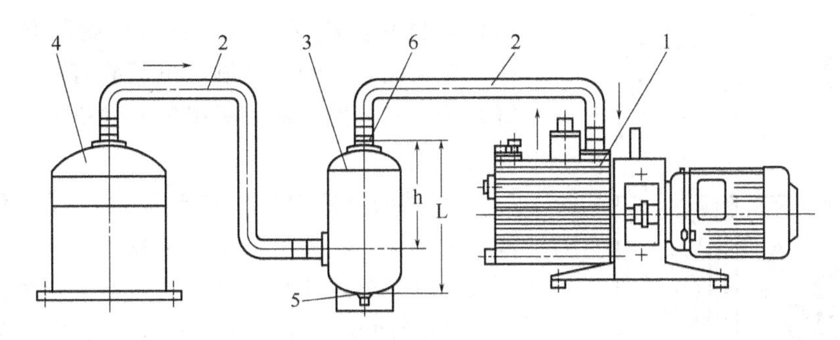

图 3-11 真空泵过滤示意图

1—真空泵；2—真空橡胶管；3—过滤器；4—抽真空容器；5—放水螺塞；6—滤网

① 不能抽吸含有颗粒、尘埃的气体或胶状、水状、液体及腐蚀性的物质。

② 不能抽吸含爆炸性气体或含氧过高的气体。

③ 不能系统漏气及与真空泵匹配的容器过大，在长期抽气下工作。

④ 不能作为输气泵，压缩泵等使用。

3. 仪器保养

① 保持泵的清洁，防止杂质吸入泵腔内。建议配置过滤器如图 3-11，但过滤器的上接口与下接口间距为整个过滤器高度的 3/5 左右。当水溶液太多时，可通过放水螺塞放掉，然后及时拧紧。该过滤器起缓冲，冷却、过滤等作用。

② 保持油位。不同种类或牌号的真空泵油，不可混合使用，如遇污染应及时更换。

③ 存放不当，水分或其他挥发性物质进入泵腔内，可打开气镇阀净化。如影响极限真空，可考虑换油，更换泵油时，先开泵空运转 30min 左右，使油变稀，放出脏油，放油的同时，从进气口缓慢加入少量清洁真空泵油加以冲洗泵腔内部。

④ 如遇泵的噪声增加或突然咬死，应迅速切断电源，进行检查。

二、WX 型旋片式无油真空泵

WX 型无油真空泵和 2XZ 型旋片式真空泵属于两种不同系列产品，WX 型系列真空泵是一种不需用润滑油即能运转工作的真空泵。故称为无油真空泵。它具有结构简单、操作容易、维护方便、不会污染环境等优点。是一种使用范围非常广泛的机械真空泵。

1. 工作原理与构造

WX 型真空泵的构造示意图如图 3-12 所示。它是一种无油真空泵，是一种获得真空的设备之一。WX 型真空泵的极限真空为 6×10^{-2}MPa。它的结构由两个主要部分组成：气体输送、过滤和消音部分。

气体输送、过滤部分由右侧气箱等部件组成。工作时，气体从进气口吸入气箱，经滤芯过滤后进入泵体，通过置于泵体内的转子偏心运动，不断地改变泵体内两侧的容积：一侧容积扩大吸入气体，另一侧容积缩小排出气体。由此周期地完成真空地吸气排气，从而获得真空。

气体消音部分由左侧气箱等部件组成，气体通过排气消音后，排出泵外，由消音和过滤器装置实现了噪声低、污染小的要求。

2. 主要特点

① 由于无油真空泵不存在油蒸气，因此，当其使用时，工作环境和被处理的产品不会被油污染，是一种使用在严格要求无油蒸气的工业中最理想的真空设备，可广泛应用于各种

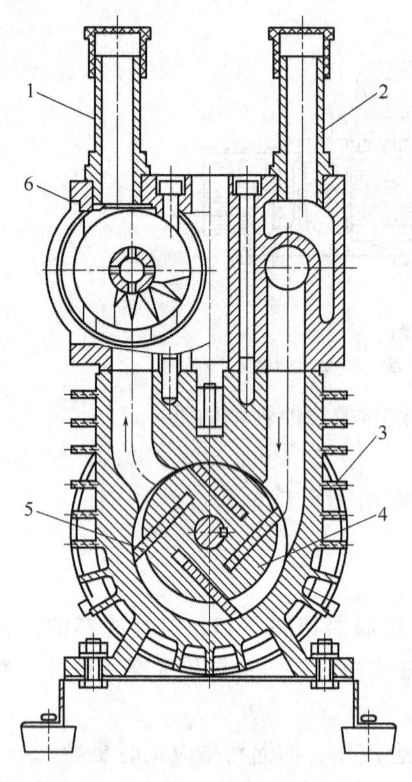

图 3-12　WX 型旋片式无油真空泵构造示意

1—排气管；2—进气管；3—泵体；4—转子；5—叶片；6—气箱体

物品的吸收和输送，自动机械的物料供给设备。例如，在食品、医药、印刷、书籍装订、牛奶场、院校研究所、实验室、医院吸引等各种机械设备上的配套使用。

② 无油真空泵不需要油润滑，所以和油润滑的真空泵相比，经常性的维护和保养可大大减少，不必为缺少真空油，给维修带来诸多不便和烦恼。

③ 无油真空泵设计有抽气过滤装置和排气消音装置，工作寿命长。

④ 采用电机直接连接，结构紧凑，重量轻，外形尺寸小于其他同类型泵。

⑤ 应用多叶片高速转动，避免了吸气和排气中的脉冲波动。

⑥ WX 型无油真空泵可以敞开大气连续运转。

3. 仪器保养与使用

① 应具有充分良好的通风条件及低于 40℃ 的环境温度。

② 无灰尘及脏物的清洁场所。

③ 无水、油等液体会降落到泵上。

④ 不直接暴露在阳光里。

⑤ 有足够的周围空间能便于泵的检查，维护和装拆。

⑥ 泵必须安装在平坦的平面上。

⑦ 最好将泵放在类似混凝土坚硬的地基上安装，如果没有条件，也可将泵牢固地安装在钢制或木制的机架上。

⑧ 必须确保泵不因基础不牢固而引起振动。

⑨ 与泵连接管道不宜过长和小于泵进气口径，影响抽速，同时注意检查真空连接管道有否漏气。

⑩ 装接电线时，应注意电机铭牌上的规定接线要求。三相电机要注意电机旋转方向应与泵上的标示箭头方向一致。

⑪ 泵运转时，它额定的真空度是 6×10^{-2}MPa。

⑫ 在长时间的连续工作以后，泵温会有大的上升，这是正常的，不必担心它的寿命。

三、真空操作注意事项

① 真空系统装置较复杂，设计时应尽可能少用活塞，减少不必要的接头。

② 在实验前必须熟悉各部件的操作，注意各活塞的转向，最好用标记表明。

③ 真空系统真空度愈高，玻璃器壁承受的压力越大。对于大的玻璃容器都存在爆炸的危险，因此对于大的玻璃容器最好加网罩。由于球形容器受力均匀，故尽可能使用球形容器。

④ 开启、关闭真空活塞时必须两手操作，一手握住活塞套，一手缓慢旋转活塞，防止某些部位受力不均而断裂。

⑤ 实验过程中和实验结束时，不要使大气猛烈冲入系统，也不要使系统中压力不平衡

的部分突然接通，否则可能造成局部压力突变，导致系统破裂，或汞压力计冲汞。

第五节　电位差计

一、UJ-36 型携带式直流电位差计

UJ-36 型携带式直流电位差计，能很方便地以补偿法原理，测量直流电压（或电动势）和对各种直流毫伏表及电子电位差计进行刻度校正。如配备标准电阻，过渡电阻，也能对直流电阻，电流进行测量。

仪器内附标准电池及晶体管放大检流计。

1. 原理

(1) 本仪器是采用补偿法原理，使被测量电动势（或电压）与恒定的标准电动势相互比较，是一种高精度测量电动势的方法，其原理如图 3-13 所示。

(2) 测量电动势或电压的步骤

将 K 扳向标准位置，调节 R_P，使检流计指零，这时标准电池的电动势由电阻 R_N 上的电压降补偿。

$$E_N = IR_N \tag{1}$$

式中，I 是流过 R_N 和 R 的电流，称之为电位差计的工作电流。

由式 (1) 可得

$$I = E_N / R_N \tag{2}$$

工作电流调节好以后，将 K 扳向“未知”位置，同时移动 Q 触头，再次使检流计指零，此时触头 Q 在 R 上的读数为 R_Q。这时被测量的电动势或电压由电阻 R_Q 上的电压降补偿。

故

$$E_X = IR_Q \tag{3}$$

由式 (2) 代入式 (3) 得

$$E_X = \frac{R_Q}{R_N} E_N \tag{4}$$

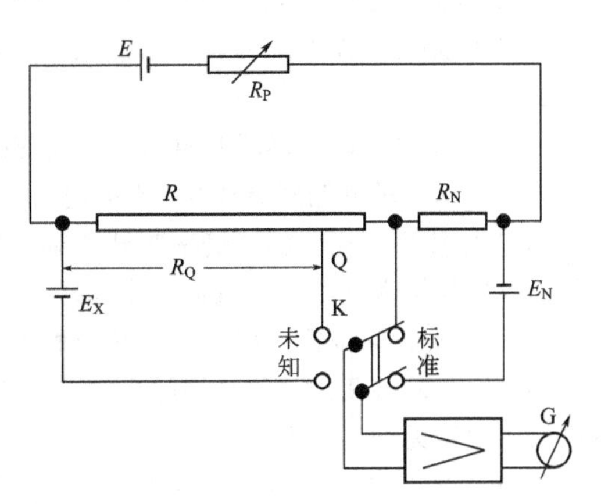

图 3-13　UJ-36 型携带式直流电位差计工作原理图

E—工作电源；E_N—标准电池的电动势；E_X—被测电动势（或电压）；G—晶体管放大检流计；R_P—工作电流调节电阻；R—被测量电动势的补偿电阻；R_N—标准电池电动势的补偿电阻；K—转换开关

从式 (4) 可以看出，用电位差计测量电动势（或电压）有以下优点。

① 不需要测量出线路里的电流大小，只要测量 R_Q 与 R_N 的比值即可。

② 当完全补偿时，测量回路与被测量回路之间无电流流过，并不从被测电路中吸取功率。

③ 测量的准确性是依赖标准电池的电动势 E_N 及被测量电动势之补偿电阻 R_Q 与标准电动势的补偿电阻 R_N 之比值的准确性和工作电流稳定性所决定。

(3) 本仪器的电阻均采用锰铜合金线，以双线无感绕制，并经人工老化和精确调整，阻值稳定。标准电动势，采用不饱和标准电池，温度影响可忽略不计从而保证仪器的准确性。

2. 使用方法

① 将被测“未知”的电压（或电动势）接在未知的两个接线柱上（注意极性）。

② 把倍率开关旋向所需要的位置上，同时也接通了电位差计工作电源和检流计放大器

电源，3min 以后，调节检流计指零。

③ 将扳键开关扳向“标准”，调节多圈变阻器，使检流计指零。

④ 再将扳键开关扳向“未知”，调节步进读数盘和滑线读数盘使检流计再次指零，未知电压（或电动势）按下式表示。

$$U\times=(\text{步进盘读数}+\text{滑线盘读数})\times\text{倍率}$$

⑤ 在连续测量时，要求经常核对电位差计工作电流，防止工作电流变化。

⑥ 将扳键开关扳向“标准”调节多圈变阻器，使检流计指零。倍率开关旋向“G_1”时，电位差计处于×1 位置，检流计短路。倍率开关旋向“$G_{0.2}$”时，电位差计处于×0.2 位置，检流计短路。在未知端可输出标准直流电动势（不可输出电流）。

3. 注意事项

① 仪器应贮放在环境温度为 5～45℃，相对湿度低于 80%的条件下，室内空气不应含有能腐蚀仪器的气体和有害杂质。

② 电位差计工作电源和晶体管放大器电源（用户自备）装在外壳底部电池盒内，注意极性。

③ 如发现电流调节多圈变阻器，不能使检流计指零时，则应更换 1.5V 干电池，若晶体管放大检流计灵敏度低则更换 9V 干电池。

④ 仪器使用完毕，将“倍率”开关旋向断位置，避免浪费电源，电键开关应放在中间位置，仪器长期搁置不用将电池取出（标准电池除外）。

⑤ 仪器若长期搁置不用，可能在接触处产生氧化，造成接触不良，使用时，应将全部开关和滑线盘旋转几次，使其接触良好，如果接触还不好，必须用汽油清洗，使接触良好，再涂上一薄层无酸性凡士林予以保护。

⑥ 电位差计应保持清洁，并避免直接阳光曝晒和剧烈震动。

二、UJ-33a 型直流电位差计

1. 原理

本电位差计根据补偿法原理制成。其工作原理如图 3-14 所示。

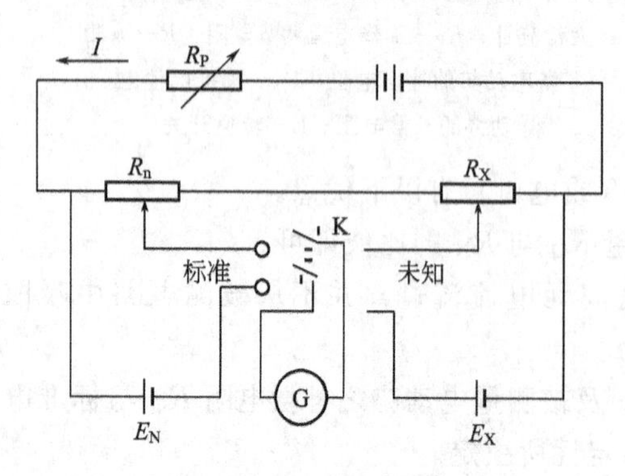

图 3-14 UJ-33a 型直流电位差计的工作原理图

调节 R_P 阻值，当工作电流 I 在 R_N 上产生电压降等于标准电池电势值 E_N 时，如开关 K 打入左边，检流计便指零，此时工作电流便准确地等于 3mA，上述步骤称为对“标准”。

测量时，调节已知的电阻 R，使其工作电流 3mA 产生的电压降等于被测值 U_X 时 $U_X=IR$，如开关 K 打入右边，检流计指零，从而可由已知的 R 阻值大小来反映 U_X 数值。

2. 使用方法

(1) 测量未知电压 U_X

打开后盖，按极性装入 1.5V 1 号干电池 6 节及 9V6F22 叠层电池 2 节，倍率开关从“断”旋到所需倍率。此时上述电源接通，2min 后调节“调零”旋钮，使检流计指针示值为零。被测电压（势）按极性接入“求知”端钮。“测量-输出”开关放于“测量”位置，扳键开关扳向“标准”，调节“粗”“微”旋钮，直到检流计指零。

扳键扳向“未知”，调节Ⅰ、Ⅱ、Ⅲ测量盘，使检流计指零，被测电压（势）为测量盘读数与倍率乘积。

测量过程中，随着电池消耗，工作电流变化，所以连续使用时经常核对“标准”，使测量精确。

（2）作讯号输出

按上述步骤，在对好“标准”后，将“测量-输出”开关旋至“输出”位置（即检流计短路）。选择“倍率”及调节Ⅰ、Ⅱ、Ⅲ测量盘，扳键放在“未知”位置，此时“未知”端钮二端输出电压值即为倍率与测量示值的乘积。

使用完毕，“倍率”开关放“断”位置，免于二组内附干电池无谓放电。若长期不使用，将干电池取出。

3. 注意事项

① 仪器应放在周围空气温度5～35℃，相对湿度小于80%的室内，空气中不应含有腐蚀性气体。

② 仪器若无法进行校对“标准”，则应考虑3V工作电源寿命已毕所致，应更换电池。打开仪器底部二个大电池盒盖，依正负极性放入6节1号干电池。

③ 使用中，如发觉检流计灵敏度显著下降或没有偏转，可能因晶体管检流计电源9V电池寿命已完毕引起，打开仪器底部小电池盒盖，插入6F229V叠层电池二节，进行更换。

④ 仪器应每年计量一次，以保证仪器准确性。

⑤ 长期搁置仪器再次使用时，应将各开关、滑线旋转几次，减少接触处的氧化影响，使仪器工作可靠。

⑥ 仪器应保持清洁，避免阳光直接曝晒和剧震。

三、SDC-Ⅲ数字电位差综合测试仪

1. 特点

① 一体设计：将UJ系列电位差计、光电检流计、标准电池等集成一体，体积小，重量轻，便于携带。

② 数字显示：电位差值七位显示，数值直观清晰、准确可靠。

③ 内外基准：既可使用内部基准进行测量，又可外接标准电池作基准进行测量，使用方便灵活。

④ 误差较小：保留电位差计测量功能，真实体现电位差计对比检测误差微小的优势。

⑤ 性能可靠：电路采用对称漂移抵消原理，克服了元器件的温漂和时漂，提高测量的准确度。

2. 使用方法

（1）开机

用电源线将仪表后面板的电源插座与220V电源连接，打开电源开关（ON），预热15min。

（2）以内标为基准进行测量

① 校验。

a. 用测试线将被测电动势按“＋”、“－”极性与“测量插孔”连接。

b. 将“测量选择”旋钮置于“内标”。

c. 将“10^0”位旋钮置于“1”，“补偿”旋钮逆时针旋到底，其他旋钮均置于“0”，此时，“电位指标”显示“1.000000”V。

d. 待“检零指示”显示数值稳定后，按一下“采零”键，此时，检零指示应显示“0000”。

② 测量。

a. 将“测量选择”置于“测量”。

b. 调节“10^0～10^{-4}”五个旋钮，使“检零指示”显示数值为负且绝对值最小。

c. 调节“补偿旋钮”，使“检零指示”显示为“0000”，此时，“电位显示”数值即为被测电动势的值。

注意：测量过程中，若“检零指示”显示溢出符号“OU.L”，说明“电位指示”显示的数值与被测电动势值相差过大。

(3) 以外标为基准进行测量

① 校验

a. 将已知电动势的标准电池按“+”、“−”极性与“外标插孔”连接。

b. 将“测量选择”旋钮置于“外标”。

c. 调节“10^0～10^{-4}”五个旋钮和“补偿”旋钮，使“电位指示”显示的数值与外标电池数值相同。

d. 待“检零指示”数值稳定后，按一下“采零”键，此时，“检零指示”显示为“0000”。

② 测量。

a. 拔出“外标插孔”的测试线。再用测试线将被测电动势按“+”、“−”极性与接入“测量插孔”。

b. 将“测量选择”置于“测量”。

c. 调节“10^0～10^{-4}”五个旋钮，使“检零指示”显示数值为负且绝对值最小。

d. 调节“补偿旋钮”，使“检零指示”为“0000”，此时，“电位显示”数值即为被测电动势的值。

(4) 关机

首先关闭电源开关（OFF），然后拔下电源线。

3. 注意事项

① 置于通风、干燥、无腐蚀性气体的场合。

② 不宜放置在高温环境，避免靠近发热源如电暖气或炉子等。

③ 为了保证仪表工作正常，没有专门检测设备的单位和个人，请勿打开机盖进行检修，更不允许调整和更换元件，否则将无法保证计分表测量的准确度。

④ 若波段开关旋钮松动或旋钮指示错位，可撬开旋钮盖，用毕用呆扳手对准槽口拧紧即可。

第六节 电导率仪

一、DDS-11D 型数字式电导率仪

DDS-11D 型数字式电导率仪是电化学分析常用仪器之一。该仪器具有如下特点。

① $3\frac{1}{2}$液晶显示。能快速地、精确地测量，具有优于±1.5%的引用误差。

② 自动补偿电极引线电容和电导池等效电容引起的误差。自动排除测量接地干扰及其他的电磁信号干扰。

③ 仪器右下面的校正电位器具有线性调整作用。从而得到补偿因电源能量的衰减而引起的误差（即电位跟踪补偿）。

④ 使用方便。改变量程时，无需各档校正调零。

⑤ 转换电路线性。具有较高的灵敏度和精度。

⑥ 体积小、重量轻、功耗低。干电池供电便于携带。

1. 测量原理

溶液的电导是溶液的一个重要参数。它反映了溶液的导电能力，即反映了溶液中正负离子的浓度及性质和溶剂的性质。电导等于电阻的倒数。即 $S_x=\frac{1}{R_x}$，式中 S_x 为待测电导（单位是西门子，用 S 表示）。R_x 为电阻（欧姆 Ω），实际上，物体的电导值不仅取决于组成该物体的物质的导电能力的强弱。而且取决于该物体的几何尺寸。即沿电流流动方向的长度和截面积。因此，为了准确反映物质的导电能力，需要引入电导率这个概念，电导率是表示单位长度和单位截面积的物体的电导值。也即

$$\text{电导值(S)}=\frac{\text{电导率}\times\text{截面积}}{\text{物体长度}}$$

或

$$\text{电导率(K)}=\frac{\text{电导率}\times\text{截面积}}{\text{截面积}}$$

电导率的单位一般有 S/cm、mS/cm、μS/cm 三种。

最常用的电导电极是 DJS-Ⅰ型电导电极。这种电极主要由两块平行置放的铂片所组成。铂片被固定在玻璃支架上。同时从每一铂片上引出一根导线。测定时将它们连接到仪器的输入端。介于两块铂片之间的这一部分溶液的电导值就是被测电导值 S_x。

设两块铂片的面积都为 A。两块铂片之间的距离为 L。测 $Q=\frac{L}{A}$ 称为电极常数（或电导池常数）。

这样，被测电导率 $K_x=QS_x$。所以，知道电极常数 Q 后。测得电导 S_x，即可算出电导率 K_x。

测量原理如图 3-15(a)、(b) 为电导池即 Z_x 的等效电路。

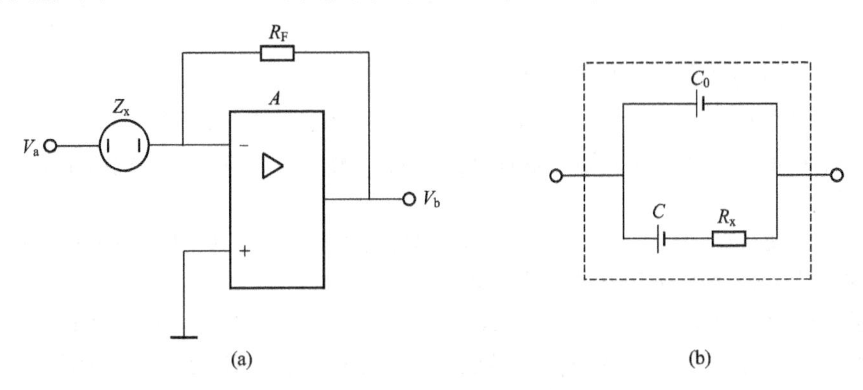

图 3-15 DDS-11D 型数字式电导率仪测量原理图

由图 3-15(a) 知

$$V_b = -\frac{R_F}{Z_x}V_a$$

图 3-15(a) V_a 为幅值稳定的方波电压。R_F 为标准的比较电阻。Z_x 为电导池的模拟阻抗。

$$Z_x = JX_{C_0} // (R_x + X_C)$$

由 $K_x = QS_x$。得 $K_x = \frac{Q}{R_x}$，所以当 V_a、R_F、Q 为常数时。电导率 K_x 的变化必然引起 R_x 的变化。R_x 的变化又引起 Z_x 的相应变化。而 Z_x 的变化又引起 V_b 的变化。所以通过测量 V_b 的大小。就能测得电导率 K_x 的高低。

2. 使用方法

仪器面板位置图如图 3-16 所示。

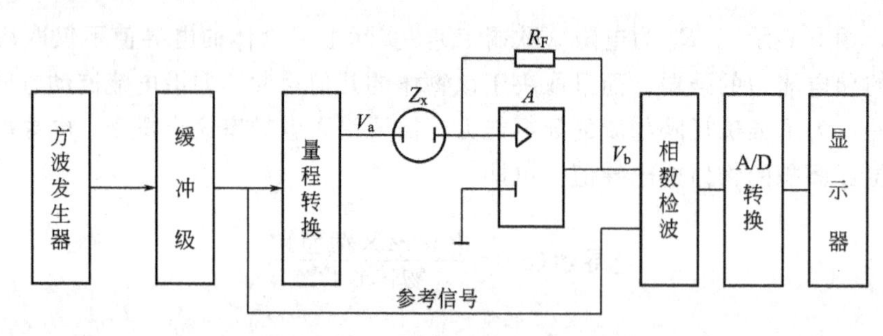

图 3-16　DDS-11D 型数字式电导率仪面板

(1) 接通电源。将电源开关 K_1 置于“开”

① 标定。将 K_2、K_3 分别置于“标定”“∞”。揿下“$\times 10^4$”量程开关。应显示 00.0，否则调节“调零”电位器 W_1。揿下“×1”量程开关。应显示 100.0，否则调节“校正电位器”W_2。

② 测量。

a. 测电导值。完成步骤①以后，将开关 K_2、K_3 分别置于“测量”“∞”，插入电导电极，根据所测溶液的电导值所在范围选择量程开关进行测量，显示值×所选量程倍数即为所测电导值。

b. 测电导率值。将开关 K_2、K_3 分别置于“标定”、“∞”。揿下“×1”，调节“校正”电位器 W_2，使显示为

$$K_{10K} = Q \times S_{10K}$$

式中　Q——所选用电导电极常数；

S_{10K}——10kΩ 电阻的标准电导值即 100μS。

此步即为调得电极常数为 Q 的方法。然后将开关 K_2 置于“测量”。插入电导电极。根据所测溶液的电导率值所在范围选择量程开关进行测量。显示值×所选量程倍数即为所测电导率值。

(注意：因本仪器所配电极为 DJS-1 型电导电极。其电极常数 $Q \approx 1$。即电导值≈电导率值。故若不需十分精确测量电导率时，可直接按测电导的方法测量。)

当测量高电导（或高电导率时）。开关 K_2 拨到“×0”，仪器处于“标定”状态下，显示 00.0，而仪器处于“测量”状态下时可能显示一个非零值 ΔB。此时无须调节。只需将测量显示值减去 ΔB 即可。

如测量时：$\times 10^2$ 档，显示 121.3；$\times 0$ 档，显示 -0.05。则待测值为：$[121.3-(-0.5)]1\times 10^2=121.8\times 10^2$

③ 测量完毕。

(2) 切断电源。将电源开关 K_1 置于“关”。

3. 仪器保养

① 仪器应存放在干燥处。电导电极的插头和引线应保持干燥。测量时不要弄潮。

② 仪器周围无强电磁场。

③ 仪器切勿重压。以免损坏液晶显示屏。

④ 使用时显示器出现数字闪动。一种是所选量程倍数太低。另一种是电池电压不足。需要拆下底盖更换电池。

二、DDS-11A 型电导率仪

1. 使用方法

① 接通电源前观察表头指针是否指零，若有偏差调节表头下方机械零位，使其指至零位。

② 接通电源，仪器预热 10min。

③ 将电极浸入被测溶液（或水）中，需确保极片浸没，将电极插头插入电极插座。

④ 调节“常数”钮，使其与电极常数标称值一致。例如所用电极的常数为 0.98，则把“常数”钮白线对准 0.98 刻度线。

⑤ 将“量程”置在合适的倍率挡上，若事先不知被测液体电导率高低，可先置于较大的电导率档，再逐挡下降，以防表头针打弯。

⑥ 将“校正-测量”开关置于“校正”位，调“调整”钮使表头指针指满刻度值 1.0。

⑦ 将“校正-测量”开关置于“测量”位，表头指示数乘以“量程”倍率，所得值即为溶液电导率。

[例] 测量纯水时“量程”置于 $\times 0.1$（红）档，指示值为 0.56，则被测电导率为 $0.56\times 0.1=0.056\mu S/cm$（电阻率 $17.85M\Omega\cdot cm$）。“量程”置 $\times 10^2$，指示数 0.5，则被测值为 $0.5\times 10^2=50\mu S/cm$。

⑧“量程”置黑（B）点档，则读数为表头上行刻度 0～1，“量程”置红（R）点档，则读数为表头下行刻度 0～3。

⑨ 当溶液电导率大于 $10^4\mu S/cm$（电阻小于 100Ω），即高电导测量时，请用 DJS—10C 型电极，这时“常数”钮调在常数标称值 1（即 10）位置上。例：所用电极常数为 10.4，使“常数”钮置 1.04，被测值＝指示数×倍率×10。

⑩ 本仪器可长时间连续使用，可将输出信号接记录仪进行连续监测。

2. 仪器标定

若用户需知仪器工作是否正常，可对仪器进行标定，方法如下。

①“常数”置 1.0，将电阻箱接入电极接口。

② 将“校正-测量”开关置于“校正”位置，调“校正”使其指向满刻度。

③ 按下表输入电阻值，对应的电导率误差应《±1.5%F.S.》

量　程	电阻箱阻值/Ω	电导率/(mS/cm)	量　程	电阻箱阻值/Ω	电导率/(mS/cm)
$\times 10^2$(黑)	10K	100	$\times 10^2$(红)	3.33K	300
	12.5K	80		5K	200
	50K	20		10K	100

3. 注意事项

① 低电导测量（电导率小于 100μS/cm），例如测量纯水、锅炉水、去离子水、矿泉水等水质的电导率时，请选用 DJS-1S 光亮电极。

② 测量一般溶液的电导率（30～3000μS/cm），请采用 DJS-1C 铂黑电极。

③ 测量 3000～10^4 μS/cm 的高电导溶液时，应使用常数为 10 的铂黑电极。

三、DDS-307 型电导率仪

DDS-307 型电导率仪是实验室测量水溶液电导率必备的仪器，其优点是：仪器采用 $3\frac{1}{2}$ 位半 LED 数码管显示，显示清晰，测量精度高；具有电导电极常数补偿功能及溶液的手动温度补偿功能；可靠性好，测量速度快，操作方便。

1. 原理与构造

如图 3-17 所示，将恒定电压 U 加到电导池的两个电极（商品电极常将两个电极做成复合电极）上，这时流过溶液的电流 I_x 的大小取决于溶液的电阻 R_x 和外加电压 U

$$R_x=U/I_x$$

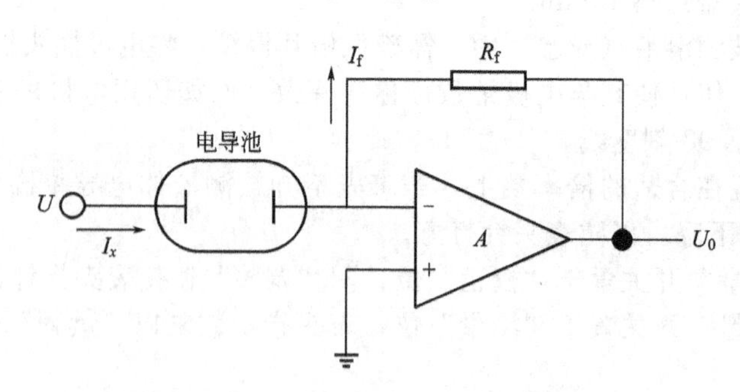

图 3-17 DDS-307 型电导率仪测量原理图

金属导体通过电子的移动而导电且服从欧姆定律，对溶液则是通过正、负离子的移动而导电的。同样，可引用欧姆定律表示。有

$$R_x=\frac{U}{I_x}=\rho\frac{L}{A} \tag{1}$$

式中，L 是两电极间液柱的长度，cm；A 为两电极间液柱的截面积，cm^2；ρ 为溶液的电阻率。对于使用确定电极的电导池，$\frac{L}{A}$是个常数，称为电导池常数（也称电极常数），以 K_{cell}表示

$$K_{cell}=\frac{L}{A}$$

式（1）变为

$$\frac{U}{I_x}=\rho K_{cell}$$

电导率
$$k=\frac{1}{\rho}=K_{cell}\frac{I_x}{U}=K_{cell}\frac{I_f}{U}=K_{cell}\frac{U_0}{UR_f} \tag{2}$$

可见，在常数 K_{cell}及输入电压 U 为定值时，被测介质的电导率与运算放大器的输出电压 U_0 成正比。因此，只需测量 U_0 的大小就可显示出被测介质电导率的高低。仪器的电路方框图如图 3-18 所示。

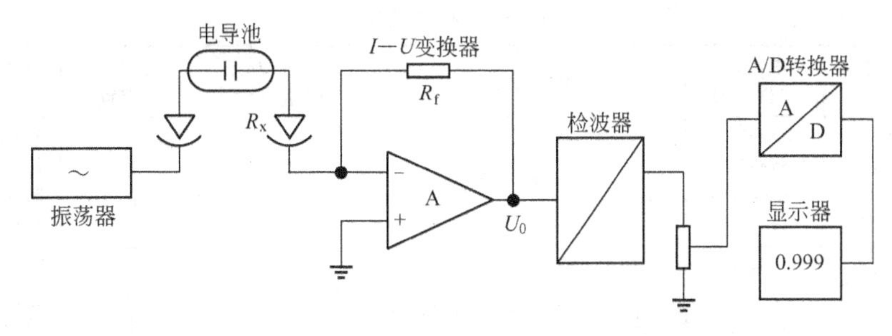

图 3-18　DDS-307 型电导率仪电路方框图

为降低“极化”作用所造成的附加误差及消除电导池中双电层电容的影响，由振荡器产生幅值稳定的交流测量讯号，此讯号加于电导池后变换为电流讯号输入于运算放大器 A 的反相端，经过比例运算后便把 R_x 的大小变换成为相应的电压信号 U_0，从式(2) 可知，这种转换是线性的。U_0 经检波后变为直流电压信号，这样，加到 A/D 转换器的直流电压就与溶液的电导率成正比。

仪器前面板及后面板构造如图 3-19 所示。

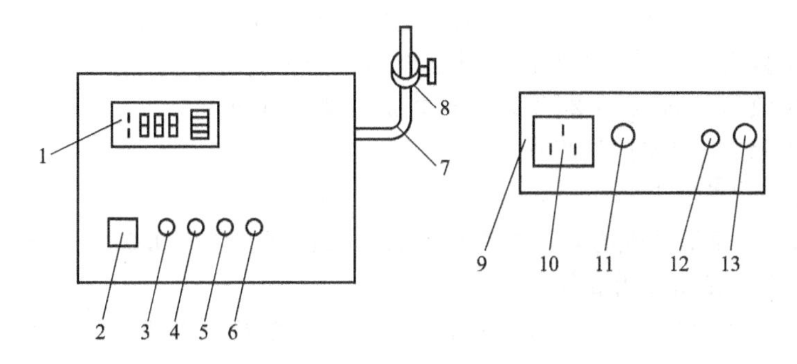

图 3-19　DDS-307 型电导率仪面板及各调节器功能图

1—显示屏；2—电源开关；3—温度补偿调节旋钮；4—常数补偿调节旋钮；5—校准调节旋钮；6—量程选择开关旋钮；7—电极支架；8—电极夹；9—三芯后面板；10—电源插座；11—保险丝管座；12—输出插口；13—电极插座

2. 使用方法

(1) 选择电导池电极

仪器可配用电导池常数为 0.01、0.1、1 及 10 四种不同类型的电导池电极（以下简称为“电导电极”)，每种电导电极又有四挡量程，可根据以表 3-1 测量范围所示的参考测量值与被测介质电导率（电阻率）的高低，选用不同常数的电导电极。提示：如果被测介质电导率小于 1μS/cm（电阻率大于 1MΩ·cm）用常数为 0.01 的钛合金电极测量时应加测量槽作流动测量；如果被测介质电导率大于 100μS/cm（电阻率小于 10kΩ·cm）以上时，宜用常数为 1 或 10 的镀铂黑电导电极以增大吸附面，减少电极极化的影响。

(2) 调节“温度”旋钮

用温度计测出被测介质的温度后，把“温度”旋钮置于相应的介质温度刻度上。注：若把旋钮置于 25℃线上，即为基准温度下补偿，也即为无补偿方式。

(3) 调节“常数选择”开关位置

① 若选用常数为 (0.01±20%)cm^{-1}的电导电极则置于 0.01 处。

表 3-1 测量范围

量程	电导率/(μS/cm)	电阻率/(Ω/cm)	配套电导电极	常数开关位置/cm^{-1}	量程开关位置	被测介质电导率/(μS/cm)
1	0～0.1	∞～10^7	钛合金电导电极	0.01	Ⅰ	数码读数×0.1
2	0～1	∞～10^6			Ⅱ	数码读数×1
3	0～10	∞～10^5			Ⅲ	数码读数×10
4	0～10^2	∞～10^4			Ⅳ	数码读数×100
5	0～1	∞～10^6	DJS-0.1C 型光亮电导电极	0.1	Ⅰ	数码读数×0.1
6	0～10	∞～10^5			Ⅱ	数码读数×1
7	0～10^2	∞～10^4			Ⅲ	数码读数×10
8	0～10^3	∞～10^3			Ⅳ	数码读数×100
9	0～10	∞～10^5	DJS-1C 型铂黑电导电极	1	Ⅰ	数码读数×0.1
10	0～10^2	∞～10^4			Ⅱ	数码读数×1
11	0～10^3	∞～10^3			Ⅲ	数码读数×10
12	0～10^4	∞～10^2			Ⅳ	数码读数×100
13	0～10^2	∞～10^4	DJS-10C 型铂黑电导电极	10	Ⅰ	数码读数×0.1
14	0～10^3	∞～10^3			Ⅱ	数码读数×1
15	0～10^4	∞～10^3			Ⅲ	数码读数×10
16	0～10^5	∞～10^0			Ⅳ	数码读数×100

② 若选用常数为 0.1cm^{-1}±20%的电导电极则置于 0.1 处。

③ 若选用常数为 1cm^{-1}±20%的电导电极则置于 1 处。

④ 若选用常数为 10cm^{-1}±20%的电导电极则置于 10 处。

(4) 常数的设定及“校正”调节

量程开关置于“检查”挡。

① 对 0.01cm^{-1}常数的钛合金电导电极，常数选择开关置于 0.01 处；若常数为 0.0095，则调节“校正”钮使显示值为 0.950。

② 对 0.1cm^{-1}常数的 DJS-0.1C 型光亮电导电极，常数选择开关置于 0.1 处；若常数为 0.095，则调节“校正”钮使显示值为 9.50。

③ 对 1cm^{-1}常数的 DJS-1C 型铂黑电导电极，常数选择开关置于 1 处；若常数为 0.95，则调节“校正”钮使显示值为 95.0。

④ 对 10cm^{-1}常数的 DJS-10C 型铂黑电导电极，常数选择开关置于 10 处；若常数为 9.5，则调节“校正”钮使显示值为 950。

(5) 测量

① 将电导电极插头插入插座，使插头之凹槽对准插座之凹槽，然后用食指按一下插头顶部，即可插入（拔出时捏住插头之下部，往上一拔即可）。然后把电极浸入介质，进行测量。

② 把“量程”开关扳在测量挡，使显示值尽可能在 100～1000 之间。

(6) 仪器的模拟标定

仪器电计部分用电阻箱标定。常数选择开关置于 1，温度调节置于 25℃。量程开关置于“检查”，调节“校正”钮使显示值为 100。

① 扳量程开关置于Ⅰ。

电阻箱输入 100kΩ 仪器指示应为 100×0.1。

② 扳量程开关置于Ⅱ。

电阻箱输入　100kΩ　仪器指示应为 100

　　　　　　50kΩ　仪器指示应为 20

25kΩ　　仪器指示应为40

40kΩ　　仪器指示应为25

③ 扳量程开关置于Ⅲ。

电阻箱输入　1kΩ　　仪器指示应为100×10

④ 扳量程开关置于Ⅳ。

电阻箱输入　100kΩ　　仪器指示应为100×100

⑤ 仪器电计部分的误差值为±1%。在用电阻箱标定时要注意屏蔽和屏蔽层接地。

3. 注意事项

① 在测量高纯水时应避免污染，正确选择电极常数的电导电极并最好采用密封、流动的测量方式。

② 因温度补偿系采用固定的2%的温度系数补偿的，故对高纯水测量尽量采用不补偿方式进行测量后查表。

③ 为确保测量精度，电极使用前应用小于0.5μS/cm的去离子水（或蒸馏水）冲洗二次，然后用被测试样冲洗后方可测量。

④ 电极插头座绝对防止受潮，以免造成不必要的测量误差。

⑤ 电极应定期进行常数标定。

4. 电导池常数的测定法

(1) 参比溶液法

① 清洗电极。

② 配制校准溶液，配制的成分比例和标准电导率见表3-2、表3-3。

③ 把电导池接入电桥（或电导仪）。

④ 控制溶液温度为（25±0.1)℃。

⑤ 把电极浸入校准溶液中。

⑥ 测出电导池电极间电阻R。

⑦ 按下式计算电导池常数K_{cell}

$$K_{cell}=kR$$

式中，k为溶液标准电导率（查表3-3可得）。

表3-2 测定电导池常数的KCl标准浓度

电导池常数/cm^{-1}	0.01	0.1	1	10
KCl标准浓度/(mol/L)	0.001	0.01	0.01或0.1	0.1或1

说明：应该用一级试剂，并须在110℃烘箱中烘4h，取出经干燥器冷却后方可称量。

表3-3 KCl标准浓度及其电导率值

温度/℃	近似浓度/(mol/L)			
	1	0.1	0.01	0.001
	电导率/(S/cm)			
15	0.09212	0.010455	0.0011414	0.0001185
18	0.09780	0.011163	0.0012200	0.0001267
20	0.10170	0.011644	0.0012737	0.0001322
25	0.11131	0.012852	0.0014083	0.0001465
35	0.13110	0.015351	0.0016876	0.0001765

说明：1mol/L，20℃下每升溶液中 KCl 为 74.2460g；

0.1mol/L，20℃下每升溶液中 KCl 为 7.4365g；

0.01mol/L，20℃下每升溶液中 KCl 为 0.7440g；

0.001mol/L，20℃下将 100mL 的 0.01mol/L 溶液稀释至 1L。

（2）比较法

用一已知常数的电极与未知常数的电极测量同一溶液的电导率。

① 选择一支已知常数的标准电导电极（设常数为 $K_{\text{cell,标}}$）。

② 把未知常数的电导电极（设常数为 $K_{\text{cell},1}$）与标准电导电极以同样的深度插入液体中（都应事先清洗）。

③ 依次把它们接到电导率仪上，分别测出的电导率设为 R_1 及 $R_{标}$，则由

$$\frac{K_{\text{cell,标}}}{K_{\text{cell},1}}=\frac{R_{标}}{R_1}$$

可得

$$K_{\text{cell},1}=K_{\text{cell,标}}\times\frac{R_1}{R_{标}}$$

5. 电导电极的清洗与贮存

（1）电导电极的清洗与贮存

光亮的铂电极，必须贮存在干燥的地方。镀铂黑的铂电极不允许干放，必须贮存在蒸馏水中。

（2）电导电极的清洗

① 用含有洗涤剂的温水可以清洗电极上有机成分玷污，也可以用酒精清洗。

② 钙、镁沉淀物最好用 10%柠檬酸。

③ 光亮的铂电极，可以用软刷子机械清洗。但在电极表面不可以产生刻痕，绝对不可使用螺丝起子之抵抗清除电极表面，甚至在用软刷子机械清洗时也需要特别注意。

④ 对于镀铂黑的铂电极，只能用化学方法清洗，用软刷子机械清洗时会破坏在电极表面的镀层（铂黑），化学方法清洗可能再生被损坏或被轻度污染的铂黑层。

6. DJS-10C 型电导电极使用注意事项

① 本电极是由二个镀铂黑的铂片构成，其电导池常数为 10±2 范围。

② 电导电极在测量前电极片无玷污，使用容器应清洁。测量很低电导率溶液时，应选用溶解度小的中性玻璃、石英或塑料材质的容器。

③ 电导电极的电极头是薄片玻璃制成的，容易敲碎，测量时，切勿撞击容器。

④ 使用铂黑电极时，在使用前后可浸在蒸馏水内，以防止铂黑的惰化，如发现铂黑的电极失灵，可浸入 10%硝酸或盐酸中 2min，然后用蒸馏水冲洗再进行测量。如情况并无改变，则铂黑必须重新电镀。

⑤ 镀铂黑的电极浸入王水中，电解数分钟，每分钟改变电流方向一次，铂黑即被溶解，铂片恢复光亮，先用重铬酸钾和浓硫酸的温热溶液浸洗，使其彻底洁净，再用蒸馏水冲洗，即可镀上铂黑。

⑥ 镀铂黑的溶液是用 1%的醋酸铅配制成功的，电极浸入后用 2V 蓄电池为电源电解 10min，每 5min 改变电流方向一次，就得到均匀的铂黑层。

第七节　旋　光　仪

旋光仪是测定物质旋光度的仪器。当平面偏振光通过具有旋光性的物质时，它们可以将偏振光的振动面旋转某一角度，使偏振光的振动面向左旋的物质称左旋物质，向右旋的称右旋物质。因此通过旋光度的测定，可以分析确定物质的浓度、含量及纯度等。

一、WXG-4 小型旋光仪

1. 主要技术参数

① 旋光度测定范围　　±180°

② 度盘格值　　1°

③ 游标最小读数值　　0.05°

④ 单色光源　　钠光灯

⑤ 试管长度（三种）　　100mm、200mm、220mm

⑥ 仪器使用电源　　220V、50Hz

2. 工作原理

本仪器采用三分视界法来确定光学零位。仪器的光学系统如图 3-20 所示。

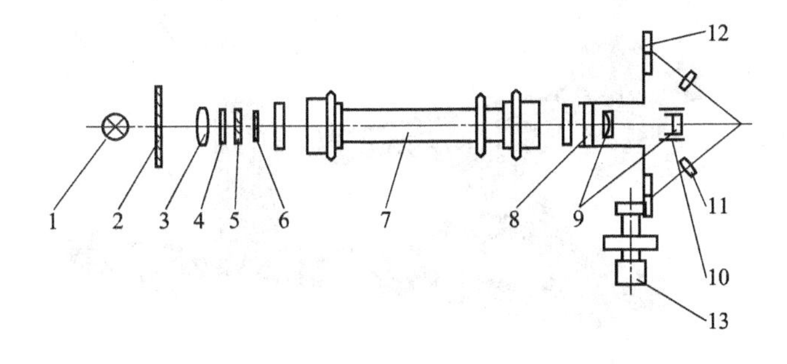

图 3-20　WXG-4 小型旋光仪的光学系统原理

1—钠光灯；2—毛玻璃；3—聚光镜；4—滤色镜；5—起偏镜；6—半波片；7—试管；8—检偏镜；9—物、目镜组；10—调焦手轮；11—读数放大镜；12—度盘及游标；13—度盘转动手轮

从光源 1 射出的光线，通过聚光镜 3、滤色镜 4 经起偏镜 5 成为平面偏振光，在半波片 6 处产生三分视场。通过检偏镜及物、目镜组可以观察到如图 3-21 所示的三种情况。转动检偏镜，只有在零度时（仪器出厂前调整好）视场中三部分亮度一致［如图 3-21(b) 所示］。

当放进存有被测溶液的试管后，由于溶液具有旋光性，使平面偏振光旋转了一个角

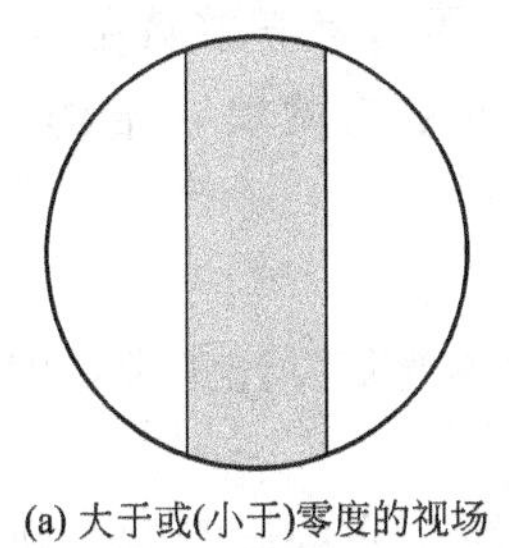

(a) 大于或(小于)零度的视场

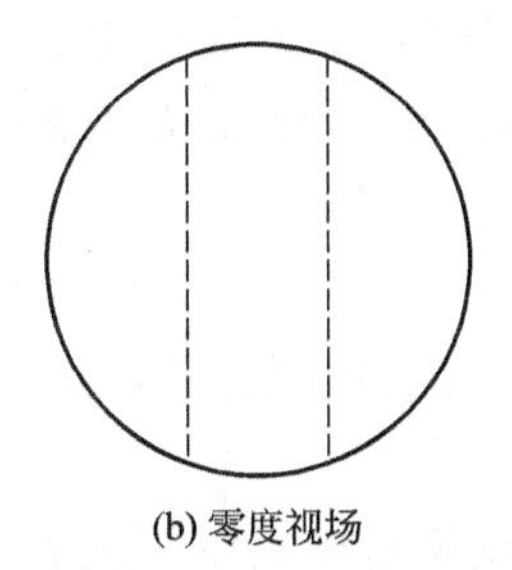

(b) 零度视场

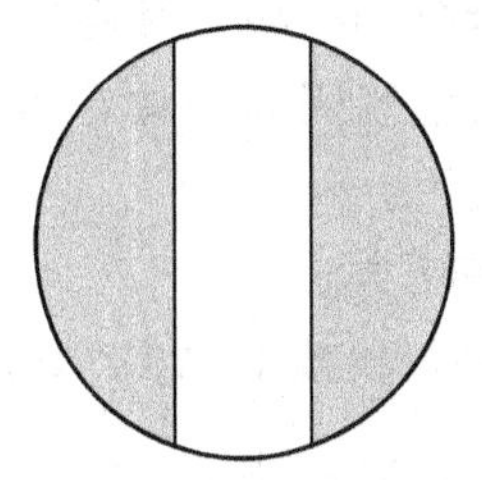

(c) 小于(或大于)零度的视场

图 3-21　WXG-4 小型旋光仪的视场

度，零度视场便发生了变化［见图 3-21(a) 或 (c)］。转动检偏镜一定角度，能再次出现亮度一致的视场。这个转角就是溶液的旋光度，它的数值可通过放大镜 11 从度盘 12 上读出。

测得溶液的旋光度后，就可以求出物质的比旋度。根据比旋度的大小，就能确定该物质的纯度和含量了。

比旋度 $[\alpha]_\lambda^t$ 的一般公式为

$$[\alpha]_\lambda^t=\frac{\theta}{lc}\times100$$

式中 θ——温度 t（℃）时用 λ 光测得的旋光度；

l——试管长度，用分米（dm=10cm）作单位；

c——溶液浓度（100mL 溶液中溶质的克数）。

或根据测得的旋光度及已知的比旋度，求得溶液的浓度

$$c=\frac{\theta}{l[\alpha]_\lambda^t}\times100$$

3. 仪器构造

WXG-4 小型旋光仪的外形图如图 3-22 所示。

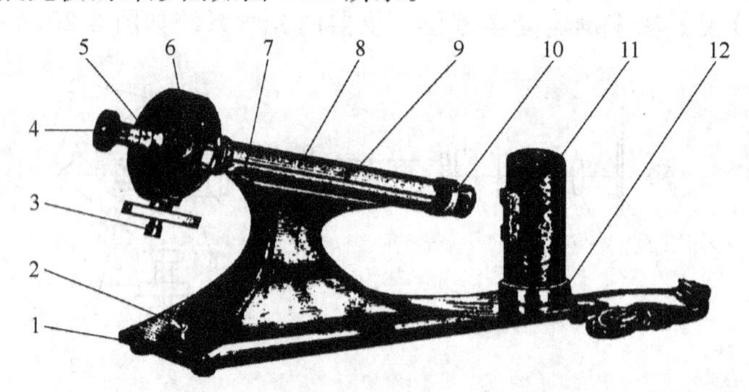

图 3-22 WXG-4 小型旋光仪的外形

1—底座；2—电源开关；3—度盘转动手轮；4—放大镜座；5—视度调节螺旋；6—度盘游表；7—镜筒；8—镜筒盖；9—镜盖手柄；10—镜盖连接圈；11—灯罩；12—灯座

为便于操作，仪器的光学系统以倾斜 20°安装在基座上。光源采用 20W 钠光灯（波长 λ=589.3nm)。钠光灯的限流器安装在基座底部，毋需外接限流器。仪器的偏振器均为聚乙烯醇人造偏振片。三分视界是采用劳伦特石英板装置（半波片)。转动起偏镜可调整三分视场的影荫角（本仪器出厂时调整在 3°左右)。仪器采用双游标读数，以消除度盘偏心差。度盘分 360 格，每格 1°，游标分 20 格，等于度盘 19 格，用游标直接读数到 0.05°。度盘和检偏镜固为一体，借手轮能作粗、细转动。游标窗前方装有两块 4 倍的放大镜，供读数时用。

4. 使用方法

① 将仪器接于 220V 交流电源。开启电源开关，约 5min 后钠光灯发光正常，就可开始工作。

② 检查仪器零位是否准确。即在仪器未放试管或放进充满蒸馏水的试管时，观察零度时视场亮度是否一致。如不一致，说明有零位误差，应在测量读数中减去或加上该偏差值。

或放松度盘盖背面四只螺钉，微微转动度盘盖校正之（只能校正 0.5°左右的误差，严重的应送制造厂检修）。

③ 选取长度适宜的试管，注满待测试液，装上橡皮圈，旋上螺帽，直至不漏水为止。螺帽不宜旋得太紧，否则护片玻璃会引起应力，影响读数正确性。然后将试管两头残余溶液揩干，以免影响观察清晰度及测定精度。

④ 测定旋光读数：转动度盘、检偏镜，在视场中觅得亮度一致的位置，再从度盘上读数。读数是正的为右旋物质，读数是负的为左旋物质。

⑤ 采用双游标读数法可按下列公式求得结果。

$$\theta=\frac{A+B}{2}$$

式中，A 和 B 分别为两游标窗读数值。如果 $A=B$，而且度盘转到任意位置都符合等式，则说明仪器没有偏心差（一般出厂前仪器均作过校正），可以不用对顶读数法。

⑥ 旋光度和温度也有关系。对大多数物质，用 $\lambda=589.3\text{nm}$（钠光）测定，当温度升高 1℃时，旋光度约减少 0.3%。对于要求较高的测定工作，最好能在（20±2)℃的条件下进行。

5. 注意事项

① 仪器应放在通风干燥和温度适宜的地方，以免受潮发霉。

② 仪器连续使用时间不宜超过 4h。如使用时间较长，中间应关熄 10～15min，待钠光灯冷却后再继续使用，或用电风扇吹打，减少灯管受热程度，以免亮度下降和寿命降低。

③ 试管用后要及时将溶液倒出，用蒸馏水洗涤干净，揩干藏好。所有镜片均不能用手直接揩擦，应用柔软绒布揩擦。

④ 仪器停用时，应将塑料套套上。装箱时，应按固定位置放入箱内并压紧之。

二、WZZ-2S 数字自动式旋光仪

1. 基本应用原理

可见光是一种波长为 380～780nm 的电磁波，由于发光体发光的统计性质，电磁波的电矢量的振动方向可以取垂直于光传播方向上的任意方位，通常叫做自然光。利用某些器件（例如偏振器）可以使振动方向固定在垂直于光波传播方向的某一方位上，形成所谓平面偏振光，平面偏振光通过某种物质时，偏振光的振动方向会转过一个角度，这种物质叫做旋光物质，偏振光所转过的角度叫旋光度。如果平面偏振光通过某种纯的旋光物质，旋光度的大小与下述三个因素有关。

① 平面偏振光的波长 λ，波长不同旋光度不一样。

② 旋光物质的温度 t，不同的温度旋光度不一样。

③ 旋光物质的种类，不同的旋光物质有不同的旋光度。

用一个叫做比旋度 $[\alpha]_{\lambda}^{t}$ 的量来表示某种物质的旋光能力。$[\alpha]_{\lambda}^{t}$ 表示单位长度的某种旋光物质，温度为 t℃时，对波长为 λ 的平面偏振光的旋光度。

旋光度与平面偏振光所经过的旋光物质的长度 l 有关，这样在温度为 t℃时，长度为 l 具有比旋度为 $[\alpha]_{\lambda}^{t}$ 的旋光物质对波长为 λ 的平面偏振光的旋光度 α_{λ}^{t} 由下式表示。

$$\alpha_{\lambda}^{t}=[\alpha]_{\lambda}^{t}l \qquad (1)$$

如果旋光物质溶于某种没有旋光性的溶剂中，浓度为 c，则下式成立。

$$\alpha_\lambda^t = [\alpha]_\lambda^t lc \tag{2}$$

注意：式（1）、式（2）中，$[\alpha]_\lambda^t$与 l 的长度单位必须一致。

若波长一定在某一标准温度下例如在20℃，事先已知测试物质的比旋度 $[\alpha]_\lambda^t$，测试溶液的长度一定，此时若用旋光仪测出旋光度 α_λ^t，则可由式(2) 计算出溶液中旋光物质的浓度 c

$$c = \frac{\alpha_\lambda^t}{[\alpha]_\lambda^t} l \tag{3}$$

倘若溶质中除含有旋光物质外还含有非旋光物质，则可由配制溶液时的浓度和由式(3) 求得的旋光物质的浓度 c，算得旋光物质的含量或纯度。

2. 主要技术参数

① 原理：基于光学零位原理的自动数字显示旋光仪。

② 调制器：法拉第磁光调制器。

③ 光源：钠光灯＋滤色片，波长 589.44nm。

④ 可测样品最低透过率：1%。

⑤ 测量范围：±45°（旋光度）；±120°Z（糖度）。

⑥ 最小读数：0.001°（旋光度）；0.01°Z（糖度）。

⑦ 准确度：±(0.01°＋测量值×0.05%)°(旋光度)；

±(0.03°＋测量值×0.05%)°Z(糖度)。

⑧ 重复性（标准偏差 σ）：样品透过率大于 1%时≤0.002°（旋光度）；样品透过率大于1%时≤0.002°Z（糖度）。

⑨ 试管：100mm、200mm。

⑩ 电源：(220±10)V、(50±1)Hz。

3. 结构与原理

WZZ-2S 数字自动式旋光仪结构与原理如图 3-23 所示。

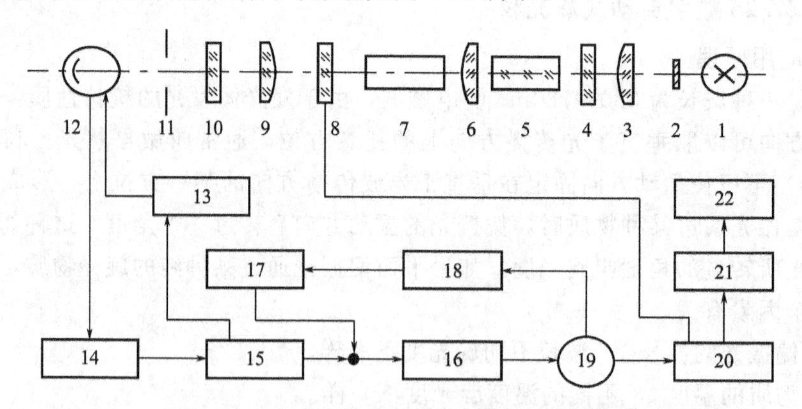

图 3-23 WZZ-2S 数字自动式旋光仪结构与原理

1—钠灯；2—聚光镜；3—场镜；4—起偏镜；5—调制器；6—准直镜；7—试管；8—检偏器；9—物镜；10—滤色片；11—光栏；12—光电倍增管；13—自动高压；14—前置放大；15—选频放大；16—功率放大；17—非线性控制；18—测速反馈；19—伺服电机；20—机械转动；21—模数转换；22—数字显示

钠灯发出的波长为589.44nm 的单色光依次通过聚光镜、小孔光阑、场镜、起偏器、法拉第调制器、准直镜。形成一束振动平面随法拉第线圈中交变电压而变化的准直的平面偏振光，经过装有待测溶液的试管后射入检偏器，再经过接受物镜、滤色片、小孔光阑进入光电倍增管，光电倍增管将光强信号转变为电讯号，并经前置放大器放大。

若检偏器相对于起偏器偏离正交位置，则说明有具有频率为 f 的交变光强信号，相应地有频率 f 的电信号，此电信号经过选频放大，功率放大，驱动伺服电机通过机械传动带动检偏器转动，使检偏器向正交位置趋近直到检偏器到达正交位置，频率为 f 的电信号消失，伺服电机停转。

仪器一开始正常工作，检偏器即按照上述过程自动停在正交位置上，此时将计数器清零，定义为零位，若将装有旋光度为 α 的样品的试管放入试样室中时，检偏器相对于入射的平面偏振光又偏离了正交位置 α 角，于是检偏器按照前述过程再次转过 α 角获得新的正交位置。模数转换器和计数电路将检偏器转过的 α 角转换成数字显示，于是就测得了待测样品得旋光度。

4. 使用方法

① 安放仪器。本仪器应安放在正常的照明、室温和湿度条件下使用，防止在高温高湿的条件下使用，避免经常接触腐蚀性气体，否则将影响使用寿命，承放本仪器的基座或工作台应牢固稳定，并基本水平。

② 接通电源。将随机所附电源线一端插 220V 50Hz 电源（最好是稳压电源），另一端插入仪器背后的电源插座。

③ 接通电源后，打开电源开关（见仪器左侧），等待 5min 使钠灯发光稳定。

④ 打开光源开关（见仪器左侧），此时钠灯在直流供电下点燃。

⑤ 准备试管。

⑥ 按“测量”键（见仪器正面），这时液晶屏应有数字显示。注意：开机后“测量”键只需按一次，如果误按该键，则仪器停止测量，液晶屏无显示。用户可再次按“测量”键，液晶重新显示，此时需重新校零。若液晶屏已有数字显示，则不需按“测量”键。

⑦ 清零。在已准备好的试管中注入蒸馏水或待测试样的溶剂放入仪器试样室的试样槽中，按下“清零”键（见仪器正面），使显示为零。一般情况下本仪器如在不放试管时示数为零，放入无旋光度溶剂后（例如蒸馏水）测数也为零，但须注意倘若在测试光束的通路上有小气泡或试管的护片上有油污，不洁物或将试管护片旋得过紧而引起附加旋光数，则将会影响空白测数，在有空白测数存在时必须仔细检查上述因素或者用装有溶剂的空白试管放入试样槽后再清零。

⑧ 测试。除去空白溶剂，注入待测样品，将试管放入试样室的试样槽中，仪器的伺服系统动作，液晶屏显示所测的旋光度值，此时指示灯“1”（见仪器正面）点亮。注意：试管内腔应用少量被测试样冲洗 3～5 次。

⑨ 复测。按“复测”键（见仪器正面）一次，指示灯“2”点亮，表示仪器显示第二次测量结果，再次按“复测”键，指示灯“3”点亮，表示仪器显示第三次测量结果。按“shift/123”键（见仪器正面），可切换显示各次测量的旋光度值。按“平均”键（见仪器正面），显示平均值，指示灯“AV”点亮。

⑩ 温度校正。测试前或测试后，测定试样溶液的温度，按 1.2 中所述将测得的结果进行温度校正计算。

大多数工业部门对于所需测试的旋光物质，只给出在某一标准温度（例如 20℃）时的比旋度值 $[\alpha]_{\lambda}^{20℃}$ 及其容限，但在测试时，由于条件所限，测试温度可能不是 20℃而是 t℃，此时不能直接应用式(3)，通常在一定的温度范围内，旋光度随测试温度变化而变化，并且具有良好的线性关系。即在t℃时旋光度α_λ^t在20℃旋光度$[\alpha]_\lambda^{20}$和旋光温度系数k有如下关系。

$$\alpha_\lambda^t=[\alpha]_\lambda^{20}lc[1+k(t-20)] \tag{4}$$

如果要获得准确的结果，又没有条件严格控制测试温度，进行此项温度校正是绝对必要的。若温度系数k未知，可以在两个不同的温度t_1℃和t_2℃对同一样品进行测试，获得旋光度值$\alpha_\lambda^{t_1}$和$\alpha_\lambda^{t_2}$，由式(4)得

$$\alpha_\lambda^{t_1}=[\alpha]_\lambda^{20}lc[1+k(t_1-20)]$$

$$\alpha_\lambda^{t_2}=[\alpha]_\lambda^{20}lc[1+k(t_2-20)]$$

即

$$\frac{\alpha_\lambda^{t_1}}{\alpha_\lambda^{t_2}}=\frac{1+k(t_1-20)}{1+k(t_2-20)} \tag{5}$$

由式(5)很容易求得温度系数k。

⑪ 测深色样品。当被测样品透过率接近1%时仪器的示数重复性将有所降低，此系正常现象。

⑫ 测定浓度或含量。先将已知纯度的标准品或参考样品按一定比例稀释成若干不同浓度的试样，分别测出其旋光度。然后以横轴为浓度，纵轴为旋光度，绘成旋光曲线。一般，旋光曲线均按算术插值法制成查对表形成。

测定时，先测出样品的旋光度，根据旋光度从旋光曲线上查出该样品的浓度或含量。

旋光曲线应用同一台仪器，同一只试管来做，测定时应予注意。

⑬ 测定比旋度、纯度。先按药典规定的浓度配制好溶液，依法测出旋光度，然后按下列公式计算比旋光度$[\alpha]$。

$$[\alpha]=\frac{\alpha}{lc}$$

式中 α——测得的旋光度，(°)；

c——溶液的浓度，g/mL；

l——为溶液的长度即试管的长度，dm。

由测出的比旋度，可得到样品的纯度。

$$纯度=\frac{实测比旋度}{理论比旋度}$$

第八节 阿贝折射仪

折射率是物质的重要物理常数之一，可借助它定量求出物质的浓度和纯度。若纯的物质中含有杂质其折射率会发生变化，偏离纯物质的折射率，杂质越多，偏离越大，纯物质溶解在溶剂中折射率也发生变化，如蔗糖溶解在水中随着浓度越大，折射率也越大，所以通过测定蔗糖的水溶液的折射率，也就可以定量的测出蔗糖水溶液的浓度。通过测定物质的折射率，还可以算出某些物质的摩尔折射度，反映极性分子的偶极矩，从而有助于研究物质的分子结构。阿贝折射仪是一种能测定透明、半透明的液体或固体折射率n_D和平均色散n_F-n_c的仪器（其中以测透明液体为主）。如仪器上接有恒温器，则可测定温度为10～50℃内的折射率n_D。试液用量少，操作方便，读数准确。所以是物理化学实验室常用的光学仪器。

一、2W 型（WZS-1 型）阿贝折射仪

1. 基本原理

光线在两种不同介质的交界面发生折射现象：遵守折射定律

$$N_1 \sin\alpha_1 = N_2 \sin\alpha_2$$

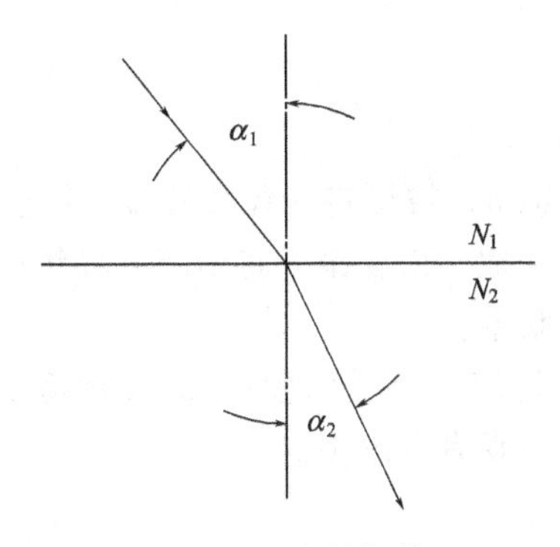

图 3-24 光的折射

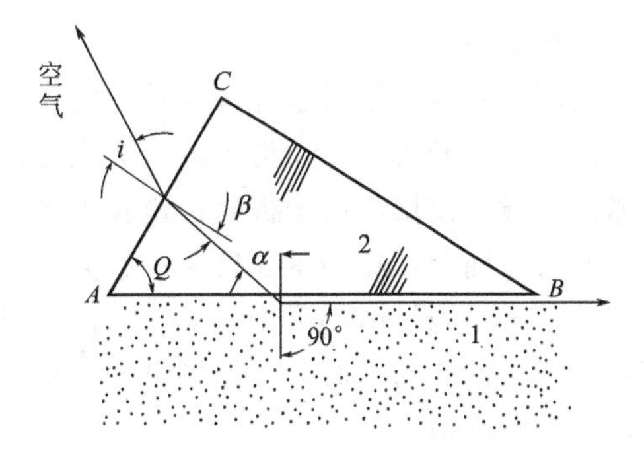

图 3-25 不同角度的入射光

图 3-24 中 N_1，N_2 为交界面两侧的二介质的折射率，α_1 为入射角，α_2 为折射角，若光线从光密介质进入光疏介质入射角小于折射角，改变入射角可以使折射角为 90°，此时入射角称为临界角，阿贝折射仪测定折射率就是基于测定临界角的原理。图 3-25 中当不同角度光线射入 AB 面时，其折射角都大于 i，如果用一望远镜在 AC 方向观察，可以看到视场一半暗一半亮（如图 3-26）明暗分界处即为临界角光线在 AC 的出射方向。

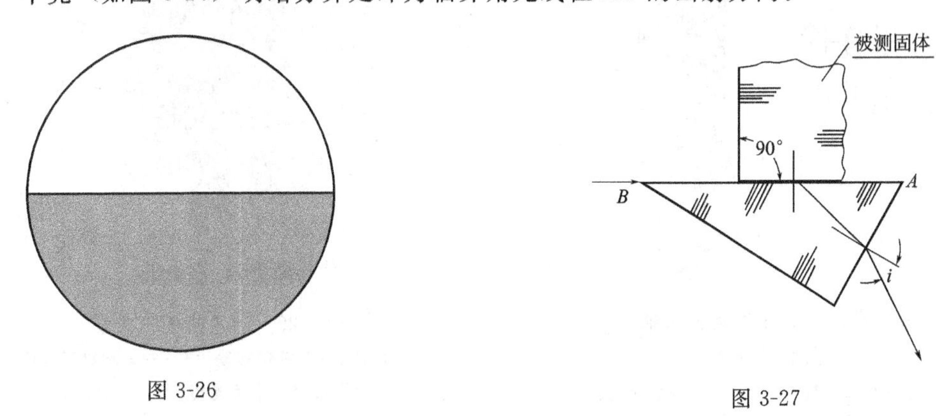

图 3-26

图 3-27

图 3-25 为一折射棱镜。AB 面以下为被测物体（透明固体、液体），其折射率用 N_1 表示。由折射定律得

$$N_1 \sin 90° = N_2 \sin\alpha$$

$$N_2 \sin\beta = \sin i \qquad (1)$$

因为 $\varphi = \alpha + \beta$，则 $\alpha = \varphi - \beta$

代入式(1) 得 $$N_1 = N_2 \sin(\varphi - \beta) = N_2 (\sin\varphi\cos\beta - \cos\varphi\sin\beta) \qquad (2)$$

由式(1) $N_2^2 \sin^2\beta = \sin^2 i$；$N_2^2 (1 - \cos^2\beta) = \sin^2 i$；$N_2^2 - N_2^2 \cos^2\beta = \sin^2 i$

得 $$\cos\beta = \frac{\sqrt{N_2^2 - \sin^2 i}}{N_2}$$

代入式(2) 得 $$N_1 = \sin\varphi \sqrt{N_2^2 - \sin^2 i} - \cos\varphi \sin i$$

φ角及N_2为已知，当求得i角时，可得到被测物体折射率N_1。当被测物体为液体时，用一磨砂面的进光棱镜，使液体放置在进光棱镜和折射棱镜中间，磨砂面主要是产生漫反射，使液层内有各种不同角度的入射光。如果测透明固体时，必须有两个互成90°角的抛光面，用一种液体胶在折射棱镜AB面上进行测量，如图3-27所示。

2. 仪器结构

(1) 光学系统

由两部分组成：望远系统与读数系统（如图3-28所示）。

望远系统：光线由反光镜1进入进光棱镜2及折射棱镜3，被测定液体放在2、3之间，经阿米西棱镜4使抵消由于折射棱镜及被测物体所产生的色散。由物镜5将明暗分界线成像于场镜6的平面上，经场镜6目镜7放大后成像于观察者眼中。

读数系统：光线由小反光镜13经过毛玻璃12照明度盘11，经转向棱镜10及物镜9将刻度成像于场镜8的平面上，经场镜8目镜7放大后成像于观察者眼中。

(2) 机械结构（见图3-29）

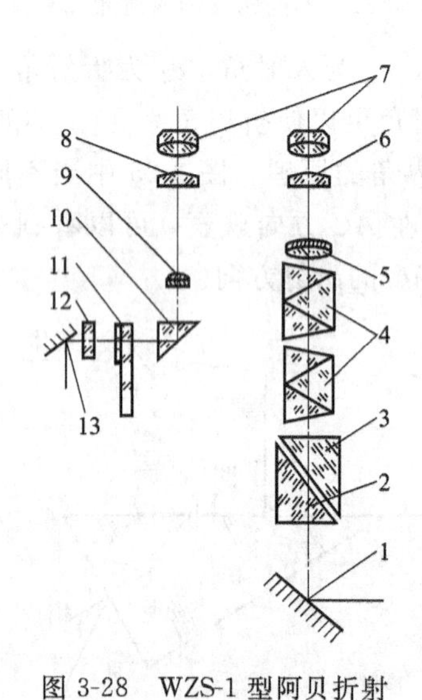

图3-28 WZS-1型阿贝折射仪光学系统图

1—反光镜；2—辅助棱镜；3—测量棱镜；4—消失散棱镜；5—物镜；6—分划板；7—目镜；8—分划板；9—物镜；10—转向棱镜；11—照明度盘；12—毛玻璃；13—小反光镜

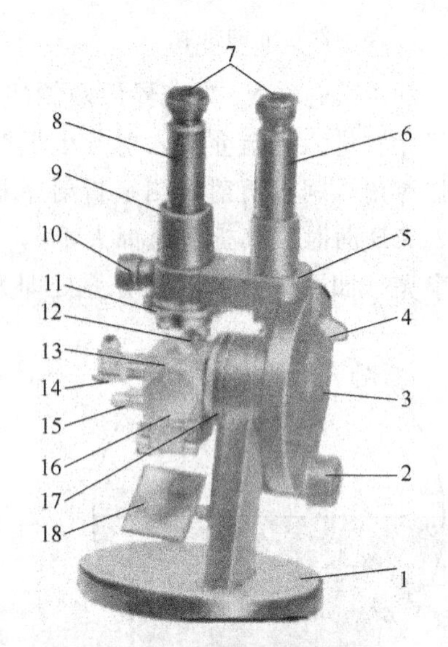

图3-29 阿贝折射仪外形

1—底座；2—棱镜转动手轮；3—圆盘组（内有刻度板）；4—小反光镜；5—支架；6—读数镜筒；7—目镜；8—望远镜筒；9—示值调节螺钉；10—阿米西棱镜手轮；11—色散值刻度圈；12—棱镜锁紧扳手；13—棱镜组；14—温度计座；15—恒温器接头；16—保护罩；17—主轴；18—反光镜

底座1是仪器之支承座，也是轴承座，连接二镜筒的支架5与外轴相连，支架上装有圆盘3此支架能绕主轴17旋转便于工作者选择适当的工作位置，在无外力作用时应是静止的。圆盘3内有扇形齿轮板，玻璃度盘就固定在齿轮板上，主轴17连接棱镜组13与齿轮板，当旋转手轮2时扇形板带动主轴，而主轴带动棱镜组13同时旋转使明暗分界线位于视场中央。

棱镜组13内有恒温水槽，因测量时的温度对折射率有影响，为了保证测定精度在必要时可加恒温器。

如发现棱镜组13的两只棱镜座互相不能自锁，可将保护罩16下方铰链上两只M5螺钉适当拧紧。

3. 使用方法

(1) 准备工作

① 在开始测定前必须先用标准试样校对读数。将标准试样之抛光面上加一滴溴代萘，贴在折射棱镜之抛光面上标准试样抛光之一端应向上，以接受光线（如图 3-30 所示）当读数镜内指示于标准试样上的刻值时，观察望远镜内明暗分界线是否在十字线中间，若有偏差则用附件校正扳手转动示值调节螺钉［图 3-29 上的 9］使明暗分界线调整至中央［图 3-31(a)］在以后测定过程中螺钉 9 不允许再动。

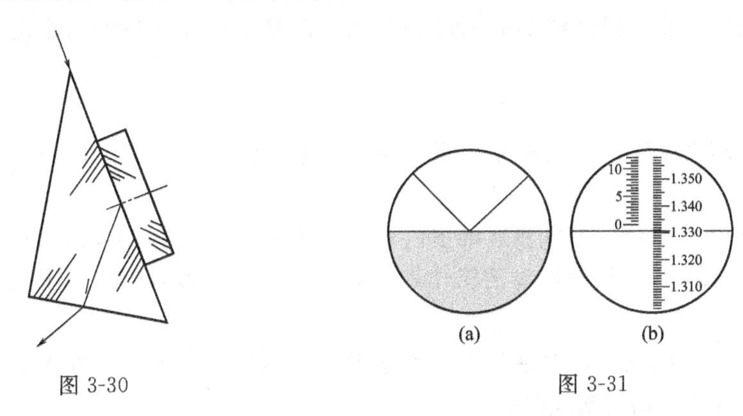

图 3-30　　图 3-31

② 开始测定之前必须将进光棱镜及折射棱镜擦洗干净，以免留有其他物质影响测定精度。(若用乙醚和酒精需等干后再加入被测液体)。

(2) 测定工作

① 将棱镜表面擦干净后把待测液体用滴管加在进光棱镜的磨砂面上，旋转棱镜锁紧手柄（图 3-29 的 12），要求液体均匀无气泡并充满视场。(若被测液体为易挥发物则在测定过程中需用针筒在棱镜组侧面的一小孔内加以补充)。

② 调节两反光镜（图 3-29 上的 4、18）使二镜筒视场明亮。

③ 旋转手轮 2 使棱镜组 13 转动，在望远镜中观察明暗分界线上下移动，同时旋转阿米西棱镜手轮 10 使视场中除黑白两色外无其他颜色，当视场中无色且分界线在十字线中心时观察读数镜视场右边所指示刻度值［图 3-31(b)］即为测出之 N_D。

④ 测量固体时，固体上需有两个互成垂直的抛光面。测定时，不用反光镜 18 及进光棱镜，将固体一抛光面用溴代萘粘在折射棱镜上，另一抛光面向上（参考图 3-30）其他操作与上同。若被测固体之折射率大于 1.66，则不应用溴代萘粘固体而应改用二碘甲烷。

⑤ 当测量半透明固体时，固体上需有一个抛光平面，测量时将固体的一个抛光面用溴代萘粘在折射棱镜上，取下保护罩（图 3-29 上的 16）作为进光面，见图 3-32，利用反射光来测量，具体操作与上同。

⑥ 测量糖溶液内含糖量浓度时，操作与测量液体折射率时同，此时应以从读数镜视场左边所指示值读出，即为糖溶液含糖量浓度的百分数。

⑦ 测定色散值时，转动阿米西棱镜手轮 10，直到视场中明暗分界线无颜色为止，此时在色散值刻度圈 11 记下所指示出的刻度值 Z 再记下其折射率 N_D。根据折射率 N_D 值，在色散表的同一横行中找出 A 和 B 值，若 N_D 为 1.351 则可以由 N_D 为 1.350 和 1.360 之 A，B 值之差数用内插法求得其 A，B 值。

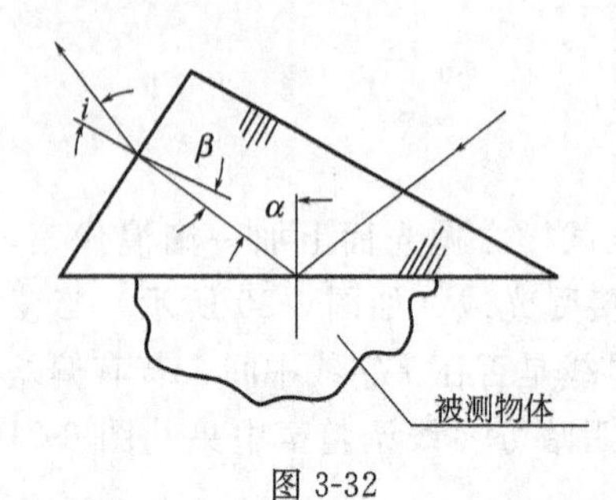

图 3-32

再根据 Z 值按阿贝折射仪色散表中查出相应的 σ 值。

假如 Z 值是带小数时，可用它的差值用内插法求出其 σ 值来。

Z 值大于 30 时 σ 值取负值，小于 30 时 σ 值取正值。

按照所求出的 A，B，σ 值代入色散公式，就可求出平均色散值来。

$$N_F - N_c = A + B\sigma$$

⑧ 若需测量在不同温度时折射率，将温度计旋入温度计座内，接上恒温器，把恒温器的温度调节到所需测量温度，待温度稳定 10min 后，即可测量。

4. 仪器保养

为了确保仪器之精度，防止损坏，延长使用寿命，请用户注意维护保养，提出以下要点，以供参考。

① 仪器应置放于干燥、空气流通之室内。防止受潮后光学零件容易发霉。

② 仪器使用完毕后必须做好清洁工作，并放入箱内。木箱内应贮有干燥剂防止湿气及灰尘侵入。

③ 经常保持仪器清洁，严禁油手或汗手触及光学零件。如光学零件表面有灰尘可用高级麂皮或脱脂棉轻擦后用皮吹风吹去。

如光学零件表面有油垢可用脱脂棉蘸少许汽油轻擦，后用二甲苯或乙醚擦干净。

④ 仪器应避免强烈振动或撞击，以防止光学零件损伤及影响精度。

二、WYA-2S 数字阿贝折射仪

本仪器可用于测定透明，半透明液体或固体的折射率 n_D，还可按糖品统一分析国际委员会（1CUMSA）1974 年公布的蔗糖溶液折射率 n_D 和该蔗糖溶液质量分数（锤度 Brix）的转换公式直接显示被测蔗糖溶液质量分数（锤度 Brix）的数值，并能自动校正温度对蔗糖溶液质量分数（锤度 Brix）值的影响。仪器还可显示样品的温度。

1. 仪器工作原理

（1）原理方块图

如图 3-33 所示。

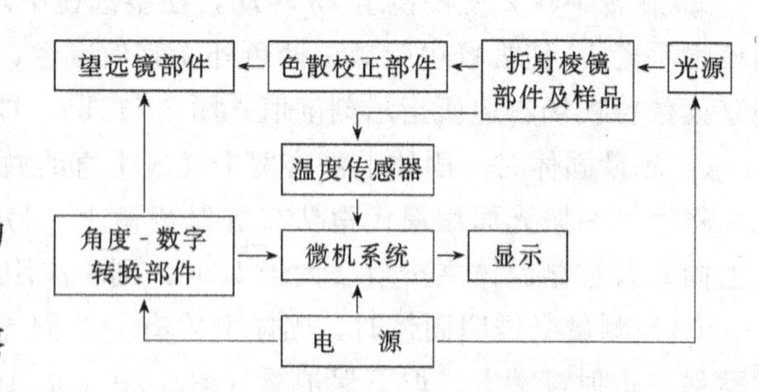

图 3-33　WYA-2S 数字阿贝折射仪工作原理

（2）原理

数字阿贝折射仪测定透明或半透明物质的折射率原理是基于测定临界角，由目视望远镜部件和色散校正部件组成的观察部件来瞄准明暗两部分的分界线，也就是瞄准临界的位置，并由角度-数字转换部件将角度置换成数字量，输入微机系统进行数据处理，而后数字显示出被测样品的折射率或锤度。

2. 操作步骤及使用方法

① 按下“POWER”波形电源开关，聚光照明部件中照明灯亮，同时显示窗显示 00000。有时显示窗先显示“-”，数秒后显示 00000。

② 打开折射棱镜部件，移去擦镜纸，这张擦镜纸是仪器不使用时放在两棱镜之间，防止

在关上棱镜时，可能留在棱镜上细小硬粒弄坏棱镜工作表面。擦镜纸只需用单层。

③ 检查上、下棱镜表面，并用水或酒精小心清洁其表面。测定每一个样品以后也要仔细清洁两块棱镜表面，因为留在棱镜上少量的原来样品将影响下一个样品的测量准确度。

④ 将被测样品放在下面的折射镜的工作表面上。如样品为液体，可用干净滴管吸1～2滴液体样品放在棱镜工作表面上，然后将上面的进光棱镜盖上。如样品为固体，则固体必须有一个经过抛光加工的平整表面。测量前需将这抛光表面擦清，并在下面的折射棱镜工作表面上滴1～2滴折射率比固体样品折射率高的透明的液体（如溴代萘），然后将固体样品抛光面放在折射棱镜工作表面上，使其接触良好。测固体样品时不需将上面的进光棱镜盖上。

⑤ 旋转聚光照明部件的转臂和聚光镜筒使上面的进光棱镜的进光表面（测液体样品）或固体样品前面的进光表面（测固体样品）得到均匀照明。

⑥ 通过目镜观察视场，同时旋转调节手轮，使明暗分界线落在交叉线视场中。如从目镜中看到视场是暗的，可将调节手轮逆时针旋转。看到视场是明亮的，则将调节手轮顺时针旋转。明亮区域是在视场顶部。在明亮视场情况下可旋旋转目镜，调节视度看清晰交叉线。

⑦ 旋转目镜方缺口里的色散校正手轮，同时调节聚光镜位置，使视场中明暗两部分具有良好的反差和明暗分界线具有最小的色散。

⑧ 旋转调节手轮，使明暗分界线准确对准交叉线的交点。

⑨ 按“READ”读数显示键，显示窗中00000消失，显示“-”，数秒后“-”消失，显示被测样品的折射率。如要知道该样品的锤度值，可按“BX”未经温度修正的锤度显示键或按“BX-TC”经温度修正锤度（按ICUMSA）显示键。“n_D7”、“BX-TC”及“BX”三个键是用于选定测量方式。经选定后，再按“READ”键，显示窗就按预先选定的测量方式显示。有时按“READ”键显示“-”，数秒后“-”消失，显示窗全暗，无其他显示，反映该仪器可能存在故障，此时仪器不能正常工作，需进行检查修理。当选定测量方式为“BX-TC”或“BX”时如果调节手轮旋转超出锤度测量范围（0～95%），按“READ”后，显示窗将显示“.”。

⑩ 检测样品温度，可按“TEMP”温度显示键，显示窗将显示样品温度。除了按“READ”键后，显示窗显示“-”时，按“TEMP”键无效，在其他情况下都可以对样品进行温度检测。显示为温度时，再按“n_D7”、“BX-TC”或“BX”键，显示将是原来的折射率或锤度。

⑪ 样品测量结束后，必须用酒精或水（样品为糖溶液）进行小心清洁。

⑫ 本仪器折射棱镜部件中有通恒温水结构，如需测定样品在某一特定温度下的折射率，仪器可外接恒温器，将温度调节到你所需温度再进行测量。

注：仪器在极罕见的情况下，可能出现自动复位或死机的现象，只要关闭电源后重新开启即可恢复，这是由于外界强静电或外界电网波动所引起的。

3. 仪器校准

仪器定期进行校准，或对测量数据有怀疑时，也可以对仪器进行校准。校准用蒸馏水或玻璃标准块。如测量数据与标准有误差，可用钟表螺丝刀通过色散校正手轮中的小孔，小心旋转里面的螺钉，使分划板上交叉线上下移动，然后再进行测量，直到测数符合要求为止。

样品为标准块时，测数要符合标准块上所标定的数据。如样品为蒸馏水时测数符合表3-4。

表 3-4

温度/℃	折射率 n_D	温度/℃	折射率 n_D
18	1.33316	25	1.33250
19	1.33308	26	1.33239
20	1.33299	27	1.33228
21	1.33289	28	1.33217
22	1.33280	29	1.33205
23	1.33270	30	1.33193
24	1.33260		

4. 仪器保养

① 仪器应放在干燥，空气流通和温度适宜的地方，以免仪器的光学零件受潮发霉。

② 搬移仪器时应手托仪器的底部搬动，不可用提握仪器聚光照明部件中的摇臂，以免损坏仪器。

③ 仪器使用前后及更换样品时，必须先清洗揩净折射棱镜系统的工作表面。

④ 被测试液体样品中不准含有固体杂质，测试固体样品时应防止折射棱镜的工作表面拉毛或产生压痕，本仪器严禁测试腐蚀性较强的样品。

⑤ 仪器应避免强烈振动或撞击，防止光学零件震碎、松动而影响精度。

⑥ 如聚光照明系统中灯泡损坏，可先关闭电源，并将聚光镜筒沿轴拔下，露出照明灯泡，将其逆时针旋出，换上新灯泡后顺时针旋紧。沿轴插上聚光镜筒后打开仪器电源，观察投射在折射棱镜表面的光斑，如果光斑处于折射棱镜中央则仪器换灯完成；如果发生偏离，可调节灯泡（连灯座）左右位置（松开旁边的紧定螺钉），使光线聚光在折射棱镜的进光表面上，并不产生明显偏斜即可。

⑦ 仪器聚光镜是塑料制成的，为了防止带有腐蚀性的样品对它的表面破坏，使用时用透明塑料罩将聚光镜罩住。

⑧ 仪器不用时应用塑料罩将仪器盖上或将仪器放入箱内。

第九节　722 型光栅分光光度计

722 型光栅分光光度计是利用物质对不同波长的光选择吸收的现象，进行物质定性和定量分析的仪器。

一、工作原理

物质的紫外可见吸收光谱直接地反映了物质分子的电子跃迁，与物质结构直接相关。而吸收强弱由其跃迁几率及物质的量而定。因此可以由物质光谱的特异性对物质定性，并根据光谱强度对物质做定量测试。

在一般测试中，单色光的吸收符合比尔定律。设 I_0 为入射光强，I 为透射光强则透射比 $T=\dfrac{I}{I_0}$，$\lg\dfrac{I_0}{I}=\lg\dfrac{1}{T}=Kcl$。

二、仪器结构

722 由光源室、单色器、样品室、光接受器、对数转换器、数字电压表及稳压电源等部分组成。

仪器结构方框图如图 3-34 所示。

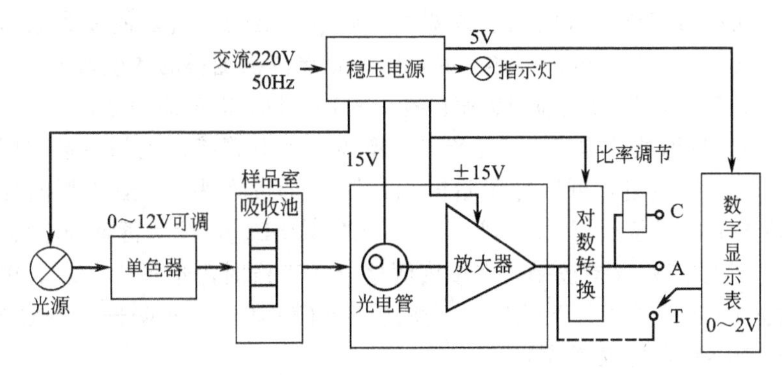

图 3-34　722 型光栅分光光度计仪器结构方框图

光源发出白炽光，经单色器色散后，以单色光的形式经狭缝透射到样品池上，再经样品池吸收后入射到光电管转换成光电流。光电流被放大器放大直接送到数字电压表做透射比 T 显示。调节光源供电电压，可以将空白样品的透射比调到 100%。仪器内设对数转换器，可以直接将 T 转换为吸光度 A 供数字显示。更方便的是，相对于给定浓度的标准式样，对 A 值作比率调节，使表头显示值与浓度值相符合，对仪器作浓度读数标定，以直接读出待测样品的浓度。

仪器的电源和放大器具有极优良的性能，确保了仪器的正常工作。

722 型光栅分光光度计采用单光束交叉对称水平成像系统。其光路图如图 3-35 所示。

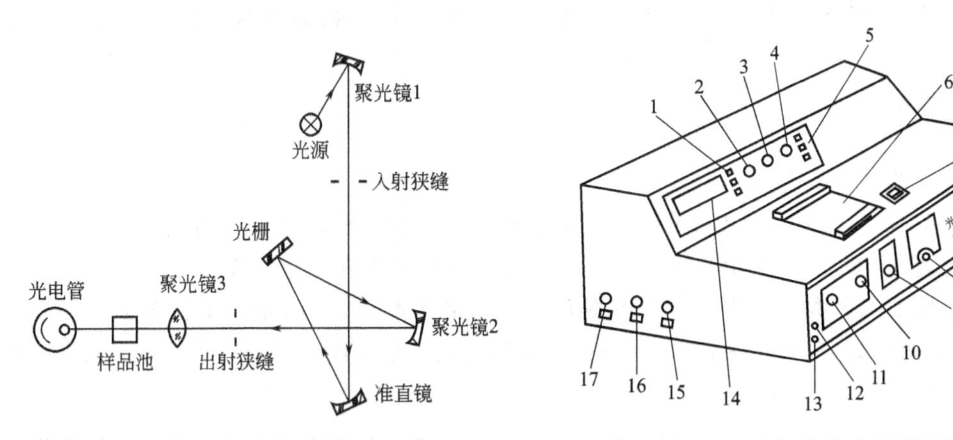

图 3-35　722 型光栅分光光度计光路图　　图 3-36　722 型光栅分光光度计仪器外形图

光源发出的连续谱白炽光经聚光镜 1 会聚后从入射狭缝投射到准直镜上，被准直后入射到光栅上。光栅将入射光衍射色散为按波长分布的光谱，然后聚光镜将所需要波长的单色光会聚到出射狭缝。由出射狭缝射出的光再经聚光镜 3 会聚，进入样品池，被样品选择吸收后进入光电管转换成光电信号。

三、仪器面板及开关、旋钮的作用

仪器外形、面板及主要操作旋钮及按键如图 3-36 所示。说明如下。

① 测量方式（Range）选择。

仪器有以下三种方式可供选择，按下相应键后即完成该选择。

T：在此方式时，仪器作透射比测试。

Ab：仪器工作于吸光度测试方式，测试范围 0～1.999Ab。

Conc：工作于浓度测定方式。仪器用某一已知浓度的标准样品作校定。

② CONC。在仪器工作于浓度测量方式时，调节本旋钮，可以使表头显示的读数与标准溶液的读数一致。以后在测试待测样品时，则可直接读出测得的浓度数值。

③ ABS O（FINE）。消光值细调旋钮。在 $T=100\%$时将 A 细调零。

④ 0%T ADJ（透射比 T 调零）。打开样品室盖，光电管暗盒光门自动关闭。光电管处于无辐射状态。调节比旋钮，可以补偿暗电流，使 T 的读数为 0。当调零困难或无法调零时，可先调节侧板上的零位粗调 15 [0%TADJ（COARSE)]，然后再细调本旋钮。

⑤ POINT（小数点）选择按键，在浓度测量方式工作时，选择 1、2、3 中的任一键可以选择显示数据的小数点位置。当仪器按上所述调节 CONC，并正确选择小数点后，可以极方便地直接读出带小数点的浓度读数。

⑥ 样品室盖。

⑦ 波长读数框：直接读出以 nm 为单位的波长值。

⑧ 池转换拉杆（Cell changeover)。拉动拉杆，可以选择进行测量的比色池（有四个池位置可供选择使用)。

⑨ 波长选择（wavelength select)。转动此旋钮可以选择波长。顺时针方向旋转时波长增加。

⑩ BRIGHTNESS ADJ（FINE）（亮度调节细)。用于细调光源亮度以实现 $100\%T$ 调节目的。

⑪ BRIGHTNESS ADJ（COARSE)（亮度调节粗)。用于粗调光源亮度以实现 $100\%T$ 调节。

⑫ 电源指示灯。

⑬ 电源总开关。

⑭ 三位半数字显示表。

⑮ 零位调节（$0\%T$ ADJ COARSE)。对暗电流进行粗补偿，实现 T 粗调零。

⑯ 消光调零（ABS 0 COARSE)。在 $T=100.0\%$时实现 A 的粗调零。

⑰ K 值调节（K MODIFY.）。在对数转换（即吸光度 Abs. 测量）工作方式，当 $T=10.0\%$时，A 应为1。在此关系不能满足时，调节本旋钮，修正转换 K 值，可将 A 修正到 1。

四、使用方法

仪器接通电源后预热 25min。反时针调节波长选择钮，选择仪器的使用波长。然后视需选择的工作方式而进行如下操作。

1. 测定透射比 T

按下 RANGE 选择中的 T 键，使仪器工作于透射比测试方式。打开样品室盖，调节透射比调零旋钮（$0\%T$ ADJ)，使 T 的读数为零。如果这样不行，需用螺丝刀通过侧板调节零位粗调旋钮（$0\%T$ ADJ COARSE)，使 T 接近 0 点后再用 $0\%T$ ADJ 旋钮调到零。

把参比溶液和样品放入比色皿座，合上样品室盖，拉池换位杆，将参比溶液移放光路，调节粗或细亮度调节旋钮，使 T 的读数为 100%，然后将样品溶液移入光路，直接读取数显表上显示的读数，则测得样品溶液相对于参比溶液的透射比 T。

测量时两只比色皿应当配对。

2. 测定吸光度

做本项测量时，就先按照测量透射比 T 的要求先做 T 调零，然后对参比溶液将 T 调到 100.0%。

完成以上操作后，将测量方式按键 RANGE 中的 ABS 键按下，仪器即自动转入吸光度 A 测量方式。此时 A 的读数应为 0.000。当读数不为零时但接近零时，调节 ABS 0 FINE 旋钮，将读数调零。在读数偏离零点过多时，先用螺丝刀通过侧孔调节消光（吸光度）粗调零（ABS 0 COARSE）旋钮使 ABS 接近零，然后将它细调到零。最后将药品移入光路，则可测得它相对于参比光路的吸光度。

当样品的吸收过大，T 不足 1.0%时，A 不超过 2，数据溢出数显表的显示范围。这时需提高参比溶液的 A 值或稀释样品溶液后再做测试。

3. 测量浓度 C

做本测量时，仍需要按照 1 条先将仪器对 T 调 0，然后再调到 100.0%。

先选择 RANGE 选择键中的 CONE 键后，仪器即自动进入浓度测试状态。

将已知浓度的溶液移入光路，调节浓度旋钮，使数显表上的读数为标称值。然后按下相应小数点按键，使显示数据的小数点位置与标称值小数点位置相同。

将被测样品移入光路中，即可直接读出待测溶液的浓度。

要注意的是，如果在测量过程中需改变波长从而大幅度调动光源亮度，要稍后几分钟待仪器稳定后才能进行测试。每次波长改动后，仪器均需如上所述作重新调整。

五、注意事项

① 测定波长在 360nm 以上时，可用玻璃比色皿，测定波长在 360nm 以下时，需用石英比色皿。

② 比色皿每次使用完毕后，应洗净、晾干，放入比色皿盒中，擦拭比色皿应用细软吸水布或擦镜纸，取用时用手捏住比色皿毛玻璃的两面，不能用手触摸光面的表面。

③ 每套仪器配套的比色皿不能与其他仪器的比色皿单个调换。因损坏需增补时，应经校正后才可使用。

④ 旋转仪器旋钮时，一定要轻轻转动。

⑤ 灵敏度挡分五挡，“1”挡灵敏度最低。选挡原则是：当空白溶液调“100”时，在保证调到“100”的前提下，应选择灵敏度较低的挡，以保证仪器有较高的稳定性，灵敏度改变，需重新校正“0”和“100”。

⑥ 如大幅度调整波长时，需等数分钟才能工作，因为光能量变化急剧，使光电管受光后响应缓慢，需一移光响应平衡时间。

⑦ 每改变一次波长，需用空白溶液校正“0”和“100”。

⑧ 开启关闭样品室盖时，需轻轻地操作，防止损坏光门开关。

⑨ 不测量时，应使样品室盖处于开启状态，否则会使光电管疲劳，数字显示不稳定。

⑩ 安放仪器的四周应干燥，用完后用套子套好仪器并放入防潮硅胶，单色光器内的防潮硅胶应及时更换。

⑪ 仪器搬动或移动时，小心轻放。

第十节　PHS-3C 型精密酸度计

一、测量原理

各种型号的酸度计都由电极和电计两部分组成。电极是酸度计的检测部分，电计是酸度计的指示部分。酸度计的工作原理是利用一对电极测定不同 pH 的溶液中产生的不同电动势值，求出溶液的 pH。这对电极一只称为指示电极，通常使用玻璃电极，其电极电位随被测溶液的 pH 而变化；另一只称为参比电极，通常使用饱和甘汞电极，其电极电位值与被测溶液的 pH 无关，但与温度有关，它与温度 t 的关系为

$$\varphi[Hg_2Cl_2(s)/Hg(l)]=[0.2438-6.5\times10^{-4}(t/℃-25)]V$$

当玻璃电极、饱和甘汞电极和被测溶液组成电池时，就可以通过测定电池的电动势 E，求出溶液的 pH。

Ag,AgCl(s) | HCl(0.1mol/dm³) | 玻璃膜 | 待测定溶液 ‖ 饱和甘汞电极

在 298K 时，

$$\begin{aligned} E &= \varphi[Hg_2Cl_2(s)/Hg(l)]\varphi_{玻} \\ &= 0.2438V-[\varphi^{\ominus}_{玻}-(RT/F)\times2.303V\times pH] \\ &= 0.2438V-(\varphi^{\ominus}_{玻}-0.05916V\times pH) \end{aligned}$$

整理得

$$pH=\frac{E-0.2438+\varphi^{\ominus}_{玻}}{0.05916}$$

式中，$\varphi^{\ominus}_{玻}$ 对某给定的玻璃电极是常数，但对于不同的玻璃电极他们的 $\varphi^{\ominus}_{玻}$ 值不同。可以通过测定已知 pH 的缓冲溶液，在酸度计上进行调整，使得电动势 E 值和 pH 满足上式，然后再来测定未知溶液，就可直接从酸度计上的表盘上读出溶液的 pH，而不必计算出 $\varphi^{\ominus}_{玻}$ 的具体数值。

二、使用方法

1. 开机前准备

① 电极梗旋入电极梗插座，调节电极夹到适当位置。

② 复合电极夹在电极夹上拉下电极前端的电极套。

③ 用蒸馏水清洗电极，清洗后用滤纸吸干。

2. 开机

① 电源线插入电极插座。

② 按下电源开关，电源接通后，预热 30min，接着进行标定。

3. 标定

仪器使用前，先要标定。一般来说，仪器在连续作用时，每天要标定一次。

① 在测量电极插座处拔去 Q9 短路插头。

② 在测量电极插座处插上复合电极。

③ 如不用复合电极，则在测量电极插座处插上电极转换器插头；玻璃电极插头；玻璃电极插头插入转换器插头处；参比电极接入参比电极接口处。

④ 把选择开关旋钮调到 pH 档；调节温度补偿旋钮，使旋钮白线对准溶液温度值。

⑤ 把斜率补偿调节旋钮顺时针旋到底（即调到 100%位置）。

⑥ 把清洗过的电极插入 pH=6.86 的缓冲溶液中。

⑦ 调节定位调节旋钮，使仪器显示读数与该缓冲溶液当时温度下的 pH 相一致。

⑧ 用蒸馏水清洗电极，再插入 pH=4.00（或 pH=9.18）的标准缓冲溶液中，调节斜率旋钮使仪器显示读数与该缓冲溶液中当时温度下的 pH 一致。

⑨ 重复⑥～⑧直至不再调节定位调节旋钮或斜率补偿调节旋钮为止/至此仪器完成

标定。

4. 测量pH

经标定过的仪器，即可用来测量被测溶液，被测溶液与标准溶液温度相同与否，测量步骤也有所不同。

（1）被测溶液与定位溶液温度相同时测量步骤

① 用蒸馏水清洗电极头部，用被测溶液清洗一次。

② 把电极浸入被测溶液中，用玻璃棒搅拌溶液，使溶液均匀，在显示屏上读出溶液pH。

（2）被测溶液与定位溶液温度不同时测量步骤

① 用蒸馏水清洗电极头部，用被测溶液清洗一次。

② 用温度计测出被测溶液的温度值。

③ 调节温度补偿调节旋钮，使白线对准被测溶液的温度值。

④ 把电极插入被测溶液内，用玻璃棒搅拌溶液，使溶液均匀后读出该溶液的pH。

5. 测量电极电位值

① 把离子选择电极或金属电极和甘汞电极夹在电极夹上。

② 用蒸馏水清洗电极头部，用被测溶液清洁一次。

③ 把电极转换器的插头插入仪器后部的测量电极插座内；把离子电极的插头插入转换器的插座内。

④ 把甘汞电极接入仪器后部的参比电极接口上。

⑤ 把两种电极插在被测溶液内，将溶液搅拌均匀后，即可在显示屏上读出该离子选择电极的电极电位（MV值），还可自动显示正负极性。

⑥ 如果被测信号超出仪器的测量范围或测量端开路时，显示屏会不亮，作超载报警。

三、注意事项

① 经标定后，定位调节旋钮或斜率补偿调节旋钮不应再有变动。

② 标定的缓冲溶液中第一次应用pH＝6.86的溶液，第二次应接近被测溶液的值。

③ 如被测溶液为酸性时，缓冲溶液应选pH＝4.00；如被测溶液为碱性时，则选pH＝9.18的缓冲溶液。一般情况下，在24h内仪器不需要再标定。

④ 仪器的输入端（测量电极插座）必须保持干燥清洁。仪器不用时，将Q9短路插头插入插座，防止灰尘及水气浸入。在环境湿度较高的场所使用时，应把电极插头用干净纱布擦干。

⑤ Q9短路插头带夹子连线接触器及电极插座转换器均为配用其他电极时使用，平时注意防潮防震。

⑥ 测量时，电极的引入导线应保持静止，否则会引起测量不稳定。

⑦ 仪器采用了MOS集成电路，因此在检修时应保证电烙铁有良好的接地。

⑧ 用缓冲溶液标定仪器时，要保证缓冲溶液的可靠性，不能配错缓冲溶液，否则将导致测量结果产生误差。

附 缓冲溶液的配制

1. pH4.00溶液：用G.R.邻苯二甲酸氢钾10.21g，溶解于1000mL的高纯去离子水中。

2. pH6.86溶液：用G.R.磷酸二氢钾3.4g、G.R磷酸氢二钠3.55g，溶解于1000mL的高纯去离子水中。

3. pH9.18溶液：用G.R.硼砂3.81g，溶解于1000mL的高纯去离子水中。

第十一节 DYY-12型电脑三恒多用电泳仪

电泳技术是目前分子生物学上不可缺少的重要分析手段。电泳是指混悬于溶液中的样品荷电颗粒，在电场影响下向着与其自身带相反电荷的电极移动。生物学上的重要物质如蛋白质、核酸、同工酶等，在溶液中能吸收或给出氢离子从而带电。因此，它们在电场影响下，在不同介质中的运动速度是不同的。这样用电泳的方法就可以对其进行定量分析，或者将一定混合物分离成各个组分以及做少量制备。

一、结构及特点

本仪器为全电脑化操作控制，大屏幕液晶显示。

采用高性能的开关电源作为本机的输出核心，输出功率大，负载能力强，控制精度高，工作稳定可靠。

稳压、稳流、稳功率状态可以相互转换，以确保使用的安全。

具有过载、短路、开路、超限、外壳漏电、过热等保护功能。

具有记忆储存功能，可方便的调用和安排程序。

二、技术指标及工作条件

① 电源：交流220V±10%（50Hz±2%）

② 输入功率：最大约750VA

③ 输出电压：10～3000V连续可调

④ 输出电流：4～400mA连续可调

⑤ 输出功率：4～400W连续可调

⑥ 4组并联的输出插座

⑦ 纹波系数：＜2%

⑧ 稳定度：＜1%

⑨ 调整率：恒压＜1%；恒流＜2%；恒功率＜3%

⑩ 电压及电流的精度为最大量程的2.5%；功率为5%；电压的绝对误差＜±75V；电流的绝对误差＜10mA；功率的绝对误差＜±20W。

⑪ 可记忆储存编辑9组9步程序。

三、操作说明

1. 按下电源开关后，显示屏出现

“欢迎使用DYY-12型电脑三恒多用电泳仪北京市六一仪器厂”字样。显示时间为6s，同时系统初始化，蜂鸣4声，设置常设值。屏幕转成参数设置状态。如图3-37所示。

U:	0V	U=100V	Mode:STD
I:	0mA	I=50mA	
P:	0W	P=50W	
T:	0 0:00	T=01:0 0	

图3-37 DYY-12型电脑三恒多用电泳仪界面

其中分三个区域，左侧大写 U：I：P：T：为实际值；中间部分显示程序的常设值（预置值）。

$$U=100\text{V};\ I=50\text{mA};\ P=50\text{W};\ T=01:00\ (\text{VH}=1000)$$

虚线右侧的内容为工作模式及工作状态等信息。Mode（模式），STD（标准），TIME（定时），VH（伏时），STEP（分步）。

2. 设置工作程序

方法有三种。

用键盘输入新的工作程序，见第 3 操作步骤介绍。

按“读取”键，取出保存在 M0 中的上次工作程序，按“确认”键。

按“读取”、“n”、“确定”键，取出保存在 M_n（$n=0\sim9$）中的工作程序，必须检查一遍，确认无误后才可启动仪器工作。

3. 按键功能介绍

按键位置如图 3-38 所示。

图 3-38 DYY-12 型电脑三恒多用电泳仪按键位置

22 个按键中，中间的 16 个小按键用于设定仪器的工作方式及数值，两旁的 6 个大按键用于输出状态的确定和改变。下面举例详细说明设置过程。

［**例 1**］ 如希望工作在稳压状态 $U=1000\text{V}$，电流 I 限制在 200mA 以内，功率 W 限制在 100W 以内，时间 T 为 3 小时 20 分，并且到时间自动关输出。则操作步骤如下。

① 正确连接电泳槽到电泳仪之间的电极导线，做好电泳样品的必要配置工作。

② 按下电泳仪的电源开关，此时仪器显示欢迎词并发出 4 声鸣响且显示图 3-37 的界面。

③ 按“模式”键，将工作模式由标准（STD）模式转为定时（TIME）模式。“模式”键是用于选择设置工作模式的。每按一下这个键，其工作方式按下列顺序改变：

→ STD(标准)→TIME(定时)→VH(伏时)→STEP(分步)—

标准模式——到时不关输出

定时模式——到时关输出

伏时模式——输出电压与工作时间的乘积达到设定值时关输出

分步模式——输出按步（1～9）及模式（定时或伏时）分别设定及执行。

④ 设置电压 U，先看 U 是否为反显状态，如果不是则按“选择”键设置。“选择”键用于选择设置 U、I、P、T 的参数。并将其反显提示，每按一次移到下一个参数，移动顺序为：

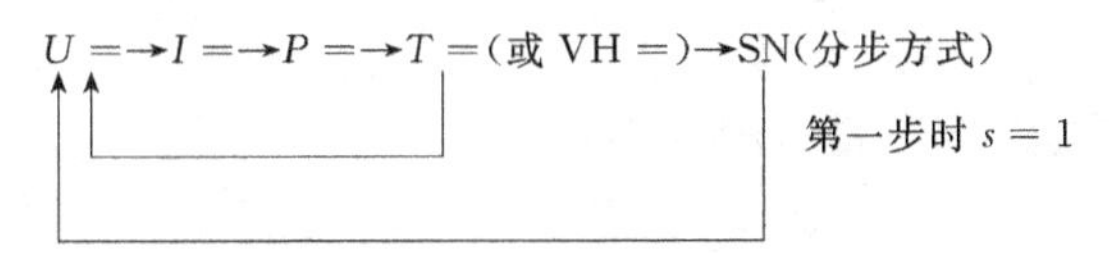

移动的同时确认上一参数，在反显时输入数字键即可设置该参数的数值。按数字键1000，则电压U即设置完成。

⑤ 设置电流I，按“选择”键，先使I反显，然后输入数字200。

⑥ 设置功率P，按“选择”键，先使P反显，然后输入数字100。

⑦ 设置时间T，按“选择”键，先使T反显，然后输入数字320。如果输入错误，可以按“清除”键，再重新输入。“清除”键可以清除有反显提示的参数数值。

⑧ 确认各参数无误后，按“启动”键，启动电泳仪输出程序。如果参数有问题，自动反显提示有问题的参数。

在显示屏状态栏中显示Start！并蜂鸣4声，提醒操作者电泳仪将输出高电压，注意安全。之后逐渐将输出电压加至设置值。同时在状态栏中显示

Run ϟ ϟ

两个不断闪烁的高压符号，表示端口已有电压输出。

在状态栏最下方，显示实际的工作时间。（精确到秒）

在启动的同时将此时的设定值存入$M0$中。

仪器输出端电压开始缓慢由0增加至1000V左右，显示屏左端显示实际输出值（U:、I:、P:、T:），且定时开始计时。

如果设置是正确的，显示屏左端U:应闪烁，表示是在稳压状态，而I:、P:显示值应小于预置值。如果是其他参数闪烁（I:，P:），则说明其他参数中有达到预置值，限制了U。这种情况说明电泳槽中的样品负载电阻值较低。如果确认样品配置无误，则说明电泳仪预置不当，应适当调整。可以直接按下［+］或［−］键，调节U，I，P。

［+］键：在输出情况下递增反显U、I、P、T的数值；每按一次递增一个数字，若按住不放，则连续快速递增。

［−］键：在输出情况下递减反显U、I、P、T的数值；每按一次递减一个数字，若按住不放，则连续快速递减。

⑨ 启动后如果需要暂停输出，以便处置样品等，可按“停止”键，显示Stop：并蜂鸣3声提醒，显示工作的截止时间。此时仪器关输出并鸣响提示，按任意键可止鸣。处置完后，需要继续输出，可按“继续”键。

“继续”键：当电泳过程中出现人为中断停机，并希望继续接着输出工作，可以按“继续”键，此后电泳仪接着前面的工作时间（或伏时）继续工作。

状态栏显示：Continue！并蜂鸣4声（4s）提醒操作者电泳仪将输出高电压，注意安全。然后显示：Run ϟ ϟ。说明仪器恢复输出，且从暂停时的时间起继续累计计时。

如果需要从头开始输出则按“启动”键，仪器重新从0计时工作。

⑩ 每次启动输出时，仪器自动将此时的设置数存入［$M0$］号存储单元。以后需要调用时可以按“读取”键，再按“0”键，按“确定”键，即可将上次工作程序取出执行。

操作人员也可以将自己认可的工作参数存入［$M1$］~［$M9$］单元中，以后可直接调用以简化操作，方法是按“存储”、“n”、“确认”键，则将现在设置的工作程序存入Mn单元中，显示：

WMn： OK！ （n=0，1…9）

按“读取”键后，再按“n”键（n=0、1…9）

显示Mode：RM

$M=n$　（$n=0$，1…9）

此时再按“确认”键，则读取保存在 Mn 中的工作程序。显示：RMn　OK!

⑪ 工作结束：仪器显示：“END”，并连续蜂鸣提醒。此时按任一键均可止闹。

以上通过一个例子说明了仪器的大致操作方法和工作过程。如果需要稳电流或稳功率输出，其基本设置方法和操作与稳电压是一致的。

如果是选择了标准模式，则到定时时间后不关输出，只是鸣响提示使用者。

仪器工作时任何情况下只能稳 U、I、P 中的一种参数，具体稳何种参数由仪器的设定及负载决定。一般情况下，要稳一个参数，应将另两个设定在安全的高限。

[例 2]　伏时（VH）模式。

对于某些电泳场合，要求仪器的输出电压与时间的乘积为定值时，可选用此模式。若需要电压为 1000V，时间 T 为 2h，则伏时就是 2000。如果实际工作时电压为 500V，则仪器将自动调整时间为 4h。此种模式设置 U，I，P 参数时与稳压输出的设置方式基本相同。

具体操作如下。

若需要：VH=2000，$U=1000$，I，P 限制在 100mA，300W。

① 按下“模式”键，选 VH；

② 设置 U 反显，输入 1000；

③ 设置 I 反显，输入 100；

④ 设置 P 反显，输入 300；

⑤ 设置 VH 反显，输入 2000；

⑥ 启动后，工作在 VH 模式，右下边显示实际运行时间，当实际电压与运行时间的乘积等于 2000 时，仪器自动关输出，鸣响提示。按任意键止闹。

[例 3]　分步模式。

当需要在电泳过程中分步改变输出参数时，可采用此种模式。分 3 步。

第一步（$S=1$）稳流 $I=45$mA，U，P 限制在 1500V，70W，$T=10$min。

第二步（$S=2$）伏时 $U=500$V，I，P 限制在 100mA，50W，VH=150。

第三步（$S=3$）稳定率 $P=30$W，U，I 限制在 1000V，80mA，$t=15$min。

步骤如下。

① 按“模式”键，选 Step。

② 此时步数 SN 反显，输入 3，则 SN=3，此时显示 $S=1$ 时的预置值，按“选择”键将 U，I，P，T 分别设置为 1500，45，70，10。第一步设置完。

③ 按“+”键，此时显示 $S=2$ 时的设置值，按“选择”键，分别将 U，I，P 设置为 500，100，50。按“选择”键选 T，再按“伏时”键，此时 T 变为 VH，输入 150，按“确认”键，则第二步设置完。

④ 按“+”键，此时显示 $S=3$ 时的预置值，同第一步，将 U，I，P，T 分别设置为 1000，80，30，15。第三步设置完。

⑤ 按“+”键，使再次显示 $S=1$，方可启动输出。不管多少步，只有使 $S=1$ 才可以启动输出。

四、注意事项

① 如果是标准模式则输出不关，始终有输出，但在达到定时时间后有蜂鸣声提示。如

果是定时、伏时或分步模式则关输出并报警。

② U、I、P 三个参数的有效输入范围是

U：(5～3000) V

I：(4～400) mA

P：(4～400) W

若输出时间超出此范围，则显示 U (I 或 P)-data?! 表示输入数据错误。应重新输入。

③ 报警状态 wrong!

过载：Over Load! →负载接近短路状态

空载：No Load! →负载接近开路状态

过热：Over Heat! →仪器在超温状态条件下工作

超限：Overrun-U→输出电压超过极限

Overrun-I→输出电流超过极限

Overrun-P→输出功率超过极限

短路：Short! →输出端短路

外壳漏电：GND—Leak! →外壳带电

以上故障出现时仪器自动关输出，并鸣响提醒操作者处理。

外壳带电（输出电极某一端搭在机壳上，且超过一定电压值时）在 12s 内恢复正常则输出自动恢复，超过则不再恢复输出，处于暂停。

④ 一般情况下，当出现 No Load! 时，首先应关机检查电极导线与电泳槽之间是否有接触不良的地方，可以用万用表的欧姆挡逐段测量。此类检查应定期作，避免出现电泳过程中不必要的损失。

⑤ 当电流或功率数值较小时，仪器内部的风扇不工作，只有达到一定值后才工作。如果输出端接多个电泳槽，则仪器显示的电流数值为各槽电流之和（并联）。此时应选择稳压输出，以减小各槽的相互影响。

⑥ 注意保持环境的清洁，请不要遮挡仪器后方进风通道。严禁将电泳槽放在仪器顶部，避免缓冲液洒进仪器内部。

⑦ 若需清洁面板，请勿使用有机溶剂。可用半湿软布擦拭。

⑧ 本仪器输出电压较高，使用中应避免接触输出回路及电泳槽内部，以免发生危险。

第十二节　CDR-1 型差动热分析仪

一、工作原理及结构

差热分析（DTA）是在程序温度控制下，测量物质与参比物之间的温度差随温度变化的一种技术。

差热分析仪主要由温度控制系统和差热信号测量系统组成，辅之以气氛和冷却水通道，测量结果由记录仪或计算机数据处理系统处理。其工作原理如图 3-39 所示。

1. 温度控制系统

该系统由程序温度控制单元、控温热电偶及加热炉组成。程序温度控制单元可编程序模拟复杂的温度曲线，给出毫伏信号。当控温热电偶的热电势与该毫伏值有偏差时，说明炉温偏离给定值，由偏差信号调整加热炉功率，使炉温很好地跟踪设定值，产生理想的温度

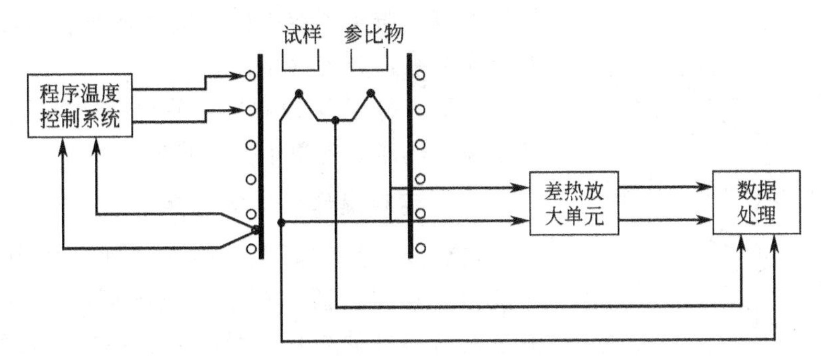

图 3-39 CDR-1 型差动热分析仪工作原理

曲线。

2. 差热信号测量系统

该系统由差热传感器、差热放大单元等组成。

差热传感器即样品支架，由一对差接的点状热电偶和四孔氧化铝杆等装配而成，测试时试样与参比物（α-氧化铝）分别放在两只坩埚内，加热炉以一定速率升温，若试样没有热反应，则它与参比物的温差 $\Delta T=0$，差热曲线为一直线。称为基线；若试样在某一温度范围内有吸热（或放热）反应，则试样温度将停止（或加快）上升，试样与参比物间产生温差 ΔT，把该温度信号放大，由记录仪或计算机数据处理系统画出 DTA 峰形曲线（如图 3-41 所示）。根据出峰的温度和峰面积的大小、形状，可以进行各种分析，其分析原理如图 3-40 所示。

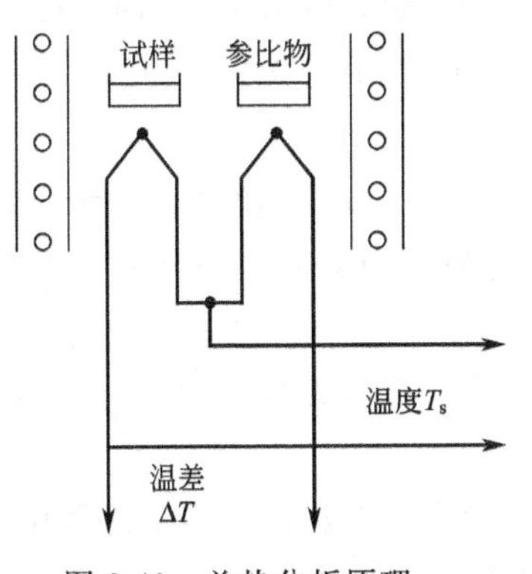

图 3-40 差热分析原理

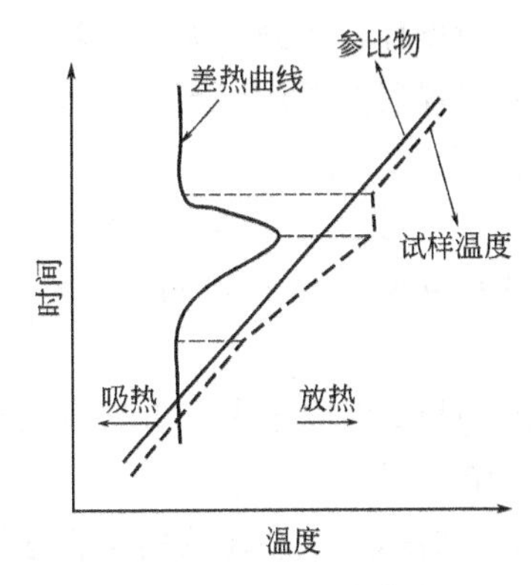

图 3-41 差热曲线

3. 差动热补偿系统

差动热分析（DSC）的原理和差热分析（DTA）相似，所不同的是利用了装置在试样和参比物容器下面的二组补偿加热丝，当试样在加热过程中由于热反应而出现温差 ΔT 时，通过差热放大和差动热量补偿使流入补偿丝的电流发生变化。当试样吸热时，补偿使试样一边的电流 I_s 立即增大。反之，在试样放热时则使参比物一边的电流增大，直至两边热量平衡，温差 ΔT 消失为止。换句话，试样在热反应时发生的热量变化，由于及时输入电功率而得到补偿。

差动热分析（DSC）与差热分析（DTA）相比，另一突出的优点是后者在试样发生热效应时，试样的实际温度已不是程序升温时所控制的温度（如在升温时试样由于放热而一度加速升温），而在差动热分析时，试样的热量变化由于随时得到补偿，试样与参比物的温度

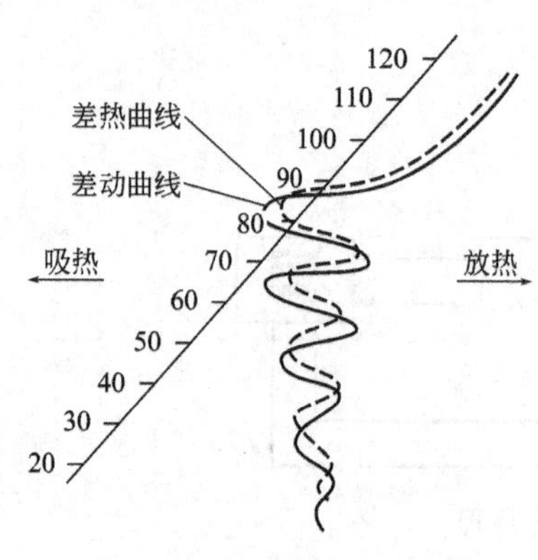

图 3-42 差动热分析与差热分析的分析

始终相等，避免了参比物与试样之间的热传递。故仪器的反应灵敏，分辨率高。

从图 3-42 中可以看出，差动热分析的波峰明显，分辨率高，热滞后现象小，出峰温度接近于实际温度。

二、实验操作条件的选择

差热分析操作简单，但在实际工作中往往发现同一试样在不同仪器上测量，或不同的人在同一仪器上测量，所得到的差热曲线结果有差异。峰的最高温度、形状、面积和峰值大小都会发生一定变化。其主要原因是因为热量与许多因素有关，传热情况比较复杂所造成的。一般来说，一是仪器，二是样品。虽然影响因素很多，但只要严格控制某种条件，仍可获得较好的重现性。

1. 气氛和压力的选择

气氛和压力可以影响样品化学反应和物理变化的平衡温度、峰形。因此根据样品的性质选择适当的气氛和压力，有的样品易氧化，可以通入 N_2、Ne 等惰性气体。

2. 升温速率的影响和选择

升温速率不仅影响峰温位置，而且影响峰面积的大小，一般来说，在较快的升温速率下峰面积变大，峰变尖锐。但是快的升温速率使样品分离偏离平衡条件程度也大，因而易使基线漂移，更主要的可能导致相邻两个峰重叠，分辨力下降。较慢的升温速率，基线漂移小，使体系接近平衡条件，得到宽而浅的峰，也能使相邻两峰更好的分离，因而分辨力高。但测定时间长，需要仪器的灵敏度高。一般情况下选择 8～12℃/min 为宜。

3. 试样的处理及用量

试样用量大，易使相邻两峰重叠，降低了分辨力。一般尽可能减少用量，最多大至毫克。样品的颗粒度在 100～200 目，颗粒小可以改善导热条件，但太细可能会破坏样品的结晶度。

参比物的颗粒及装填情况，紧密程度应与试样一致，以减少基线漂移。

4. 参比物的选择

要获得平衡的基线，参比物的选择很重要。要求参比物在加热或冷却过程中不发生任何变化，在整个升温过程中选择比热容、热导率、粒度尽可能与试样一致或相近。

常用 α-三氧化二铝（Al_2O_3）或煅烧过的氧化镁（MgO）或石英砂。如分析试样为金属，也可用金属镍粉作参比物。如果试样与参比物的热性质相差很远，则可用稀释试样的方法解决，主要是为了减少反应猛烈程度；如果试样加热过程中有气体产生时，还可以减少气体大量出现，以免使试样冲出。选择的稀释剂不应与试样有任何化学反应或催化试样的反应，常用的稀释剂有 SiC、铁粉、Fe_2O_3 等。

5. 纸速的选择

在相同的实验条件下，同一试样如走纸速度快，峰的面积大，但峰的形状平坦，误差小。走纸速度慢，峰面积小。因此，要根据不同样品选择适当的走纸速度。

不同条件的选择都会影响差热曲线，除上述外还有其他因素，如样品管的材料、大小和形状；热电偶的材质，以及热电偶插在试样和参比物中的位置等。

三、差热峰面积的测量

1. 三角形法

若差热峰对称性好，可以作等腰三角形处理，即用峰高乘以半峰宽的方法来求面积，即

$$A=h\times y_{\frac{1}{2}}$$

式中，A 为峰面积；h 为峰高；$y_{\frac{1}{2}}$ 为峰高 $\frac{1}{2}$ 处的峰宽。

这种方法所得结果往往偏小，以后有人从经验总结加以修正，对差热峰的修正式可采用下式以求得近似的峰面积。

$$A=h\times y_{0.4} \quad 或 \quad A=\frac{h}{3}(y_{0.1}+y_{0.5}+y_{0.9})$$

式中，$y_{0.1}$、$y_{0.4}$、$y_{0.5}$、$y_{0.9}$ 分别为峰高 $\frac{1}{10}$、$\frac{4}{10}$、$\frac{5}{10}$、$\frac{9}{10}$ 处的峰宽。

2. 面（求）积仪法

当差热峰不对称时，常常用此方法。面积仪是手动方法测量面积的仪器，可准确到 $0.1cm^2$。当被测面积小时，相对误差就大，必须重复测量多次取平均值，以提高准确度。

3. 剪纸称量法

若记录纸均匀，可将差热峰分别剪下来在分析天平上称得其质量，其数值可代替面积代入计算公式。当面积小时误差较大，但也是常用方法之一。

4. 图解积分法

如果差热分析仪附有积分仪。则可以直接从积分仪上读得或自动记录下差热峰的面积。是一种自动测量某一曲线围成面积的仪器，使用时要注意仪器的线性范围，基线漂移等问题。

第十三节　DTC-3A 型可编程控温仪

该仪器选用 8 位单片机作为控制中心，采用智能化控制技术，位式调节方式和人工智能调节，包括模糊逻辑 PID 调节即参数自整定功能的先进控制自算法。控制精度高，上冲量小。单片机系统有 WatchDog 电路，可以防止仪表受到强干扰时造成“死机”。仪表配接RS-232C 接口，可与上位机（如 PC 机，工业控制机和其他智能性设备等）通讯，可形成网络控制或分散控制。提供计算机接口软件范例。输入信号数字滤波，采用单片机软件进行非线性校正。

仪表有理想的控制特性，采用双排数码管可同时显示出测量温度值和设定值，清晰直观；所有操作功能仅需四键完成，使用极为简便；该仪表具有极强的抗干扰能力，能在较为恶劣的环境下可靠的工作。

一、结构与原理

1. 面板及连线

仪器的正面板示意图如图 3-43 所示。仪器的背面板示意图如图 3-44 所示。

根据加热炉子的情况，由专业人员对照背板接线端子上标示接好线，其中：热电偶连接的红黑线柱，红为“+”，黑为“－”。仪器内部的连线已接好，一般无需更动。

2. 仪表测量控制原理

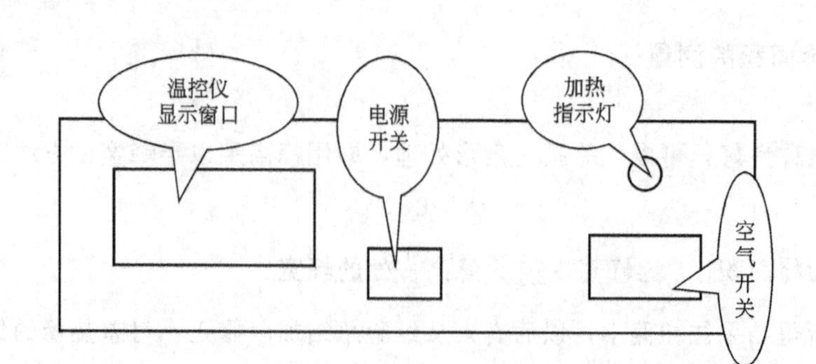

图 3-43 DTC-3A 型可编程控温仪仪器的正面板示意

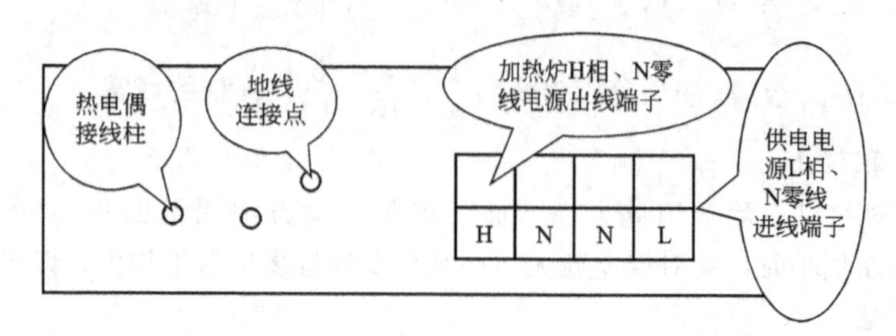

图 3-44 DTC-3A 型可编程控温仪仪器的背面板示意

测温元件采用热电偶，将温度值转换为电压信号，此微弱电压信号转换为数字信号，再由工业单片机读入进行处理。处理包括数字滤波、非线性校正、与预设值比较并按控制模型进行计算。单片机还需要完成设置输入、显示输出和控制输出。单片机系统中配有 EEPROM，仪表的各设置参数存放在此芯片永久保存。控温输出单元采用光隔离，单片机送出控制信号，过零触发可控硅。控制可控硅的通断从而达到控制温度的目的。

此外，因为热电偶作为输入信号，故需要对其冷端进行温度补偿。尽管仪表可测量周围环境温度对热电偶冷端进行自动补偿，但由于测量元件的误差及仪表本身发热原因常导致自动补偿方式偏差较大。故本仪表提供 Cu50 型铜电阻传感器进行补偿，补偿精度高。注意：仪表精度不包含冷端补偿误差。

二、技术指标

仪器电源电压：单相 50Hz

测控范围：　　室温～1400℃

控温精度和分辨率：±1℃，1℃

加热供电电源和负载功率：单相，功率≤4kW

环境温度和相对湿度：0～50℃，RH≤95%

输入规格及测量范围：K(－200～1300℃)、S(－50～＋1700℃)、Wre3－Wre25(0～2300℃)、T(－200～＋350℃)、E(0～＋800℃)、J(0～1000℃)、B(0～1800℃)、N(0～1300℃)

控制输出：4～20mADC，过零触发可控硅

可控硅触发：可触发 5～500A 的单双向可控硅或可控硅功率模块。

调节方式：位式调节方式和人工智能调节，包括模糊逻 PID 调节即参数自整定功能的先进控制算法。

报警功能：上限、下限、正偏差、负偏差等任意选择。

其他：8 段控制升温曲线（最多 30 段）。即可用于单台炉温控制，也可用于炉温集控制。

三、使用方法

① 将热电偶温度探头接正确的极性接在左侧板的红黑接线柱上。

② 仪器接线端子见图 3-44。由专业人员对照其上标识接好线，并推上空气开关（空气开关的作用为接通、切断输出回路）。

③ 打开面板上的电源开关，显示表头的两排数码管即亮。

④ 将温度探头固定在相应的受控点，此时仪器即开始测温。

⑤ 仔细阅读下面⑦和⑧的说明和操作指南，掌握显示表头的按键等操作。

⑥ 设定相应的设定值后。如有控制输出，则表头的 OUT 指示灯亮。

⑦ 推上空气开关，相应的加热指示灯亮。

⑧ 观察所显示测温值的变化。SV 显示窗口即为当前的目标温度值。

⑨ 若设定值远大于测温值，加热指示灯亮，说明加热回路在加热，测温值处于上升阶段；反之，若设定值小于测温值，加热指示灯灭，说明加热回路没有工作。当成测温值接近设定值时，加热指示灯闪烁。

⑩ 当温度值低于设定温度时，加热指示灯应为全亮或闪烁。如果不亮，请核实设定温度，检查加热回路是否连通，加热回路是否有器件损坏。

⑪ 当加热指示灯全亮时，在面板温度显示表头上应能看到明显温度上升，如没有温升应立即关断加热电源，检查测温传感器是否接对接好。

⑫ 温控仪显示表头面板说明：

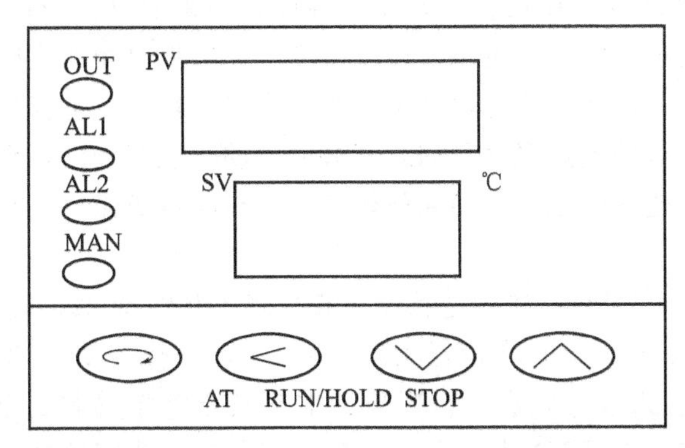

OUT：主输出指示

AL1：报警 1 指示

LA2：报警 2 指示

↻ 设置键

MAN：程序运行指示

<：数据移外键兼自整定启动功能

∨：数据减少键兼运行/暂停程序操作功能

∧：数据增加键兼停止程序操作功能

PV：给定值显示

SV：测量值显示

⑬ 温控仪显示表头面板操作说明。

a. 设置给定值：按⌒键一下放开，仪表就进入设置给定值状态。此时显示的给定值最后一位（个位数）的小数点开始闪烁（如同光标）。按∨键减小数据，按∧键增加数据，按<键可移动修改数据的位置（光标）。将数据改为适合的数值后，按⌒键一下，就完成给定并退出。在程序设置时，先按∨键保持不放后，再按⌒注意如果程序设置已上被锁上，则以上设置程序值得操作无法执行。

b. 设置参数：按⌒键并保持约 2s，等显示出参数后再放开。再按⌒键，仪表将依次显示各参数，如上限报警值 HIAL，参数锁 Loc 等。通过<∨∧等键可修改参数值。在设置参数状态下，先按<键并保持不放后，再按⌒键可退出修改参数状态，按∨键可返回设置上一数值。注意如果程序设置已上被锁上，则以上设置程序值得操作无法执行。

c. 显示及修改程序运行段号（StEP）：程序运行中有时希望从程序的某一段开始运行，或者直接跳到某一段执行程序，例如当前程序已运行到第四段，但用户要求提前结束第上段而跳到第五段，则可执行修改程序段号的功能。仪表能通过设置段号，从 30 段程序中任意开始执行程序。如果用户需要运行的温度曲线小于 30 段，仪表还允许用户设置多条不同的曲线程序，分别执行，只要它们的总段数（包括必要的控制段）不超过 30 段即可。例如某工艺曲线为 9 段程序，则仪表可设置 3 条这样类似的曲线，随生产流程改变 StEP 来调用不同曲线。

d. 运行显示时间：在显示 StEP 时，接着再按⌒键一下即放开，则仪表上显示器显示当前段的时间，下显示器显示当前段的运行时间。此状态下再按⌒键一下即放开，则返回 PV 及 SV 显示状态。

e. 运行中修改程序曲线：在运行中，在恒温段，如果要升高或降低当前给定温度，则要同时升高或降低当前段设定温度及下一段设置温度。如果要增加或减少保温时间，则可增加或减少当前段的段时间。在升降温段如果要改变升降温斜率，可根据需要改变时间段，当前段的给定温度及下一段的给定温度。如果测量值启动功能被允许，则在升降温段每次修改数据后仪表都会试图通过改变运行时间来使得给定值与测量值保持一致。测量值启动功能对恒温段无效。

f. 运行/暂停（run/Hold）：在停止状态下按∨键并保持 2s，直到仪表下显示器显示 run 字符，则仪表开始运行程序。在运行状态下按∨键并保持 2s，直到仪表下显示器显示 Hold 的字符，则仪表进入暂停状态。在暂停、准备及自整定等状态下时，RUN 指示灯闪动；在运行（run）状态下，RUN 指示灯亮。暂停时仪表仍执行控制，并将数值控制在暂停时的给定值上，但暂停时间增加，运行时间及给定值均不会变化。在暂停下按∨键并保持约 2s，直到仪表下显示器显示 run 的字符，则仪表又重新运行。

g. 停止（Stop）：按∧键保持 2s 左右，直到仪表下显示器显示 Stop 的字符，此时仪表执行停止操作。该操作使仪表进入停止运行状态，同时 Stop 被修改为 1，并清除事件输出，也停止控制输出。用户需要重新执行程序时，可执行 run 运行操作，此时程序重新由第一段开始运行。

h. 自整定（AT）：初次使用时应利用仪表自整定功能来确定控制参数（MPt 参数值），才能实现理想的控制。注意：系统在不同的给定值下整定得出的参数值不完全相同，所以需要执行自整定功能时，应先等程序运行到最常用得给定值上，再执行启动自整定的操作功能。初次启动自整定时按键<键并保持约 2s 等“At”字样在下显示器上显示即可（如果已

启动过一次，则该操作功能无法进行，这时应用参数设置方法将 Ctrl 设置为 2 来启动自整定，见参数设置说明）。自整定时仪表执行位式控制。经过 2～3 次 ON/OFF 动作后，仪表内部微处理器根据位式控制产生的振荡，分析其周期、幅度及波形来计算最佳控制参数。仪表自整定出控制参数并且开始执行精确的控制。如果要放弃自整定，可在自整定状态下再按<键并保持约 2s，等仪表下显示器“At”字样停止闪动即可。通常自整定只需执行一次即可。仪表在自整定结束后，会将参数“Ctrl”设置为 3（出厂时为 1），这样今后无法在面板上按<键启动自整定，可以避免人为的误操作再次启动自整定。

i. 自整定采用位式控制，其输出定位在 opL 及 oPH 参数定义的位置。在一些输出不允许大幅度变化的场合，可先调整其参数缩小输出范围，等自整定结束后再改回。

⑭ 程序编排及操作。

程序操作统一采用温度—时间—温度格式，其定义时，从当前段设置温度，经过该设置的时间到达下一温度。温度的单位为度，时间单位为分钟。

第一段 $C_{01}=100$　$t_{01}=30$；100℃起开始线性升温，升温时间为 30min。

第二段 $C_{02}=400$　$t_{02}=60$；升温至 400℃，升温斜率为 10℃/min。恒温时间 60min。

第三段 $C_{03}=400$　$t_{03}=120$；降温斜率为 2℃/min，降温时间 120min。

第四段 $C_{04}=160$　$t_{04}=-5$；降温至 160℃。

第五段 $C_{05}=160$　$t_{05}=0$；进入暂停状态，需操作人员干预。

第六段 $C_{06}=160$　$t_{06}=-1$；跳往第一段执行。

a. 时间设置。

$t^{**}=1-9999$（min）表示第＊＊段设置的时间值。

$t^{**}=0$ 程序在此暂停执行。

$t^{**}=-(1\sim30)$ 表示程序跳转到（1～30）段执行。

$t^{**}=-121$ 仪表执行停止。

b. 给定值设置。

设置范围为：－1999～＋9999℃

c. 程序的输入操作

按<键，仪表就进入设置状态。先显示第一段的温度值。其后则依次按⌒显示第一段及其各段时间值和温度值。下显示器的数值，可以用∧、∨、<等键修改数据。

d. 运行多条曲线时的编程方法

如用户有三条长度均为 8 段的曲线，则可将程序编排在 2～9，10～17，18～25。仪表执行停止运行后会将 StEP 值为某起始段，或 $t_1=-2$、$t_1=-10$、$t_1=-18$ 即可。

⑮ 参数功能及设定。本仪表通过参数来定义仪表的输入、输出、报警、通讯及控制方式。

参数代号	参数含义	设置范围	数值单位	备注
HIAL	上限绝对报警值	－1999～＋9999	1℃或 1 定义单位	线性定义单位指采用线性电压/电阻输入时参数 dIL 及 dIH 定义的单位
LOAL	下限绝对报警值	－1999～＋9999	1℃或 1 定义单位	
DHAL	正偏差报警值	0～9999	1℃或 1 定义单位	
DLAL	负偏差报警值	0～9999	1℃或 1 定义单位	
Df	回差(死区、滞环)	0～200.0 或 0～2000	0.1℃或 1 定义单位	位式调节及报警用

续表

参数代号	参数含义	设置范围	数值单位	备注
CtrL	控制方式	0位式,1、3人工智能,2调节参数自整定		
M50	保持参数	0～9999	1℃或1定义单位	0取消积分作用
P	速率参数	0～9999	0.01秒/℃	或0.1秒/定义单位
T	滞后时间参数	1～9999	秒	
Ctl	控制周期/输出平缓	0～120	秒	0表示0.5秒
Sn	输入规格	0～42		可编程多种输入
DIP	小数点位置	0个位,1十位,2百位,3千位		可选温度分辨率
DIL	输入下限显示值	－1999～＋9999	1定义单位	
DIH	输入上限显示值	－1999～＋9999	1定义单位	
Sc	主输入平移修正	－1999～＋9999	0.1℃或1定义单位	
oP1	输入方式	0,2时间比例;1,0－10mA;3,直接阀门控制;4,4－20Ma		
OPL	输出下限	0～220	1%	
OPH	输出上限	0～220	1%	
ALP	报警输出定义	0～31		
CF	系统功能选择	0～15		
Addr	通讯地址	0～63		兼变送电流下限
Baud	通讯波特率	0～9600		兼变送电流上限
DL	输入数字滤波	0～20		确定数字滤波强度
Run	运行状态	0,手动;1,自动		
Loc	参数修改级别	0～9999		
EP1-EP8	现场参数定义	NonE-run		

说明：

1. 报警参数 HIAL、LOAL、dHAL、dLAL

此四个参数设置仪表的报警功能，当系统满足报警条件时，可在下显示器交替显示报警原因。当显示orAL时，说明输入超出量程报警。如设置 HIAL＝9999、LoAL＝1999、dHAL＝9999、dLAL＝9999 则相应的报警作用取消。

2. 回差参数 dF

理论上 dF 值越小，位式调节和自整定精度越高。但可能出现测量值受干扰而造成误动作。如测量值数字跳动太大，可先加大数字滤波参数 dL 值，使得测量值跳动小于 2～5 个数字，然后将 dF 设置为测量值的瞬间跳动值。

3. 调节方式参数 CtrL

CtrL＝0，位式调节，控温精度低。

CtrL＝1，人工智能调节，允许从后面板启动执行自整定功能。

CtrL＝2，启动自整定参数功能。

CtrL＝3，人工智能调节，不允许从后面板启动执行自整定功能。

4. M5、P、t、Ctl 等参数

① M5 表示系统的保温能力，P 表示了系统的升温能力，t 表示了系统的滞后时间，Ctl 用于平衡控制效果（快速响应和高精度）和稳定输出。减小 M5，积分作用正比增强。减小 t，比例和积分作用增强，微分作用减弱。Ctl 越小，微分作用越强，但比例作用相应减弱。例如，控制产生振荡，加大 M5，如出现静差，可减小 M5。M5 过小或 P 过大都会导致系统振荡或超调，前者周期短，后者周期长，反之出现静差。M5 正常，P 过小，也可能产生一个长周期的超调。Ctl 通常为 0.5～4s，其设置值越小，控制精度越高。

② M5、P、t、Ctl 可通过自整定初步确定，并在此基础上修改。自整定时，先正确设置自整定时的给定值，使给定值在最常用值或最高使用温度。自整定通常需要几分钟甚至几小时，结束后，先观察相当于自整定用时的 1/2 的时间，看控制效果如何。

③ 如对控制结果不满意，可采用逐试法进一步修改参数。每次修改 M5、P、t，可使用变化一倍，通常几次之后即可获得满意值。一般情况下，P、t、Ctl 等参数无需修改。

5. 输入规格参数 Sn

Sn	输入规格	Sn	输入规格	Sn	输入规格
0	K(－50～1300℃)	1	S(－50～1700℃)	2	备用
3	T(－200～＋350℃)	4	E(0～800℃)	5	J(0～1000℃)
6	B(0～1800℃)	7	N(0～1300℃)	8-19	备用

6. 小数点位置参数 dIP

dIP 设置为 1 即可。

7. 标度定义参数 dIH 及 dIL（备用）

8. 输入修正参数 Sc（备用）

9. 输出定义参数 oP1、oPL、oPH、

oP1＝2、oPL＝0、oPH＝100

10. ALP 报警输出定义参数

$$ALP=A*1+B*2+C*16$$

A＝0 时，上限报警由 AL1 输出；A＝1 时，上限报警由 AL2 输出；

B＝0 时，下限报警由 AL1 输出；B＝1 时，下限报警由 AL2 输出；

C＝0 时，报警时在下显示器交替显示报警信号。C＝1，报警时不显示报警信号（orAL 除外）。

11. CF 功能参数

CF＝0

12. 通讯接口参数 Addr 及 Baud

Addr＝0，Baud＝9600

13. 输入数字滤波参数 dL

因输入干扰而导致数字出现跳动时，可设置 dL＝0～20，0 时没有任何滤波。dL 越大，测量值越稳定，但响应越慢。

14. 系统运行参数 Run

Run 参数定义程序运行时的时间处理模式。Run＝A＊1＋B＊8。A 用于选择 5 种停电/开机事件处理模式。B 用于选择 2 种运行/修改事件处理模式。

A＝0，重新通电后转往第 29 段执行，清除事件输出状态。

A＝1，重新通电后如没有偏差报警，则在原终止处继续执行。否则同 A＝0。

A＝2，重新通电后在原终止处继续执行。

A＝3，重新通电后仪表处于停止状态。

A＝4，重新通电后仪表处于暂停状态。

B＝0，程序在曲线的原位置按原计划执行。

B=1，根据最新测量值，预置已运行时间，在新的起点处运行。

15. 参数设置权限选择 Loc

Loc=0，允许修改现场参数、程序值（时间及温度值）及程序段号 StEP 值。

Loc=1，允许修改现场参数，程序段号 StEP 值。

Loc=2，允许修改现场参数。

Loc=3，允许修改 Loc 本身。

Loc=808，可修改所有值。

16. 现场参数定义 EP1-EP8

现场参数 EP1-EP8 可分别设置为 HIAL、M5、*P*、*t* 以及某段的温度值或时间值。如 EP1=HIAL、EP2=P、EP3=nonE，如有未用到的参数，则第一个设为 nonE。

四、通讯接口

详细的操作及内容，可阅读软盘上的 README. TXT 文件。

五、注意事项

① 供电电源的 L 相和零线应分清，严禁接反。

② 图 3-44 中的仪器地线连接点应接在可靠的地线处，以防触电。

③ 仪器不要放置在有强电磁场干扰的区域内。

④ 加热炉的加热功率应在加热可控硅功率的允许范围内，否则会造成可控硅永久性损坏。

单相，功率≤4kW

供电电源的相线、零线要分清。

⑤ 测温传感器应置于控温区域的中心位置。

⑥ 为安全起见应保证加热器无漏电。

附录　物理化学实验常用数据表

附表一　国际单位制的基本单位

量的名称	单位名称	单位符号	量的名称	单位名称	单位符号
长度	米	m	热力学温度	开(尔文)	K
质量	千克(公斤)	kg	物质的量	摩(尔)	mol
时间	秒	s	发光强度	坎(德拉)	cd
电流	安(培)	A			

附表二　国际单位制的一些导出单位

物理量	名称	代号		用国际制基本单位表示的关系式
		国际	中文	
频率	赫兹	Hz	赫	s^{-1}
力	牛顿	N	牛	$m \cdot kg \cdot s^{-2}$
压力	帕斯卡	Pa	帕	$m^{-1} \cdot kg \cdot s^{-2}$
能、功、热	焦耳	J	焦	$m^2 \cdot kg \cdot s^{-2}$
功率、辐射通量	瓦特	W	瓦	$m^2 \cdot kg \cdot s^{-3}$
电量、电荷	库仑	C	库	$s \cdot A$
电位、电压、电动势	伏特	V	伏	$m^2 \cdot kg \cdot s^{-3} \cdot A^{-1}$
电容	法拉	F	法	$m^{-2} \cdot kg^{-1} \cdot s^4 \cdot A^2$
电阻	欧姆	Ω	欧	$m^2 \cdot kg \cdot s^{-3} \cdot A^{-2}$
电导	西门子	s	西	$m^{-2} \cdot kg^{-1} \cdot s^3 \cdot A^2$
磁通量	韦伯	Wb	韦	$m^2 \cdot kg \cdot s^{-2} \cdot A^{-1}$
磁感应强度	特斯拉	T	特	$kg \cdot s^{-2} \cdot A^{-1}$
电感	亨利	H	亨	$m^2 \cdot kg \cdot s^{-2} \cdot A^{-2}$
光通量	流明	lm	流	$cd \cdot sr$
光照度	勒克斯	lx	勒	$m^{-2} \cdot cd \cdot sr$
黏度	帕斯卡秒	Pa・s	帕・秒	$m^{-1} \cdot kg \cdot s^{-1}$
表面张力	牛顿每米	N/m	牛/米	$kg \cdot s^{-2}$
热容量、熵	焦耳每开	J/K	焦/开	$m^2 \cdot kg \cdot s^{-2} \cdot K^{-1}$
比热	焦耳每千克每开	J/(kg・K)	焦/(千克・开)	$m^2 \cdot s^{-2} \cdot K^{-1}$
电场强度	伏特每米	V/m	伏/米	$m \cdot kg \cdot s^{-3} \cdot A^{-1}$
密度	千克每立方米	kg/m^3	千克/米^3	$kg \cdot m^{-3}$

附表三　其他单位制单位与国际单位制单位互换表

单位名称	国际符号	折合国际单位制
	力的单位	
1吨力	tf	=9806.65N
1公斤力	kgf	=9.80665N
达因	dyn	$=10^{-5}$N
	黏度单位	
泊	P	=0.1N·s·m^{-2}
厘泊	cP	$=10^{-3}$N·s·m^{-2}
	压力单位	
毫巴	mbar	=100N·m^{-2}
1达因/厘米^2	dyn·cm^{-2}	=0.1N·m^{-2}
1公斤力/厘米^2	kgf·cm^{-2}	=98066.5N·m^{-2}
1工程大气压	at	=98066.5N·m^{-2}
1毫米水柱	mmH_2O	=9.80665N·m^{-2}
1毫米汞柱	mmHg	=133.322N·m^{-2}
	*1标准大气压=760mmHg=101324.72N/m^2(Pa)	
	功能单位	
1公斤力·米	kgf·m	=9.80665J
1尔格	erg	$=10^{-7}$J
1马力·小时	HP·h	$=2.648\times10^6$J
升·大气压	L·atm	=101.328J
1瓦特·小时	W·h	=3600J
1卡	cal	=4.1868J
	功率单位	
1公斤力·米/秒	kgf·m·s^{-1}	=9.80665W
马力	HP	=735.499W
1尔格/秒	erg·s^{-1}	$=10^{-7}$W
1千卡/小时	kcal·h^{-1}	=1.163W
1卡/秒	cal·s^{-1}	=4.1868W
	比热容单位	
1卡/克·度	cal·g^{-1}·C^{-1}	=4186.8J·kg^{-1}·K^{-1}
1尔格/克·度	erg·g^{-1}·C^{-1}	$=10^{-4}$J·kg^{-1}·K^{-1}
	电磁单位	
1伏·秒	V·s	=1Wb
1伏/厘米	V·cm^{-1}	=100V·m^{-1}
1安·小时	A·h	=3600C
1安/厘米	A·cm^{-1}	=100A·m^{-1}

注：除*外，均摘自：国际计量局，国际单位制（SI），科学出版社（1978）；上海市计量测试管理局情报资料室计量，上海人民教育出版社（1978）。

附表四　用于构成十进倍数和分数单位的SI词头

所表示的因数	词头名称	词头符号	所表示的因数	词头名称	词头符号
10^{18}	艾[可萨]	E	10^{-1}	分	d
10^{15}	拍[它]	P	10^{-2}	厘	c
10^{12}	太[拉]	T	10^{-3}	毫	m
10^{9}	吉[咖]	G	10^{-6}	微	μ
10^{6}	兆	M	10^{-9}	纳[诺]	n
10^{3}	千	k	10^{-12}	皮[可]	p
10^{2}	百	h	10^{-15}	飞[母托]	f
10^{1}	十	da	10^{-18}	阿[托]	a

附表五　物理化学常数

常数名称	符号	数　值	单位(SI)	单位(cgs)
真空光速	c	2.99792458	10^{8} 米·秒$^{-1}$	10^{10}厘米·秒$^{-1}$
基本电荷	e	1.6021892	10^{-19}库仑	10^{-20}厘米$^{1/2}$·克$^{1/2}$
阿伏加德罗常数	N_A	6.022045	10^{23}摩$^{-1}$	10^{23}克分子$^{-1}$
原子质量单位	u	1.6605655	10^{-27}千克	10^{-24}克
电子静质量	m_e	9.109534	10^{-31}千克	10^{-28}克
质子静质量	m_p	1.6726485	10^{-27}千克	10^{-24}克
法拉第常数	F	9.648456	10^{4} 库仑·摩$^{-1}$	10^{3} 厘米$^{1/2}$·克$^{1/2}$·克分子$^{-1}$
普朗克常数	h	6.626176	10^{-34}焦耳·秒	10^{-27}尔格·秒
电子质荷比	e/m_e	1.7588047	10^{11}库仑·千克$^{-1}$	10^{7} 厘米$^{1/2}$·克$^{-1/2}$
里德堡常数	$R\infty$	1.097373177	10^{7} 米$^{-1}$	10^{5} 厘米$^{-1}$
玻尔磁子	μ_B	9.274078	10^{-24}焦耳·特$^{-1}$	10^{-21}尔格·高斯$^{-1}$
气体常数	R	8.31441	焦耳·度$^{-1}$·摩$^{-1}$	10^{7} 尔格·度$^{-1}$·克分子$^{-1}$
		1.9872		卡·度$^{-1}$·克分子$^{-1}$
		0.0820562		卡·大气压·克分子$^{-1}$·度$^{-1}$
玻尔兹曼常数	k	1.380662	10^{-23}焦耳·度$^{-1}$	10^{-16}尔格·度$^{-1}$
万有引力常数	G	6.6720	10^{-11}牛顿·米^{2}·千克$^{-2}$	10^{-8}达因·厘米^{2}·克$^{-2}$
重力加速度	g	9.80665	米·秒$^{-2}$	10^{2} 厘米·秒$^{-2}$

附表六　压力单位换算

帕斯卡(Pa)	毫米水柱(mmH_2O)	标准大气压(atm)	毫米汞柱(mmHg)
1	0.102	0.99×10^{5}	0.0075
98067	10^{4}	0.9678	735.6
9.807	1	0.9678×10^{-4}	0.0736
101325	10332	1	760
133.32	13.6	0.00132	1

注：1Pa=1N·m^{-2}；1mmHg=1Torr；1bar=10^{5}N·m^{-2}。

附表七 纯水的蒸汽压

t/℃	mmHg	Pa	t/℃	mmHg	Pa	t/℃	mmHg	Pa	t/℃	mmHg	Pa
0	4.579	610.5	26	25.209	3360.9	52	102.09	13611	78	327.3	43636
1	4.926	656.7	27	26.739	3564.9	53	107.20	14292	79	341.0	45463
2	5.294	705.8	28	28.349	3779.6	54	112.51	15000	80	355.1	47343
3	5.685	757.9	29	30.043	4005.4	55	118.04	15737	81	369.7	49289
4	6.101	813.4	30	31.824	4242.8	56	123.80	16505	82	384.9	51316
5	6.543	872.3	31	33.695	4492.3	57	129.82	17308	83	400.6	53409
6	7.013	935.0	32	35.663	4754.7	58	136.08	18142	84	416.8	55569
7	7.513	1001.6	33	37.729	5030.1	59	142.60	19012	85	433.6	57808
8	8.045	1072.6	34	39.898	5319.3	60	149.38	19916	86	450.9	60115
9	8.609	1147.8	35	41.176	5489.5	61	156.43	20856	87	468.7	62488
10	9.209	1227.8	36	44.563	5941.2	62	163.77	21834	88	487.1	64941
11	9.844	1312.4	37	47.067	6275.1	63	171.38	22849	89	506.1	67474
12	10.518	1402.3	38	49.692	6625.0	64	179.31	23906	90	525.76	70096
13	11.231	1497.3	39	52.442	6991.7	65	187.54	25003	91	546.05	72801
14	11.987	1598.1	40	55.324	7375.9	66	196.09	26143	92	566.99	75592
15	12.788	1704.9	41	58.34	7778.0	67	204.96	27326	93	588.60	78474
16	13.634	1817.7	42	61.50	8199.3	68	214.17	28554	94	610.90	81447
17	14.530	1937.2	43	64.80	8639.3	69	223.73	29828	95	633.90	84513
18	15.477	2063.4	44	68.26	9100.6	70	233.7	31157	96	657.62	87675
19	16.477	2196.8	45	71.88	9583.2	71	243.9	32517	97	682.07	90935
20	17.535	2337.8	46	75.65	10086	72	254.6	33944	98	707.27	94295
21	18.650	2486.5	47	79.60	10612	73	265.7	35424	99	733.24	97757
22	19.827	2643.4	48	83.71	11160	74	277.2	36957	100	760.00	101325
23	21.068	2808.8	49	88.02	11735	75	289.1	38544			
24	22.377	2983.4	50	92.51	12334	76	301.4	40183			
25	13.756	3167.2	51	97.20	12959	77	314.1	41876			

注：摘自：Robert C. Weast，CRC Handbook of Chem. & Phys.，63th D—196（1982～1983），并按 1mmHg＝133.3224Pa 加以换算。

附表八 几种物质的蒸气压

物质的蒸气压按下式计算：

$$\lg p = A - \frac{B}{C + t}$$

式中，p 为蒸气压（mmHg）；A、B、C 为常数；t 为摄氏温度（℃）。

名称	分子式	温度范围/℃	A	B	C
氯仿	$CHCl_3$	－30～＋150	6.90328	1163.03	227.4
乙醇	C_2H_6O	－30～＋150	8.04494	1554.3	222.65
丙酮	C_3H_6O	－30～＋150	7.02447	1161.0	224
醋酸	$C_2H_4O_2$	0～36	7.80307	1651.2	225
醋酸	$C_2H_4O_2$	36～170	7.18807	1416.7	211
乙酸乙酯	$C_4H_8O_2$	－20～＋150	7.09808	1238.71	217.0
苯	C_6H_6	－20～＋150	6.90565	1211.033	220.790
甲苯	C_7H_8	－20～＋150	6.95464	1344.800	219.482
乙苯	C_8H_{10}	－20～＋150	6.95719	1424.255	213.206
水	H_2O	0～60	8.10765	1750.286	235.0
水	H_2O	60～150	7.96681	1668.21	228.0
汞	Hg	100～200	7.46905	2771.898	244.831
汞	Hg	200～300	7.7324	3003.68	262.482

注：摘自：John A. Dean，Lange's Handbook of Chemistry，11th Edition，10～13（1973）。

附表九　水的密度

t/℃	d/kg·m^{-3}	t/℃	d/kg·m^{-3}
0	999.87	45	990.25
3.98	1000.0	50	988.07
5	999.99	55	985.73
10	999.73	60	983.24
15	999.13	65	980.59
18	998.62	70	977.81
20	998.23	75	974.89
25	997.07	80	971.83
30	995.67	85	968.65
35	994.06	90	965.34
38	992.99	95	961.92
40	992.24	100	958.38

注：摘自：Robert C. Weast，CRC Handbook of Chem. and Phys.，63th，F—11（1982～1983）。

附表十　水在不同温度下的黏度

t/℃	η×10^3/Pa·s	t/℃	η×10^3/Pa·s	t/℃	η×10^3/Pa·s	t/℃	η×10^3/Pa·s
0	1.787	26	0.8705	52	0.5290	78	0.3638
1	1.728	27	0.8513	53	0.5204	79	0.3592
2	1.671	28	0.8327	54	0.5121	80	0.3547
3	1.618	29	0.8148	55	0.5040	81	0.3503
4	1.567	30	0.7975	56	0.4961	82	0.3460
5	1.519	31	0.7808	57	0.4884	83	0.3418
6	1.472	32	0.7647	58	0.4809	84	0.3377
7	1.428	33	0.7491	59	0.4736	85	0.3337
8	1.386	34	0.7340	60	0.4665	86	0.3297
9	1.346	35	0.7194	61	0.4596	87	0.3259
10	1.307	36	0.7052	62	0.4528	88	0.3221
11	1.271	37	0.6915	63	0.4462	89	0.3184
12	1.235	38	0.6783	64	0.4398	90	0.3147
13	1.202	39	0.6654	65	0.4335	91	0.3111
14	1.169	40	0.6529	66	0.4273	92	0.3076
15	1.139	41	0.6408	67	0.4213	93	0.3042
16	1.109	42	0.6291	68	0.4155	94	0.3008
17	1.081	43	0.6178	69	0.4098	95	0.2975
18	1.053	44	0.6067	70	0.4042	96	0.2942
19	1.027	45	0.5960	71	0.3987	97	0.2911
20	1.002	46	0.5856	72	0.3934	98	0.2879
21	0.9779	47	0.5755	73	0.3882	99	0.2848
22	0.9548	48	0.5656	74	0.3831	100	0.2818
23	0.9325	49	0.5561	75	0.3781		
24	0.9111	50	0.5468	76	0.3732		
25	0.8904	51	0.5378	77	0.3684		

注：摘自：Robert C. Weast，CRC Handbook of Chem. and Phys.，63th，F—40（1982～1983）。

附表十一 液体的折射率（25℃）

名　称	n_D^{25}	名　称	n_D^{25}
甲醇	1.326	氯仿	1.444
水	1.33252	四氯化碳	1.459
乙醚	1.352	乙苯	1.493
丙酮	1.357	甲苯	1.494
乙醇	1.359	苯	1.498
醋酸	1.370	苯乙烯	1.545
乙酸乙酯	1.370	溴苯	1.557
正己烷	1.372	苯胺	1.583
丁醇-1	1.397	溴仿	1.587

注：摘自：Robert C. Weast，《Handbook of Chem. Phys》，63th E－375（1982～1983）。

附表十二 有机化合物的密度

下列几种有机化合物之密度可用方程式

$$\rho_t=\rho_0+10^{-3}\alpha(t-t_0)+10^{-6}\beta(t-t_0)^2+10^{-9}\gamma(t-t_0)^3$$ 来计算之。

式中，ρ_0 为 $t=0$℃时之密度。单位为 g/cm³；lg/cm³＝10³kg/m³。

化合物	ρ_0	α	β	γ	温度范围
四氯化碳	1.63255	－1.9110	－0.690		0～40
氯仿	1.52643	－1.8563	－0.5309	－8.81	－53～＋55
乙醚	0.73629	－1.1138	－1.237		0～70
乙醇	0.78506 （t_0＝25℃）	－0.8591	－0.56	－5	
醋酸	1.0724	－1.1229	0.0058	－2.0	9～100
丙酮	0.81248	－1.100	－0.858		0～50
乙酸乙酯	0.92454	－1.168	－1.95	＋20	0～40
环己烷	0.79707	－0.8879	－0.972	1.55	0～60

注：摘自《International Critical Tables of Numerical Data，Physics，Chemistry and Technology》Ⅲ，P. 28.

附表十三 一些离子在水溶液中的摩尔离子电导（无限稀释）（25℃）*

离子	$10^4\Lambda_+$ (S·m²·mol⁻¹)	离子	$10^4\Lambda_+$ (S·m²·mol⁻¹)	离子	$10^4\Lambda_+$ (S·m²·mol⁻¹)	离子	$10^4\Lambda_+$ (S·m²·mol⁻¹)
Ag^+	61.9	K^+	73.5	F^-	54.4	IO_3^-	40.5
Ba^{2+}	127.8	La^{3+}	208.8	ClO_3^-	64.4	IO_4^-	54.5
Be^{2+}	108	Li^+	38.69	ClO_4^-	67.9	NO_2^-	71.8
Ca^{2+}	118.4	Mg^{2+}	106.12	CN^-	78	NO_3^-	71.4
Cd^{2+}	108	NH_4^+	73.5	CO_3^{2-}	144	OH^-	198.6
Ce^{3+}	210	Na^+	50.11	CrO_4^{2-}	170	PO_4^{3-}	207
Co^{2+}	106	Ni^{2+}	100	$Fe(CN)_6^{4-}$	444	SCN^-	66
Cr^{3+}	201	Pb^{2+}	142	$Fe(CN)_6^{3-}$	303	SO_3^{2-}	159.8
Cu^{2+}	110	Sr^{2+}	118.92	HCO_3^-	44.5	SO_4^{2-}	160
Fe^{2+}	108	Tl^+	76	HS^-	65	Ac^-	40.9
Fe^{3+}	204	Zn^{2+}	105.6	HSO_3^-	50	$C_2O_4^{2-}$	148.4
H^+	349.82			HSO_4^-	50	Br^-	73.1
Hg^+	106.12			I^-	76.8	Cl^-	76.35

注：*各离子的温度系数除 H^+（0.0139）和 OH^-（0.018）外均为 0.02℃⁻¹

摘自：John A. Dean，《Lange's Handbook of chemistry》，12th. 6～34（1979）。

附表十四　不同温度下 KCl 的电导率

t/℃	κ/S · m^{-1}		
	0.01mol · L^{-1}	0.02mol · L^{-1}	0.10mol · L^{-1}
0	0.0776	0.1521	0.715
1	0.0800	0.1566	0.736
2	0.0824	0.1612	0.757
3	0.0848	0.1659	0.779
4	0.0872	0.1705	0.800
5	0.0896	0.1752	0.822
6	0.0921	0.1800	0.844
7	0.0945	0.1848	0.866
8	0.0970	0.1896	0.888
9	0.0995	0.1945	0.911
10	0.1020	0.1994	0.933
11	0.1045	0.2043	0.956
12	0.1070	0.2093	0.979
13	0.1095	0.2142	1.002
14	0.1121	0.2193	1.025
15	0.1147	0.2243	1.048
16	0.1173	0.2294	1.072
17	0.1199	0.2345	1.095
18	0.1225	0.2397	1.119
19	0.1251	0.2449	1.143
20	0.1278	0.2501	1.167
21	0.1305	0.2553	1.191
22	0.1332	0.2606	1.215
23	0.1359	0.2659	1.239
24	0.1386	0.2712	1.264
25	0.1413	0.2765	1.228
26	0.1441	0.2819	1.313
27	0.1468	0.2873	1.337
28	0.1496	0.2927	1.362
29	0.1524	0.2981	1.387
30	0.1552	0.3036	1.412
31	0.1581	0.3091	1.437
32	0.1609	0.3146	1.462
33	0.1638	0.3201	1.488
34	0.1667	0.3256	1.513
35		0.3312	1.539
36		0.3368	1.564

附表十五　水的电导率 κ

t/℃	−2	0	2	4	10	18	26	34	50
$\kappa\times10^{6}$/S · m^{-1}	1.47	1.58	1.80	2.12	2.85	4.41	6.70	9.62	18.9

附表十六　不同温度下水的表面张力 $\sigma(\times 10^3 N \cdot m^{-1})$

t/℃	σ	t/℃	σ	t/℃	σ	t/℃	σ
0	75.64	17	73.19	26	71.82	60	66.18
5	74.92	18	73.05	27	71.66	70	64.42
10	74.22	19	72.90	28	71.50	80	62.61
11	74.07	20	72.75	29	71.35	90	60.75
12	73.93	21	72.59	30	71.18	100	58.85
13	73.78	22	72.44	35	70.38	110	56.89
14	73.64	23	72.28	40	69.56	120	54.89
15	73.59	24	72.13	45	68.74	130	52.84
16	73.34	25	71.97	50	67.91		

注：引自 John A. Dean，《Lange's Handbook of Chemistry》，11th Edition，10～265（1973）。

附表十七　某些有机物在水中的表面张力

%＝溶质的质量%　　　　σ＝表面张力/N・m^{-1}

溶质	t/℃	% σ						
醋酸	30	% 1.00 σ 0.06800	2.475 0.06440	5.001 0.06010	10.01 0.05460	30.09 0.04360	49.96 0.03840	69.91 0.03430
丙酮	25	% 5.00 σ 0.05550	10.00 0.04890	20.00 0.04110	50.00 0.03040	75.00 0.02680	95.00 0.02420	100.00 0.02300
正丁醇	30	% 0.04 σ 0.06933	0.41 0.06038	9.53 0.02697	80.44 0.02369	86.05 0.02347	94.20 0.02329	97.40 0.02225
正丁酸	25	% 0.14 σ 0.06900	0.31 0.06500	1.05 0.05600	8.60 0.03300	25.00 0.02800	79.00 0.02700	100.00 0.02600
甲酸	30	% 1.00 σ 0.07007	5.00 0.06620	10.00 0.06278	25.00 0.05629	50.00 0.04950	75.00 0.04340	100.00 0.03651
甘油	18	% 5.00 σ 0.07290	10.00 0.07290	20.00 0.07240	30.00 0.07200	50.00 0.07000	85.00 0.06600	100.00 0.06300
正丙醇	25	% 0.1 σ 0.06710	0.5 0.05618	1.0 0.04930	50.00 0.02434	60.0 0.02415	80.0 0.02366	90.0 0.02341
丙酸	25	% 1.91 σ 0.06000	5.84 0.04900	9.80 0.04400	21.70 0.03600	49.80 0.03200	73.90 0.03000	100.00 0.02600

注：摘自 Robert C. Weast，CRC Handbook of Chem. and Phys.，63th，F—34（1982—1983）。

附表十八　水对空气的表面张力

t/℃	σ/N・m^{-1}	t/℃	σ/N・m^{-1}
−8	0.0770	25	0.07197
−5	0.0764	30	0.07118
0	0.0756	40	0.06956
5	0.0749	50	0.06791
10	0.07422	60	0.06618
15	0.07349	70	0.0644
18	0.07305	80	0.0626
20	0.07275	100	0.0589

注：摘自 Robert C. Weast，CRC Handbook of Chem. and Phys.，63th，F—35（1982—1983）。

附表十九　不同温度下 KCl 的溶解热

1mol KCl 溶于 200mol 水中的积分溶解热 ΔH/kJ·mol^{-1}

t/℃	ΔH	t/℃	ΔH
0	22.008	18	18.602
1	21.786	19	18.443
2	21.556	20	18.297
3	21.351	21	18.146
4	21.142	22	17.995
5	20.941	23	17.849
6	20.740	24	17.702
7	20.543	25	17.556
8	20.338	26	17.414
9	20.163	27	17.272
10	19.979	28	17.138
11	19.794	29	17.004
12	19.623	30	16.874
13	19.447	31	16.740
14	19.276	32	16.615
15	19.100	33	16.493
16	18.933	34	16.372
17	18.765	35	16.259

附表二十　298.15K 电极反应的标准电位

电　极	电 极 反 应	$\varphi^{\ominus}$/V
Li^+/Li	$Li^+ + e^- = Li$	−3.045
K^+/K	$K^+ + e^- = K$	−2.925
Ba^{2+}/Ba	$Ba^{2+} + 2e^- = Ba$	−2.906
Ca^{2+}/Ca	$Ca^{2+} + 2e^- = Ca$	−2.866
Na^+/Na	$Na^+ + e^- = Na$	−2.714
Mg^{2+}/Mg	$Mg^{2+} + 2e^- = Mg$	−2.363
Be^{2+}/Be	$Be^{2+} + 2e^- = Be$	−1.847
Al^{3+}/Al	$Al^{3+} + 3e^- = Al$	−1.662
Mn^{2+}/Mn	$Mn^{2+} + 2e^- = Mn$	−1.180
$OH^-/H_2,Pt$	$2H_2O + 2e^- = H_2 + 2OH^-$	−0.828
Zn^{2+}/Zn	$Zn^{2+} + 2e^- = Zn$	−0.7628
Fe^{2+}/Fe	$Fe^{2+} + 2e^- = Fe$	−0.4402
$Cr^{3+},Cr^{2+}/Pt$	$Cr^{3+} + e^- = Cr^{2+}$	−0.408
Cd^{2+}/Cd	$Cd^{2+} + 2e^- = Cd$	−0.4029
$Ti^{3+},Ti^{2+}/Pt$	$Ti^{3+} + e^- = Ti^{2+}$	−0.369
Ni^{2+}/Ni	$Ni^{2+} + 2e^- = Ni$	−0.250
$I^-/AgI,Ag$	$AgI + e^- = Ag + I^-$	−0.152
Sn^{2+}/Sn	$Sn^{2+} + 2e^- = Sn$	−0.136
Pb^{2+}/Pb	$Pb^{2+} + 2e^- = Pb$	−0.126
$Ti^{4+},Ti^{3+}/Pt$	$Ti^{4+} + e^- = Ti^{3+}$	−0.04
$H^+/H_2, Pt$	$2H^+ + 2e^- = H_2$	±0.000
$Br^-/AgBr,Ag$	$AgBr + e^- = Ag + Br^-$	+0.07103
$Sn^{4+},Sn^{2+}/Pt$	$Sn^{4+} + 2e^- = Sn^{2+}$	+0.15

续表

电　极	电极反应	$\varphi^{\ominus}$/V
Cu^{2+},Cu/Pt	$Cu^{2+}+2e^- = Cu$	+0.153
Cl^-/AgCl,Ag	$AgCl+e^- = Ag+Cl^-$	+0.2224
Cu^{2+}/Cu	$Cu^{2+}+2e^- = Cu$	+0.337
OH^-/Ag_2O,Ag	$Ag_2O+H_2O+2e^- = 2Ag+2OH^-$	+0.344
$Fe(CN)_6^{4-}$, $Fe(CN)_6^{3-}$/Pt	$Fe(CN)_6{}^{3-}+e^- = Fe(CN)_6{}^{4-}$	+0.36
OH^-/O_2,Pt	$1/2\ O_2+H_2O+2e^- = 2OH^-$	+0.401
Cu^+/Cu	$Cu^++e^- = Cu$	+0.521
I^-/I_2,Pt	$I_2+2e^- = 2I^-$	+0.5355
Fe^{3+},Fe^{2+}/Pt	$Fe^{3+}+e^- = Fe^{2+}$	+0.771
$Hg_2{}^{2+}$/Hg	$Hg_2{}^{2+}+2e^- = Hg$	+0.788
Ag^+/Ag	$Ag^++e^- = Ag$	+0.7991
Hg^{2+}/Hg	$Hg^{2+}+2e^- = Hg$	+0.854
Hg^{2+}, Hg^+/Pt	$Hg^{2+}+e^- = Hg$	+0.91
Br^-,Br_2,Pt	$Br_2+2e^- = 2Br^-$	+1.0652
H^+/O_2,Pt	$O_2+4H^++4e^- = 2H_2O$	+1.229
Mn^{2+},H^+/MnO_2,Pt	$MnO_2+4H^++2e^- = Mn^{2+}+2H_2O$	+1.23
Tl^{3+},Tl^+/Pt	$Tl^{3+}+2e^- = Tl^+$	+1.25
Cl^-/Cl_2,Pt	$Cl_2+2e^- = 2Cl^-$	+1.3595

附表二十一　某些参比电极电势与温度关系公式

甘汞电极的电势：

当 $c=0.1\text{mol}\cdot\text{L}^{-1}$时

$$E=0.3365-6\times10^{-5}\ (t-25)$$

当 $c=1.0\text{mol}\cdot\text{L}^{-1}$时

$$E=0.2828-2.4\times10^{-4}\ (t-25)$$

当 $c_{饱和}$时：

$$E=0.2438-6.5\times10^{-4}\ (t-25)$$

氢醌电极的电势：

$$E=0.6990-7.4\times10^{-4}\ (t-25)\ +[0.0591+2\times10^{-4}(t-25)]\lg a_{\text{H}}^{+}$$

银-氯化银电极的电势：

$$E=0.2224-6.4\times10^{-4}\ (t-25)-3.2\times10^{-6}(t-25)^2-[0.0591+2\times10^{-4}(t-25)]\lg a_{\text{Cl}^-}$$

汞-硫酸亚汞电极的电势：

$$E=0.6141-8.02\times10^{-4}(t-25)-4\times10^{-7}(t-25)^2$$

附表二十二　某些有机溶剂的介电常数及偶极矩

物　质	t/℃	介电常数(ε)	偶极矩(D)
丙酮	20	$20.75^{25℃}$	2.88
苯	25	2.275	0
氯苯	20	$5.62^{25℃}$	1.69
氯仿	15	$4.806^{20℃}$	1.01
环己烷	20	2.02	0
四氯化碳	20	2.238	0

注：摘自 John A. Dean,《Lange's Handbook of Chemistry》, 12th Edition, 10—103 (1979)

参 考 文 献

[1] 傅献彩，沈文霞，姚天扬．物理化学．第5版．北京：高等教育出版社，1990.

[2] 孙尔康，徐继清，邱金恒．物理化学实验．南京：南京大学出版社，1998.

[3] 东北师范大学等校．物理化学实验．第2版．北京：高等教育出版社，1989.

[4] 罗澄源等．物理化学实验．第2版．北京：高等教育出版社，1984.

[5] 陈镜泓，李传儒．热分析及其应用．北京：科学出版社，1985.

[6] 谢有畅，邵美成．结构化学．北京：人民教育出版社，1980.

[7] 北京大学化学系物理化学教研室．物理化学实验．第3版．北京：北京大学出版社，1995.

[8] 复旦大学等．物理化学实验（上册）．北京：人民教育出版社，1979.

[9] 神户博太郎．刘振海等译．热分析．北京：化学工业出版社，1982.

[10] 印永嘉，奚正楷，李大珍．物理化学简明教程．第3版．北京：高等教育出版社，1992.

[11] 刘天和．物理化学和分子物理学的量和单位．北京：中国计量出版社，1984.

[12] J·M·怀特．物理化学实验．钱三鸿等译．北京：人民教育出版社，1982.

[13] H·D·克罗克福特等．物理化学实验．郝润蓉等译．北京：人民教育出版社，1981.

[14] 钱人元等．黏度法测高聚物分子量．化学通报，1955（7）：396.

[15] 徐维清，孙尔康，徐健健．大学化学，1999（5）：33.